深入浅出
Java编程

迟殿委　王　健　编著

清华大学出版社

北京

内 容 简 介

Java 编程语言是软件开发领域最受欢迎的语言之一，是从事 Java EE 项目开发、Hadoop 云计算应用开发、Android 移动应用开发的必备基础。本书从零基础学习者的角度出发，用通俗易懂的语言和具体详细的实例全面介绍 Java 程序开发的核心编程技术。

本书分为 22 章。第 1~3 章是 Java 入门体验，主要介绍 Java 语言简介及发展史，并体验第一个 Java 程序 HelloWorld 的编写、编译和运行，详细说明 HelloWorld 程序的组成部分，以及 Eclipse 开发工具的使用。第 4~7 章是 Java 编程基础语法，主要包括 Java 语言的变量定义、数据类型、控制语句、修饰符和包结构、函数的定义和使用。第 8~14 章是面向对象编程，主要包括类和对象、Java 语言的三大特性（封装、继承和多态）、抽象类和接口、Java 内部类、Java 异常、Java 类的加载以及数组。第 15~22 章是 Java 高级编程和 API，包括 GUI 开发、集合类、IO 类及网络编程类、反射、常用类、Java 新特性等。

本书内容由浅入深、案例丰富，配有 Java 核心编程的参考资源以及参考学习视频（作者授课视频，语言通俗易懂，知识点讲解细致），非常适合 Java 编程初学者系统地学习 Java 核心编程技术，同时也适合高等院校和培训机构作为教学参考书或教材使用。

图书在版编目（CIP）数据

深入浅出 Java 编程 / 迟殿委，王健编著.—北京：清华大学出版社，2021.4
ISBN 978-7-302-57678-5

Ⅰ. ①深… Ⅱ. ①迟… ②王… Ⅲ. ①JAVA 语言－程序设计 Ⅳ. ①TP312.8

中国版本图书馆 CIP 数据核字（2021）第 045419 号

责任编辑：夏毓彦
封面设计：王 翔
责任校对：闫秀华
责任印制：丛怀宇
出版发行：清华大学出版社
    网   址：http://www.tup.com.cn，http://www.wqbook.com
    地   址：北京清华大学学研大厦 A 座   邮   编：100084
    社 总 机：010-62770175   邮   购：010-62786544
    投稿与读者服务：010-62776969，c-service@tup.tsinghua.edu.cn
    质 量 反 馈：010-62772015，zhiliang@tup.tsinghua.edu.cn
印 装 者：三河市科茂嘉荣印务有限公司
经   销：全国新华书店
开   本：190mm×260mm   印   张：19.75   字   数：506 千字
版   次：2021 年 5 月第 1 版   印   次：2021 年 5 月第 1 次印刷
定   价：69.00 元

产品编号：089048-01

前　　言

  Java 编程语言是软件开发领域最受欢迎的语言之一。随着大数据分析和人工智能的发展，市场对 Java 开发人员的需求量依然很大。一方面，Java EE 工程师岗位要求精通 Java 语言基础；另一方面，大数据和云计算开发、Android 移动应用开发等方向都需要具备 Java 编程基础。与 Java 相关的就业方向很广，但无论在什么方向，Java 核心编程技术都是必须掌握的。本书是为零基础入门的 Java 初学者编写的，技术点全面、案例丰富，对知识点讲解非常细致、通俗易懂，能够让读者在学习过程中更加轻松。为了读者能够更加全面掌握 Java 技术，本书还配有全套 Java 编程的参考学习视频，讲解细致，以便读者更好地掌握书本中的知识点。

  本书的内容由浅入深，从编程入门开始，向基础语法、面向对象、高级特性逐步提升，符合一般的学习规律。每个章节开始都有关于本章的内容简介，概括描述本章节的主要内容和学习目标，让读者带着目的去读书；最后还有本章总结，归纳本章的重点内容，帮助读者形成连贯的知识体系。本书中的案例以 JDK 1.8 版本编写，这个版本也是企业开发中普遍采用的稳定版本，示例代码能够运行在 JDK 1.8 及以上版本的 Java 环境中。

  本书由迟殿委、王健编著，作者均有丰富的企业软件研发经验和 Java EE 方向的培训教学经验，了解初学者学习的典型学习情况和容易产生混淆或疑惑的知识点，并以直观、易懂的方式表达出来，非常适合需要全面学习 Java 核心基础的初中级编程人员阅读，也适合高等院校和培训机构作为教学参考书或教材使用。

示例代码、课件与教学视频下载

  本书配套的源文件、课件与教学视频，可用微信扫描右侧的二维码获取（可按页面提示，转发到自己的邮箱中下载）。如果阅读过程中存在疑问，请联系 booksaga@163.com，邮件主题为"深入浅出 Java 编程"。

编　者

2021 年 3 月

目　　录

第1章

Java 开发入门

本章内容分为三部分。第一部分主要介绍 Java 编程语言的由来、发展和版本信息等。第二部分详细说明 Java 开发环境的安装和配置。开发 Java 程序前，必须安装 Java 开发环境，就像写 doc 文档前要安装 WPS 或 MS-Office 软件一样。开发 Java 程序需要安装 JDK（JavaSE Development Kit），即 Java 标准开发工具包。在安装 JDK 的同时，自带一个 JRE（Java Runtime Environment，Java 运行环境）。JRE 也可以理解成我们经常说的 JVM（Java 虚拟机）。JRE/JVM 就是 Java 程序运行的地方。第三部分带领大家体验 Java 编码、编译和运行的过程。该部分带读者开发第一个 Java 源程序，并通过 javac 命令将 Java 源程序编译成可执行的字节码文件，了解 Java 程序的开发。初学阶段大家编写 Java 源程序时，可以使用记事本或者 EditPlus、UltraEdit 等高级记事本工具。

1.1　Java 简介

Java 最早是由 SUN 公司（已被 Oracle 收购）的詹姆斯·高斯林（Java 之父）在 20 世纪 90 年代初开发的一种编程语言，最初被命名为 Oak，目标是针对小型家电设备的嵌入式应用，结果市场没什么反响。互联网的崛起，让 Oak 重新焕发了生机，于是 SUN 公司改造了 Oak，在 1995 年以 Java（Oak 已经被人注册了，因此 SUN 注册了 Java 这个商标）的名称正式发布。随着互联网的高速发展，Java 逐渐成为最重要的网络编程语言。

Java 介于编译型语言和解释型语言之间。编译型语言（如 C、C++），直接编译成机器码执行，但是不同平台（x86、ARM 等）的 CPU 指令集不同，因此需要编译出每一种平台的对应机器码。解释型语言（如 Python、Ruby）没有这个问题，可以由解释器直接加载源码然后运行，代价是运行效率太低。Java 将代码编译成一种"字节码"，类似于抽象的 CPU 指令，然后针对不同平台编写虚拟机，不同平台的虚拟机负责加载字节码并执行，这样就实现了"一次编写，到处运行"的效果。当然，这是针对 Java 开发者而言的。对于虚拟机，需要为每个平台分别开发。为了保证不同平台、不同公司开发的虚拟机都能正确执行 Java 字节码，SUN 公司制定了一系列的 Java 虚拟机规范。从实践的角度看，JVM 的兼容性做得非常好，低版本的 Java 字节码完全可以正常运行在高版本的 JVM 上。

随着 Java 的发展，SUN 给 Java 分出了三个不同版本：

- Java SE：Standard Edition。
- Java EE：Enterprise Edition。
- Java ME：Micro Edition。

简单来说，Java SE 就是标准版，包含标准的 JVM 和标准库；Java EE 是企业版，在 Java SE 的基础上加上了大量的 API 和库，以便开发 Web 应用、数据库、消息服务等；Java EE 使用的虚拟机和 Java SE 完全相同。

Java ME 和 Java SE 不同，它是一个针对嵌入式设备的"瘦身版"，Java SE 的标准库无法在 Java ME 上使用，Java ME 的虚拟机也是"瘦身版"。

毫无疑问，Java SE 是整个 Java 平台的核心，而 Java EE 是进一步学习 Web 应用所必需的。我们熟悉的 Spring 等框架都是 Java EE 开源生态系统的一部分。不幸的是，Java ME 从来没有真正流行起来，反而是 Android 开发发展成为移动平台的标准之一。因此，没有特殊需求，不建议学习 Java ME。

我们推荐的 Java 学习路线图如下：

- 首先要学习 Java SE，掌握 Java 语言本身、Java 核心开发技术以及 Java 标准库的使用。
- 如果继续学习 Java EE，那么 Spring 框架、数据库开发、分布式架构就是需要学习的。
- 如果要学习大数据开发，那么 Hadoop、Spark、Flink 这些大数据平台就是需要学习的，它们都基于 Java 或 Scala 开发的。
- 如果想要学习移动开发，就深入学习 Android 平台，掌握 Android App 开发。

无论怎么选择，Java SE 的核心技术是基础。

1.2 Java 基础开发环境搭建

要用 Java 进行开发，就需要准备开发、编译、运行各个阶段需要的软件或工具。Java 开发所需要的工具集合包含在 JDK 中，所以要先到网上下载 JDK 的安装程序。不同的操作系统对应不同的版本，具体下载、安装、配置的过程会在下面具体介绍。

1.2.1　JDK 下载

可到 JDK 官网下载，如图 1-1 所示。

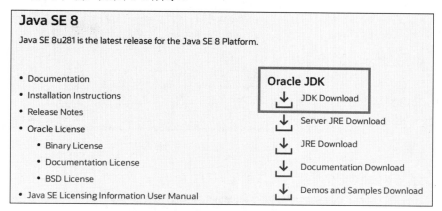

图 1-1

选择同意选项，并根据自己的操作系统选择不同的版本，如图 1-2 所示。目前 64 位的 Windows 系统使用比较多，因此本书选择下载 jdk-8u281-windows-x64.exe 为例进行讲解。如果读者的系统是 32 的，请下载安装 jdk-8u281-windows-i586.exe。

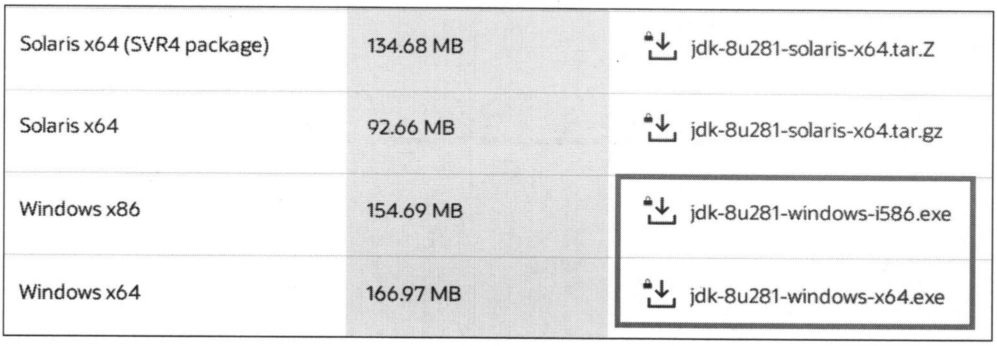

Solaris x64 (SVR4 package)	134.68 MB	jdk-8u281-solaris-x64.tar.Z
Solaris x64	92.66 MB	jdk-8u281-solaris-x64.tar.gz
Windows x86	154.69 MB	jdk-8u281-windows-i586.exe
Windows x64	166.97 MB	jdk-8u281-windows-x64.exe

图 1-2

1.2.2　安装 JDK

下面演示如何在 Windows 操作系统上安装 JDK。双击如图 1-3 所示的安装程序，选择安装目录（见图 1-4），设置开发工具为 JDK。选择安装"源代码"，可以方便在开发时查看源码。公共 JRE 即独立的 JVM 运行环境。其实，在开发工具内部也包含一个公共的 JRE。

jdk-8u281-wind
ows-x64.exe

图 1-3

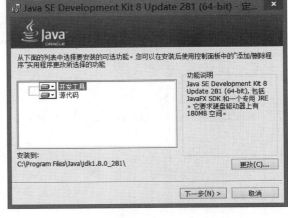

图 1-4

安装成功的界面如图 1-5 所示，直接关闭即可。

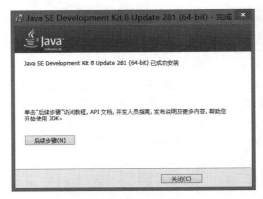

图 1-5

1.2.3　配置环境变量

配置环境变量主要是为了让命令行程序可以自动识别 javac.exe 可执行程序。javac.exe 是编译 Java 源文件的命令，通常叫 javac 编译命令。它位于 JDK 安装目录下的/bin 目录下，如 C:\Program Files\Java\JDK1.8_xx\bin。为了让 javac 编译命令可运行，需要配置以下两个环境变量：

- JAVA_HOME=C:\Program Files\Java\JDK1.8_xx;，即配置 JAVA_HOME 为 JDK 的安装目录。
- PATH=%JAVA_HOME%\bin;，即配置 PATH 为 JDK 安装目录下的 bin 目录。

配置环境变量：右击"我的电脑"，选择"属性"菜单，在弹出的窗口中选择"高级系统设置"项，再在弹出的对话框中单击"环境变量"按钮，弹出如图 1-6 所示的对话框，添加 JAVA_HOME 环境变量。

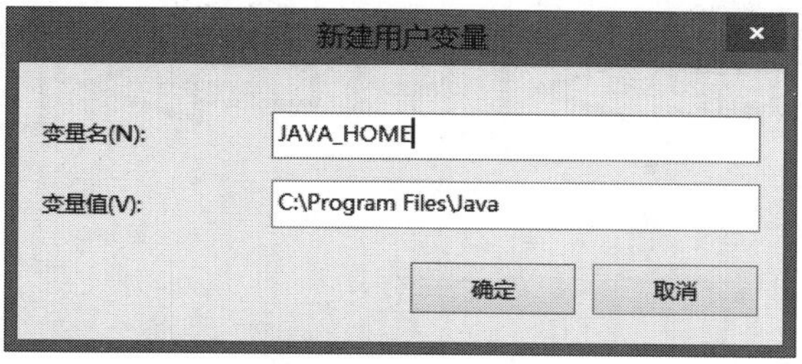

图 1-6

接着添加 PATH 环境变量，如图 1-7 所示。

图 1-7

注　意
（1）建议配置用户环境变量即可。如果配置系统环境变量，那么所有用户登录都可以。
（2）如果已经存在 PATH 环境变量，就应该在原有变量的基础上通过英文分号（;）分开并追加到后面。
（3）建议环境变量的名称使用大写字母。

1.2.4　测试是否安装成功

打开命令行工具界面（可以通过按 Win+R 快捷键并在打开的对话框中输入 "cmd" 的方式快速打开），然后输入：

```
C:\>javac -version
javac 1.8.0_281
```

如果通过 javac -version 命令输出了 javac 编译的版本，并且输出正确，则说明安装成功。

1.3　Java 编程初体验

Java 源文件就是一个以 *.java 为结束的文本文件。Java 语言是编译执行的语言。运行 Java 程序，必须先将 *.java 文件通过 javac 编译成 *.class 文件，然后通过 java 命令运行 *.class 文件，整个编译的运行过程如图 1-8 所示。

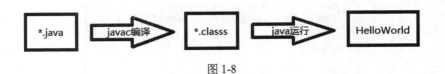

图 1-8

在开发之前，建议创建一个目录，用于保存所有的 Java 源文件。本章中的所有源代码都将保存到 D:/java 目录下。

1.3.1 创建 HelloWorld.java 源文件

建议选择一个比较干净的目录，然后创建一个名称为 HelloWorld.java 的文本文件。
创建 HelloWorld.java 源文件，如图 1-9 所示。

HelloWorld.java

图 1-9

输入以下源代码：

【文件 1.1】HelloWorld.java

```
1.  public class HelloWorld{
2.      public static void main(String[] args){
3.          System.out.println("HelloWorld");
4.      }
5.  }
```

在上面的代码中，public 为权限修饰关键字，意为公开的。class 用于声明一个类。在 Java 中，所有的函数（方法）都必须放到一个类中，这也是面向对象的基本特性之一。HelloWorld 为类的名称。Java 规定，以 public 修饰的类必须与文件名相同，并区分大小写。main 为程序的入口方法。一个 Java 类甚至是一个 Java 程序（可能包含 N 个类）一般都只有一个 main 入口方法。在目前学习阶段，我们可以在每一个类中都声明 main 方法。String[] args 为形式参数。
第 3 行为系统输出语句，用于输出 HelloWorld 到命令行。
开发时，请注意大小写，执行语句结束使用分号（;），大括号要有开始和结束。

1.3.2 javac 命令编译

在命令行中，输入以下代码：

```
D:\java\> javac HelloWorld.java
```

将会发现在同一目录下已经将 HelloWorld.java 编译成 HelloWorld.class，如图 1-10 所示。

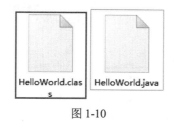

图 1-10

1.3.3　java 命令运行

在使用 java 命令运行 HelloWorld.class 文件时，不需要输入.class 扩展名：

```
D:\java>java HelloWorld
HelloWorld
```

如果输出 HelloWorld，则表示 HelloWorld 程序运行成功。

1.4　Java 带包类的编译和运行

包声明的关键字为 package。在 Java 中，可以将相同的类放到不同的包中加以区分。同时，package 包声明语句还可以进行基本的权限控制。

1.4.1　修改 HelloWorld.java 源代码

修改 HelloWorld.java 的源代码，在第一句添加 package 关键字声明的包。

【文件 1.2】HelloWorld1.java

```
1.  package cn.oracle;
2.  public class HelloWorld1{
3.      public static void main(String[] args){
4.          System.out.println("HelloWorld");
5.      }
6.  }
```

第 1 行为新添加的包声明语句，后面通过点（.）声明带有层次的包，如 cn.oracle（在 cn 包下的 oracle 子包）。

1.4.2　通过 javac 命令重新编译

javac 命令拥有一个参数-d <目录>，可以直接将包声明语句编译成目录。

```
D:\java>javac -d . HelloWorld.java
```

　　-d 参数后面的点（.）为当前目录，即将 HelloWorld.java 源文件带包名直接编译到当前目录下，编译以后如图 1-11 所示。

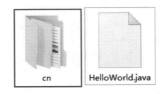

图 1-11

　　在 cn 目录下有一个 oracle 目录，oracle 目录下有 HelloWorld.class 源文件。使用 package 声明的包最终将编译成文件夹。其实也可以直接将包声明语句理解为目录或是文件夹，只要便于记忆即可。（记住，拥有自己独特的学习和记忆方法是成功的关键。）

1.4.3　通过 java 命令运行有包声明的类

　　在使用 javac -d <目录>编程成功以后，编译的目录（源代码所在的目录）叫源代码目录。编译后的目录叫 classpath 目录（存放所有*.class 的目录）。我们不能直接进入 cn/oracle 目录中去运行一个 Java 程序。注意：只能在 classpath 的根目录（D:/java）下执行 Java 运行命令。

　　运行 Java 程序：

```
D:\a>java cn.oracle.HelloWorld
HelloWorld
```

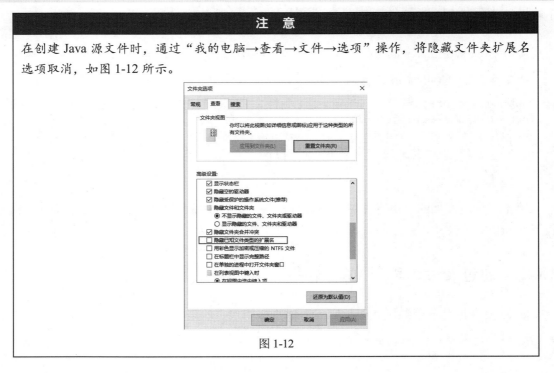

图 1-12

1.5　javac 命令的更多参数

javac 的更多参数可以通过运行 javac -help 命令来查看：

```
D:\java>javac -help
```

用法：

```
javac <options> <source files>
```

其中，可能的选项包括：

```
-g                          生成所有调试信息
-g:none                     不生成任何调试信息
-g:{lines,vars,source}      只生成某些调试信息
-nowarn                     不生成任何警告
-verbose                    输出有关编译器正在执行的操作的消息
-deprecation                输出使用已过时的 API 的源位置
-classpath <路径>           指定查找用户类文件和注释处理程序的位置
-cp <路径>                  指定查找用户类文件和注释处理程序的位置
-sourcepath <路径>          指定查找输入源文件的位置
-bootclasspath <路径>       覆盖引导类文件的位置
-extdirs <目录>             覆盖所安装扩展的位置
-endorseddirs <目录>        覆盖签名的标准路径的位置
-proc:{none,only}           控制是否执行注释处理和/或编译
-processor <class1>[,<class2>,<class3>...]  要运行的注释处理程序的名称；绕过默认的搜索进程
-processorpath <路径>       指定查找注释处理程序的位置
-parameters                 生成元数据以用于方法参数的反射
-d <目录>                   指定放置生成的类文件的位置
-s <目录>                   指定放置生成的源文件的位置
-h <目录>                   指定放置生成的本机标头文件的位置
-implicit:{none,class}      指定是否为隐式引用文件生成类文件
-encoding <编码>            指定源文件使用的字符编码
-source <发行版>            提供与指定发行版的源兼容性
-target <发行版>            生成特定 VM 版本的类文件
-profile <配置文件>         请确保使用的 API 在指定的配置文件中可用
-version                    版本信息
-help                       输出标准选项的提要
-A 关键字[=值]              传递给注释处理程序的选项
-X                          输出非标准选项的提要
-J<标记>                    直接将 <标记> 传递给运行时系统
-Werror                     出现警告时终止编译
@<文件名>                   从文件读取选项和文件名
```

1.6　java 命令的更多参数

java 命令的更多参数，可以通过运行 java –help 命令查看：

```
D:\java>java -help
```

用法：

```
java [-options] class [args...]
        (执行类)
```

或

```
java [-options] -jar jarfile [args...]
        (执行 jar 文件)
```

其中的选项包括：

```
-d32           使用 32 位数据模型 (如果可用)
-d64           使用 64 位数据模型 (如果可用)
-client        选择 "client" VM
-server        选择 "server" VM
               默认 VM 是 client.


-cp <目录和 zip/jar 文件的类搜索路径>
-classpath <目录和 zip/jar 文件的类搜索路径>
               用; 分隔的目录, JAR 档案和 ZIP 档案列表, 用于搜索类文件。
-D<名称>=<值>
               设置系统属性
-verbose:[class|gc|jni]
               启用详细输出
-version       输出产品版本并退出
-version:<值>
               警告: 此功能已过时, 将在未来发行版中删除。
               需要指定的版本才能运行
-showversion   输出产品版本并继续
-jre-restrict-search | -no-jre-restrict-search
               警告: 此功能已过时, 将在未来发行版中删除。
               在版本搜索中包括/排除用户专用 JRE
-? -help       输出此帮助消息
-X             输出非标准选项的帮助
-ea[:<packagename>...|:<classname>]
-enableassertions[:<packagename>...|:<classname>]
               按指定的粒度启用断言
-da[:<packagename>...|:<classname>]
-disableassertions[:<packagename>...|:<classname>]
               禁用具有指定粒度的断言
-esa | -enablesystemassertions                      启用系统断言
-dsa | -disablesystemassertions                     禁用系统断言
-agentlib:<libname>[=<选项>]
               加载本机代理库 <libname>, 例如 -agentlib:hprof
               另请参阅 -agentlib:jdwp=help 和 -agentlib:hprof=help
-agentpath:<pathname>[=<选项>]
               按完整路径名加载本机代理库
-javaagent:<jarpath>[=<选项>]
               加载 Java 编程语言代理, 请参阅 java.lang.instrument
-splash:<imagepath>                                 使用指定的图像显示启动屏幕
```

1.7　main 方法接收参数

在 main 方法中，String[] args 为命令行参数。在执行时，可以利用空格通过"java 参数 1　参数 2…"的方式，将所有参数传递给入口方法 main。

【文件 1.3】HelloWorld2.java

```
1.   package cn.oracle;
2.   public class HelloWorld2{
3.       public static void main(String[] args){
4.           System.out.println("参数的个数为: "+args.length);
5.           for(int i=0;i<args.length;i++){
6.             System.out.println(args[i]);
7.           }
8.       }
9.   }
```

在上面的代码中，第 4 行输出命令行参数的个数。for 是循环控制语句（后面将会讲到），用于从第一个参数输出到最后一个参数。

使用 javac 编译上面的代码，然后使用以下命令运行编译以后的程序：

```
D:\a>javac -d . HelloWorld2.java
D:\a>java cn.oracle.HelloWorld2 Jack Mary Alex Mrchi
参数的个数为: 4
Jack
Mary
Alex
Mrchi
```

1.8　Java 中的关键词列表

Java 中的关键字也称为保留字，表示特殊的含义。Java 中的关键字如表 1-1 所示。

表 1-1　Java 中的关键字

关键字	含义
abstract	表明类或者成员方法具有抽象属性
assert	用来进行程序调试
boolean	基本数据类型之一，布尔类型
break	提前跳出一个循环
byte	基本数据类型之一，字节类型

（续表）

关键字	含义
Case	在 switch 语句中，表示其中的一个分支
catch	在异常处理中，用来捕捉异常
char	基本数据类型之一，字符类型
class	类声明关键字
const	保留关键字，没有具体含义，在 C 语言中表示常量
continue	回到一个循环语句的开始处
default	默认，例如在 switch 语句中表明一个默认的分支
do	用在 do-while 循环结构中
double	基本数据类型之一，双精度浮点数类型
else	用在条件语句中，表明当条件不成立时的分支
enum	枚举
extends	表明一个类型是另一个类型的子类型，表示继承
final	用来说明最终属性，表明一个类不能派生出子类，或者成员方法不能被覆盖，或者成员域的值不能被改变
finally	用于处理异常情况，用来声明一个肯定会被执行到的语句块
float	基本数据类型之一，单精度浮点数类型
for	一种循环结构的引导词
goto	保留关键字，没有具体含义。在 C 语言中可用，在 Java 语言中没有具体含义
if	条件语句的引导词
implements	表明一个类实现了给定的某个接口
import	表明要访问指定的类或包
instanceof	用来测试一个对象是否是指定类型的实例对象
int	基本数据类型之一，整数类型
interface	接口声明关键字
long	基本数据类型之一，长整数类型
native	用来声明一个方法是由与计算机相关的语言（如 C/C++）实现的
new	用来创建新实例对象
null	null 值对象，什么也没有的一块内存空间
package	包声明语句
private	私有访问修饰符
protected	保护访问修饰符
public	公开访问修饰符

（续表）

关键字	含义
return	从成员方法中返回数据
short	基本数据类型之一，短整数类型
static	表明具有静态属性
strictfp	用来声明 FP_strict（单精度或双精度浮点数）表达式遵循 IEEE 754 算术规范
super	表明当前对象的父类型的引用或者父类型的构造方法
switch	分支语句结构的引导词
synchronized	同步执行关键字
this	指向当前实例对象的引用
throw	抛出一个异常
throws	声明在当前定义的成员方法中所有需要抛出的异常
transient	声明不用序列化的成员域
try	尝试一个可能抛出异常的程序块
void	声明当前成员方法没有返回值
volatile	表明两个或者多个变量必须同步发生变化
while	用在循环结构中

1.9　Java 中的注释

注释是在 Java 代码中起到说明作用的文字。在 Java 中，有三种注释，如表 1-2 所示。

表 1-2　Java 中的三种注释

注释类型	功能
//	两个//（斜线）开始，表示单行注释
/* */	多行注释
/** */	标准的 javadoc 注释。使用 javadoc 生成的文档将会使用这些注释生成 doc 文档

1.10　javadoc 命令

javadoc 命令用于将标准的 javadoc 注释生成文档。javadoc 标准注释一般是：注释到类上，对类起说明作用；注释到方法或是成员变量上，对方法或者功能成员变量含义做出说明。例如，存在以下 javadoc 注释：

【文件 1.4】ExampleJavaDoc.java

```
1.  package cn.oracle;
2.  /**
3.   用 javadoc 对类做出功能说明<br>
4.   本类演示如何使用 javadoc 注释<br>
5.   并演示如何通过 javadoc 命令生成文档
6.   @author oracle
7.   @version 1.0
8.  */
9.  public class ExampleJavaDoc{
10.     /**
11.      用 javadoc 对成员变量添加说明
12.     */
13.     private String name;
14.
15.     /**
16.      用 javadoc 对方法添加说明<br>
17.      以下方法用于输出一个 HelloWorld 串
18.     */
19.     public void print(){
20.         System.out.println("HellOworld");
21.     }
22. }
```

使用以下命令生成标准文档：

```
D:\java>javadoc -author ExampleJavaDoc.java
正在加载源文件 ExampleJavaDoc.java...
正在构造 Javadoc 信息...
标准 Doclet 版本 1.8.0_281
正在构建所有程序包和类的树...
正在生成.\cn\oracle\ExampleJavaDoc.html...
正在生成.\cn\oracle\package-frame.html...
正在生成.\cn\oracle\package-summary.html...
正在生成.\cn\oracle\package-tree.html...
正在生成.\constant-values.html...
正在构建所有程序包和类的索引...
正在生成.\overview-tree.html...
正在生成.\index-all.html...
正在生成.\deprecated-list.html...
正在构建所有类的索引...
正在生成.\allclasses-frame.html...
正在生成.\allclasses-noframe.html...
正在生成.\index.html...
正在生成.\help-doc.html...
```

第 1 行是生成的命令，后面是自动生成文档时输出的信息。生成以后的文档如图 1-13 所示。

打开 index.html，将会看到标准的 javadoc 文档，如图 1-14 所示。

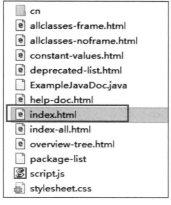

图 1-13

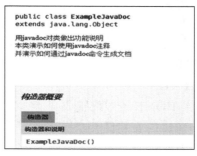

图 1-14

1.11　本章总结

Java 语言是目前企业最受欢迎的编程语言之一，有许多相关的工作岗位。无论从事哪个岗位，Java 的核心技术都是基础。JDK 是开发 Java 必备的开发环境。Java 是跨平台的语言，JDK 并不跨平台，要根据不同的操作系统选择不同的 JDK 版本。Java 是运行在 JRE 里面的。

安装 JDK 后，需要配置两个环境变量：JAVA_HOME 和 PATH。

使用 java -version 命令，可以检查当前 JDK 安装是否成功，并可以显示版本信息。

Java 源程序就是扩展名为*.java 的文本文件。在*.java 源文件开发完成以后，通过 javac 命令将*.java 文件编译成*.class 字节码文件，然后通过 java 命令运行 Java 的字节码文件。

1.12　课后练习

1．开发第一个 Java 程序并在控制台输出 HelloWorld 字符串。

2．解释什么是 JDK 和 JRE，并说明二者的区别。

3．简述 Java 编程语言的特点。

4．简述 Java 编译运行的过程。

5．（　　）可以将 HelloWorld.java 编译成 HelloWorld.class。

    A．java HelloWorld.java   B．javac HelloWorld.java

    C．java -d . HelloWorld.java   D．javac HelloWorld

6．若 HelloWorld.java 存在 package cn.oracle;包结构声明中，则（　　）可以正常运行这个 Java 程序。

A．javac cn.oracle.HelloWorld   B．java cn/oracle/HelloWorld

C．java cn.oracle.HelloWorld   D．java HelloWorld

7．（   ）是生成标准文档的命令。

　　A．javac   B．java

　　C．doc   D．javadoc

8．开发 Java 必须安装（   ）环境。

　　A．JRE   B．JDK

　　C．PATH   D．JAVA_HOME

9．JAVA_HOME 一般配置成（   ）。

　　A．JDK 的安装目录   B．JRE 的安装目录

　　C．当前目录   D．C 盘的根目录

第 2 章

Java 数据类型和变量

大多编程语言的基本语法都是相似的。例如，在 Java 中定义一个变量用的语法是"int age=10;"，即定义一个整数类型的 age 变量，它的值是 10；在 PL/SQL 语句中定义一个相同的变量为"declare age int:=10;"，其中 declare 为声明变量的语法块，age 是变量名，int 是数据类型，:= 中的冒号是赋值语句。学会一种语言的语法，很容易掌握另一种语言的语法。

变量是保存数据的地方，一个变量应该拥有它的数据类型，即保存什么类型的数据。一个变量应该有一个名称，以便于引用或使用。一个变量应该用具体的值表示它当前表示的值。变量保存在内存中，当程序退出后变量及变量所表示的值将会消失。如果希望保存变量的值，就必须使用（学习）持久化技术。

2.1 变量声明的语法

每一个变量声明语句最后必须以分号（;）作为结束符。

变量声明的语法如表 2-1 所示。

表 2-1 变量声明的语法形式

变量声明		功能
数据类型	变量名;	声明变量，没有赋值
数据类型	变量名 1,变量名 2;	一次声明多个变量，没有赋值
数据类型	变量名=变量值;	声明变量并赋值

以下是声明变量的示例（注意：声明在方法中的变量为局部变量，局部变量必须赋值）：

【文件 2.1】HelloWorld3.java

```
1.  package cn.oracle;
2.  public class HelloWorld3{
3.      public static void main(String[] args){
4.          String name="mrchi";
5.          int age=35;
6.          double money = 34.5D;
7.          System.out.println("name 变量的值为:"+name);
8.          System.out.println("age 的值为:"+age);
9.          System.out.println("money 的值为:"+money);
10.     }
11. }
```

编译并执行后的结果：

```
D:\java>java cn.oracle.HelloWorld3
name 变量的值为:mrchi
age 的值为:35
money 的值为:34.5
```

2.2　合法的标识符

标识符即变量名。声明变量时，每一个变量必须拥有一个名称，而声明名称必须遵循变量声明的规则。在 Java 中，声明变量或标识符号的规则为：

（1）标识符由字母、数字、下划线"_"、美元符号"$"，或者人民币符号"¥"组成，并且首字母不能是数字。

（2）不能把关键字和保留字作为标识符。

（3）标识符没有长度限制。

（4）标识符对大小写敏感。

建议声明变量的规则是：

（1）都使用字符并区分大小写。

（2）使用驼峰式命名，并具有一定的含义。例如，声明一个人的名称，可以声明为"String personName = "Jack";"，其中 personName 中 name 的第一个字母大写，即驼峰式命名。同时，通过这个变更名就可以知道它表示某个人的名称。

2.3　Java 中的数据类型

每一个变量必须拥有特定的数据类型，以表示它能表达的数据。在 Java 中，数据类型为两大类，即引用类型和基本类型，如图 2-1 所示。

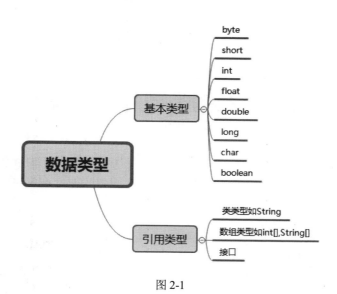

图 2-1

以下示例演示了声明不同变量的方式。

【文件 2.2】HelloWorld4.java

```
1.  package cn.oracle;
2.  public class HelloWorld4{
3.     public static void main(String[] args){
4.         byte _byte = 1;        //声明字节类型
5.         short _short=1;        //声明短整数类型
6.         int _int =1;           //声明整数类型
7.         float _float = 1.0F;      //声明单精度浮点型，注意后面的 F 标识
8.         double _double =1.0D;//声明双精度浮点型
9.         long _long = 1L;       //声明长整数类型
10.        char _char = 'A';           //声明字符型，注意使用单引号
11.        boolean _boolean = false;          //声明布尔类型
12.        String _string = "Mrchi";        //声明字符串
13.        HelloWorld4 _helloWrold = new HelloWorld4();//声明自定义对象类型
14.    }
15. }
```

每一种数据类型都有它们的取值范围。每种数据类型是占用的字节数、取值范围、默认值等如表 2-2 所示。

表 2-2　数据类型及取值范围、默认值等

数据类型	字节	范围	默认值
byte	1	$-128\sim127$ 或 $-2^{7}\sim2^{7}-1$	0
short	2	$-2^{16}\sim2^{16}-1$	0
int	4	$-2^{31}\sim2^{31}-1$	0
float	4	$10^{-38}\sim10^{38}$ 和$-10^{-38}\sim-10^{38}$	0F
double	8	$10^{-308}\sim10^{308}$ 和$-10^{-308}\sim-10^{308}$	0D
long	8	$-2^{63}\sim2^{63}-1$	0L
character	2	$0\sim65535$	'\u0000'
boolean	1	true	false	false

2.4　数据类型与默认值

每一种数据类型都有自己的默认值，但只有变量声明为成员变量时才会有默认值。局部变量没有默认值，必须在赋值以后才可以使用。成员变量是指定义在类里面的变量，而不是定义在方法或者代码块中的变量。下面给出一个成员变量的示例。

【文件 2.3】HelloWorld5.java

```
1.   package cn.oracle;
2.   public class HelloWorld5{
3.       String name;//成员变量
4.       public static void main(String[] args){
5.
6.       }
7.   }
```

以下代码演示变量的默认值。基本类型变量的默认值遵循表 2-2 定义的规则，引用类型的默认值都是 null。

【文件 2.4】HelloWorld6.java

```
1.   package cn.oracle;
2.   public class HelloWorld6{
3.       static byte _byte;
4.       static short _short;
5.       static int _int;
6.       static float _float;
7.       static double _double;
8.       static long _long;
9.       static char _char;
10.      static boolean _boolean;
11.      static String name;
12.      static int[] _ints;
13.      public static void main(String[] args){
```

```
14.        System.out.println(_byte);//0
15.        System.out.println(_short);//0
16.        System.out.println(_int);//0
17.        System.out.println(_float);//0
18.        System.out.println(_double);//0
19.        System.out.println(_long);//0
20.        System.out.println(_char);// ''
21.        System.out.println(_boolean);//false
22.        System.out.println(name);//null
23.        System.out.println(_ints);//null
24.    }
25. }
```

2.5　成员变量与局部变量

正如上面提到的，成员变量是声明到类里面的变量，拥有默认值；而局部变量是声明到方法或者代码块中的变量，必须赋值以后才可以使用。下面给出一个成员变量和局部变量的声明示例。

【文件 2.5】DemoMemberVariable.java

```
1.  package cn.oracle;
2.  public class DemoMemberVariable{
3.      private String name="Jack";           //成员变量
4.      public static void main(String[] args){//args 也是局部变量
5.          String name = "Alex";              //局部变量
6.          if(true){
7.              int age = 35;                  //在 if 代码块中的也是局部变量
8.          }
9.      }
10. }
```

在上面的示例中，除第 3 行中的变量为成员变量之外，第 4、5、7 行声明的变量都是局部变量。

2.6　在 main 方法中访问成员变量

main 方法拥有一个关键字 static，表示静态。在静态方法中，可以直接访问一个静态成员变量，但是访问非静态的成员变量时必须先实例化当前类。在声明成员变量时，使用 static 修饰符修饰静态变量。用 static 修饰的成员变量在内存的静态区，只有一个实例。非静态的成员变量也称为实例成员变量，每实例化一份当前类对象，都将会创建一个新的成员变量的实例。

以下示例将演示如何访问一个静态的成员变量。

【文件 2.6】DemoMemberVariable1.java

```
1.  package cn.oracle;
2.  public class DemoMemberVariable1{
3.      static String name="Jack";  //声明一个静态的成员变量
4.      public static void main(String[] args){
5.          name="Mary";    //直接访问成员变量修改它的值
6.          //或是使用类名.（点）的形式访问成员变量
7.          DemoMemberVariable1.name="Alex";
8.      }
9.  }
```

以下示例将演示如何访问一个非静态的成员变量。

【文件 2.7】DemoMemberVariable2.java

```
1.  package cn.oracle;
2.  public class DemoMemberVariable2{
3.      String name="Jack";  //声明一个非静态的成员变量
4.      public static void main(String[] args){
5.          //必须先实例化当前类
6.          DemoMemberVariable2 demo = new DemoMemberVariable2();
7.          //使用 demo 变量来访问 name 成员变量
8.          demo.name="Jerry";
9.      }
10. }
```

2.7 本章总结

本章主要讲述了变量标识符号、变量的声明和默认值，成员变量、局部变量以及在 main 方法中如何访问成员变量。变量就是申请内存来存储值。也就是说，当创建变量的时候，需要在内存中申请空间。内存管理系统根据变量的类型为变量分配存储空间，分配的空间只能用来储存该类型的数据。因此，通过定义不同类型的变量，可以在内存中储存整数、小数或者字符等。

2.8 课后练习

1. 简要说明 Java 中的基本数据类型各占用几个字节。

2. （   ）是有效的标识符。

    A．THIS   B．3name

    C．_3name   D．my Name（中间有空格）

3. int 的取值范围为（　　　）。

　　A．$-2^{32} \sim 2^{32}-1$　　　　　　　　　　B．$-2^{31} \sim 2^{31}-1$

　　C．$-2G \sim 2G-1$ 个字节　　　　　　D．$-128 \sim 127$

4. （　　　）是正确的 boolean 值的赋值方式。

　　A．boolean boo = true;　　　　　　B．boolean boo = null;

　　C．boolean boo= 0;　　　　　　　　D．boolean boo = -1;

5. 成员变量 int[] ints;的默认值为（　　　）。

　　A．0　　　　　　B．null　　　　　　C．-1　　　　　　D．1

6. 成员变量的声明是"int[] ints = new int[3];"，则 ints[0]的值为（　　　）。

　　A．null　　　　　B．0　　　　　　C．undefined　　　　　D．-1

第3章

Java 开发利器

"工欲善其事，必先利其器。"我们在开发 Java 语言的过程中同样需要一款高效的开发工具，目前市场上的 IDE 很多，本文为大家推荐以下几款 Java 开发工具：

- Eclipse（推荐）：免费开源的 Java IDE，企业 Java 开发经典的 IDE 工具，有巨大稳定的用户群体，强大的插件支持和完善的技术资料。
- JetBrains 的 IntelliJ IDEA：目前有不少企业使用该开发工具，代码提示较为智能，功能强大。
- Notepad++：Notepad++ 是在微软视窗环境之下的一个免费的代码编辑器。
- NetBeans：开源免费的 Java IDE，是 Oracle 公司收购的一个 Java 集成开发环境。

本书我们将使用 Eclipse 作为开发环境，采用的版本为 4.6.1。

3.1 下载 Eclipse

Eclipse 是一个开源且免费的开发环境，在 www.eclipse.org 官网上即可下载到最新版本的 Eclipse。

Eclipse 的下载页面如图 3-1 所示，找到跟 JDK 匹配的版本，本书采用的 Eclipse 的版本为 4.6.1，读者需要根据操作系统位数下载相应的版本。

图 3-1

3.2　安装 Eclipse

下载的 Eclipse 是一个 zip 类型的压缩文件，所以解压即可使用。请保证你已经安装了 JDK，并正确地配置了 JAVA_HOME 和 PATH 两个环境变量。

在解压以后，得到如图 3-2 所示的目录。

图 3-2

eclipse.exe 为运行 Eclipse 的可执行文件，双击后，将启动 Eclipse，然后选择一个工作区（今后所有 Java 项目所保存的目录）。

启动时要选择工作区，如图 3-3 所示。其中，Workspace 默认的目录为 C:/administrator/workspaces，但是不建议将所有的项目都放到 C 盘，所以这里输入了一个你喜欢的其他任意目录。建议工作区也不要在 C 盘上。

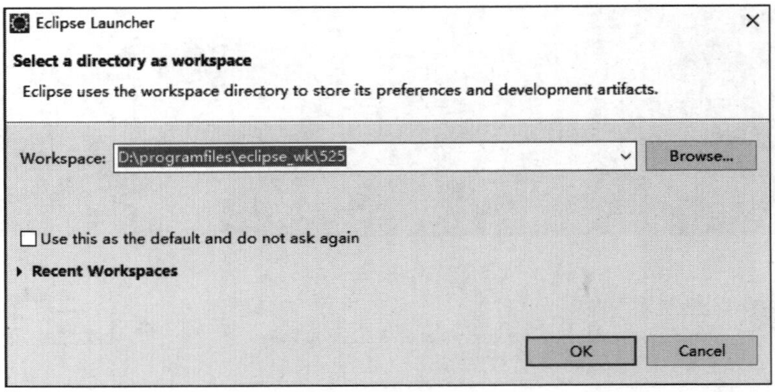

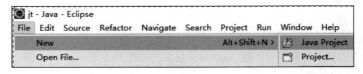

图 3-3

3.3 Eclipse 中 Java 项目的创建

在 Eclipse 中创建的 Java 项目为 Java 源代码项目，一般包含两个目录：src 为源代码目录，bin 为 classpath 目录。以下是 Java 项目的目录结构：

```
project   项目名
src   源代码目录
bin   字节码目录，所有编译后的*.class 文件，都自动保存到这个目录下
.propject   eclipse 项目的配置文件
```

3.3.1 创建 Java 项目

依次选择 File→New→Java Project 命令，如图 3-4 所示。

图 3-4

3.3.2 输入项目名称

输入项目名称以后，直接单击 Finish 按钮，如图 3-5 所示。

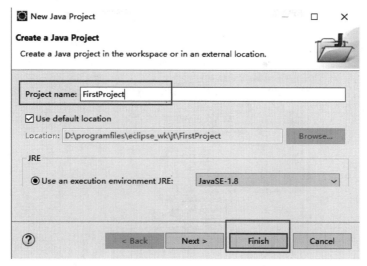

图 3-5

3.3.3 开发 Java 类

建议使用 Package Explorer 来查看项目的结构，它将会隐藏 bin 目录。虽然看不见 bin 目录，但是它依然存在。如果想要查看 bin 目录，则可以通过 Navigation Explorer 来查看，不过建议使用 Package Explorer。创建以后的项目结果如图 3-6 所示。

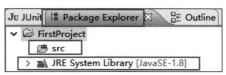

图 3-6

在图 3-6 中，第一个框为显示的视图，第二个框 src 为源代码目录，第三个框 JRE...为引用的 JDK 版本。

在 src 处右击，选择 New→Class 即可创建一个 Java 类，如图 3-7 所示。

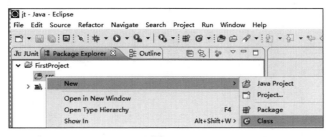

图 3-7

输入类名及包名，如图 3-8 所示。

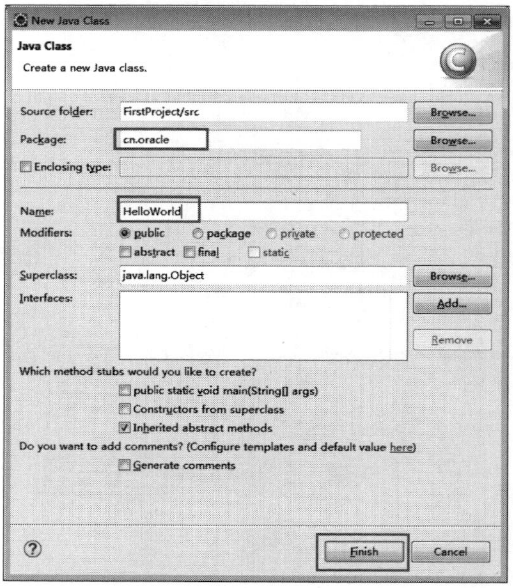

图 3-8

创建的 Java 类已经有了类的结构，如包名和类名都已经自动填充完毕。

【文件 3.1】HelloWorld.java

```
1.   package cn.oracle;
2.   public class HelloWorld {
3.   }
```

3.3.4　填充 main 方法

此时，只要在 HelloWorld 类里面填充 main 方法即可。

【文件 3.2】HelloWorld1.java

```
1.   package cn.oracle;
2.   public class HelloWorld1 {
3.       public static void main(String[] args) {
4.           System.err.println("HelloWorld");
5.       }
6.   }
```

3.3.5　运行

在 Eclipse 中运行一个 main 方法，只要在拥有 main 方法中的类中右击，选择 Run As → Java Application 即可，如图 3-9 所示。

图 3-9

运行结果可以通过控制台查看。

到此，就可以使用 Eclipse 开发 Java 项目了。

3.4　Eclipse 项目的导入

如果已经存在一个 Java 项目，则可以使用 Eclipse 的导入功能直接导入，具体步骤如下。

步骤 01 依次选择 File→Import 命令，如图 3-10 所示。

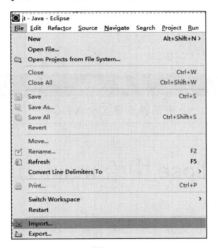

图 3-10

步骤 02 选择已经存在的 Eclipse 项目，导入到当前项目中，如图 3-11 所示。

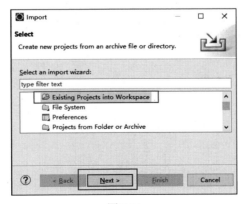

图 3-11

步骤 **03** 选择需要导入的项目，并选中 Copy projects into workspace，如图 3-12 所示。

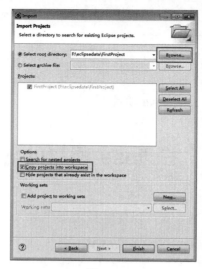

图 3-12

单击 Finish 按钮，导入项目成功。

注　意
在导入项目之前，保证在 Eclipse 中不存在重名的项目。

3.5　在 Eclipse 中给 main 方法传递参数

在命令行使用 java 命令，可以将多个参数通过空格分开后传递给 main 方法。在 Eclipse 中也有同样的传递参数的位置。通过 Run As → Run Configurations → Arguments → Program arguments 添加参数，如图 3-13 所示。

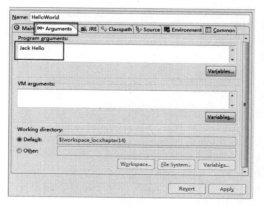

图 3-13

3.6 Eclipse 的快捷键

Eclipse 中有很多快捷键，它将让你的程序开发变得快步如飞。建议大家要经常使用这些快捷键。

在 Eclipse 中，输出 System.out.println("")时只要打出 sysout 或者 syso +Alt + / 即可补全所有代码。

Eclipse 中常用快捷键说明如下：

（1）Ctrl+Space：提供对方法、变量、参数、javadoc 等的提示，应用在多种场合。总之，需要提示的时候可先按此快捷键。

（2）Ctrl+Shift+Space：变量提示。

（3）Ctrl+/：添加/消除//注释，在 Eclipse 2.0 中，消除注释为 Ctrl+\。

（4）Ctrl+Shift+/：添加/* */注释。

（5）Ctrl+Shift+\：消除/* */注释。

（6）Ctrl+Shift+F：自动格式化代码。

（7）Ctrl+1：批量修改源代码中的变量名。此外，还可用在 catch 块上。

（8）Ctrl+F6：界面切换。

（9）Ctrl+Shift+M：查找所需要的包。

（10）Ctrl+Shift+O：自动引入所需要的包。

（11）Ctrl+Alt+S：源代码的快捷菜单。

（12）Alt+/：内容辅助。

更多快捷键，可以参考 Eclipse 的官方网站，或是通过图 3-14 所示的界面去了解默认的快捷键。

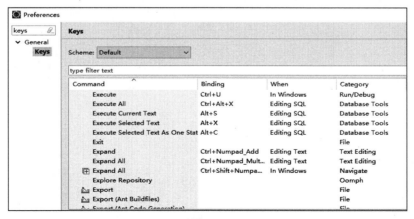

图 3-14

3.7　本章总结

Eclipse 是一个集成开发工具，经常使用就会熟练。需要说明的是，只有掌握了 Java 代码的运行和编译才是关键。这样，无论使用什么 Java 开发工具，都可以信手拈来。

3.8　课后练习

1. 简述在 Eclipse 中 Java 项目 src、bin 目录的含义。
2. （　　）是 eclipse 中 Java 项目中放 Java 源代码的目录。
   A．Bin　　　　　　B．src　　　　　　C．jre　　　　　　D．java
3. 在 Eclipse 中，开发 HelloWorld 程序并传递参数给 main 方法。

第4章

Java 运算符和表达式

运算符是 Java 基础语法重要知识模块之一，Java 中有不同类型的运算符类型，如+（加）、-（减）都属于算术运算符。在编程语言中，一般分为一元运算符、二元运算符和三元运算符。一元运算符指只有一个数参与的运算符号，如!（叹号）为取反运算符。二元和三元运算符是指参与运算的操作数为两个和三个，又分为算术运算符、关系运算符、逻辑运算符、位运算符，可以分别实现不同的运算。

本章还会讲到基本类型的包装类型、包装类型的功能以及进制之间的转换。

4.1 Java 中的运算符列表

先让我们了解一下 Java 的所有运算符号，再展开来讲。Java 的运算符分为四类：算术运算符、关系运算符、逻辑运算符、位运算符。

- 算术运算符号：+（加）、-（减）、*（乘）、/（除）、%（取模）、++（自加）、--（自减）。
- 关系运算符：==（等于）、!=（不等于）、>（大于）、>=（大于等于）、<（小于）、<=（小于等于）。
- 逻辑运算符：&&（短路与）、||（短路或）、!（非）、^（异或）、&（与）、|（或）。
- 位运算符：&（与）、|（或）、~（按位取反）、>>（右位移）、<<（左位移）、>>>（无符号位移）。

4.1.1　算术运算符

+（加）运算符可以对数值类型进行操作，相加的结果至少为 int 类型或是较大一方的数据类型。

以下是一些加运算的例子。

【文件 4.1】Operation.java

```
1.  byte a1 = 1;
2.  short a2 = 1;
3.  int a3 = 1;
4.  double a4 = 1D;
5.  // 相加的结果为 int 类型，所以将 a1+a2 的结果转成 byte 类型
6.  byte b1 = (byte) (a1 + a2);
7.  //相加的结果为 short 类型，所以将 a1+a2 的结果转成 short 类型
8.  short b2 = (short)(a1+a2);
9.  //相加的结果为 int 类型，可以直接赋值给 int 类型
10. int b3= a1+a2;
11. //相加的结果为 double 类型，所以赋值给 double 类型是可以的
12. double b4 = a1+a4;
```

–（减）、*（乘）、/（除）的运算与上面的类似，不再赘述。需要说明的是/（除）运算，如果参与的都是 int 或 long 类型，则只会返回整数部分。只有 float 和 double 参与运算时，才会返回小数。

```
1.  int a1 = 10/4;//返回的结果为 2
2.  double a2=10.0D/4;//返回 2.5
```

+（运算）不仅可以进行数值的运算，还可以进行字符串的串联操作，使用+对任意对象进行+操作时，将按优先级将这个对象转成 String。相加的结果也同样为 String 类型。

【文件 4.2】Operation1.java

```
1.  int a1 = 10;
2.  int a2 = 90;
3.  String str = "Mrchi";
4.  String str1 = a1+a2+str;
5.  String str2 = str+a1+a2;
```

在上面的代码中，第 4 行相加的结果为 100Mrchi。按照运算的优先级，先计算 10+90 的结果（100）再与 Mrchi 进行字符串串联，结果为 100Mrchi。

第 5 行的结果为 Mrchi1090。因为先进行 Mrchi 与 10 的串联，成为字符串，再串联 a2，结果为 Mrchi1090。

采用%取余（取模）运算符，两数计算的结果为余数。

【文件 4.3】Operation2.java

```
1.  int a = 10%2;//余数为 0，整除
```

```
2.   int b = 10%4;//余数为2，即10除以4余2
3.   int c = 10%7;//余数为3
```

++（自加）分前++、后++。前++是指先加再用，后++是指先用当前的数再进行++操作。
--（自减）同上。以下是示例：

【文件 4.4】Operation3.java

```
1.   int a = 1;
2.   int b = a++;
3.   //先将a的值赋给b，所以b的值为1，然后a做自加，所以a的值为2
4.   int c = 1;
5.   int d = ++c;
6.   //先对c做自加操作，此时c的值为2，再将c的值赋给d，所以d的值为2
```

需要说明的是，++、--操作不会修改数据的类型。例如，以下两种代码所获取的结果不同：

```
1.   byte a = 1;
2.   a++;//++不修改数据类型
3.   a=(byte)(a+1);//a+1的结果为int，所以必须强制类型转换才可以回到byte上
```

4.1.2　关系运算符

关系运算符用于比较两个数值的大小，比较结果为 boolean 值。>=、<=、>、<可以直接
比较两个数值，==和!=不仅可以比较数值，还可以比较任意对象的内存地址。

示例程序如下：

【文件 4.5】Operation4.java

```
1.   int a = 1;
2.   int b = 1;
3.   Integer c = new Integer(1);
4.   String str1 = "Jack";
5.   String str2 = new String("Jack");
6.   boolean b1 = a == b;
7.   boolean b2 = a == c;
8.   boolean b3 = str1 == str2;
```

第 6 行直接比较两个数值的结果为 true。在第 7 行，虽然 c 是对象类型，但是在 JDK 1.5
以后会自动将 c 拆成 int 类型，所以也是直接比较两个值，结果为 true。第 8 行为比较两个对
象类型的内存是否一样，由于 str2 是一个新内存对象的声明，因此第 8 行的结果为 false。

4.1.3　逻辑运算符

&（与）和|（或）既可以进行逻辑运算，也可以进行位运算。当&（与）两边运算表达式
的值都为 true 时，结果为 true；两边只要有一方为 false，则结果为 false。|（或）两边表达式
的值只要有一个为 true 则结果为 true，只有两边都为 false 时结果才为 false。值得注意的是，

&和|两边的表达式无论如何都会参与运算。

请见以下表达式：

```
1. boolean boo1 = true & false;// false
2. boolean boo2 = true & true;// true;
3. boolean boo3 = false | true;// true
```

两边都为运算表达式时，表达式两边都会参与运算：

```
boolean boo1 = (1==2) & (1==1);// false
```

&&（短路与）、||（短路或）的两边只能是 boolean 表达式。使用&&时，如果&&左边的表达式已经为 false，则无论右边为 true 还是 false，结果都是 false，此时右边的表达式将不再参与运算，所以叫作短路与运算。同样的，对于||（短路或），如果左边已经是 true，那么无论右边是 true 还是 false 都将为 true，此时右边也不再参与运算，所以叫短路或。

在进行比较时，虽然使用&&和||可以省去不必要的运算，但是也会带来一些问题，如下代码将不会抛出异常。

【文件 4.6】Operation5.java

```
1. String str = null;
2. boolean boo = false && str.length()==3;
3. System.err.println(boo);
```

在上面的第 2 行中，str 为 null 值，如果直接调用 str.length()获取长度，则会抛出一个 NullPointerException 异常，但是&&左边已经是 false，右边不会参与运算，所以不会抛出异常。如果将&&修改为&，将会抛出 NullPointerException 异常，因为&两边都会参与运算，此时 str 的值为 null：

```
1. String str1 = null;
2. boolean boo1 = false & str.length()==3;
3. System.err.println(boo1);
```

使用^（异域运算符）时，两个表达值式的值不一样时结果才是 true，即：

```
1. boolean boo1 = false ^ true;// true
2. boolean boo2 = false ^ false;// false
```

!（非运算符号）为取反操作，如!true 的结果为 false，!false 的结果为 true。

4.1.4 位运算符

位运算符包含的符号有&（与）、|（或）、~（按位取反）、>>（右位移）、<<（左位移）、>>>（无符号位移），是对二进制数据进行运算，即运算的对象为 0 和 1。

&（与）运算符的两边都为 1 时结果为 1，例如：

【文件 4.7】Operation6.java

```
1. // 声明一个二进制的数 15，使用 0b 声明一个二进制的数
```

```
2.  int a = 0b00000000_00000000_00000000_00001111;
3.  // 声明一个二进制的 1
4.  int b = 0b00000000_00000000_00000000_00000001;
5.  // a&b 则 c 的结果为 1
6.  int c = a & b;
```

在上例中，c 的结果为 1，运算过程如图 4-1 所示。

```
        00000000_00000000_00000000_00001111
    &   00000000_00000000_00000000_00000001
        -------------------------------------------
        00000000_00000000_00000000_00000001
```

图 4-1

进行 |（或）运算时，只要表达式的两边有一个为 1，结果就是 1。

【文件 4.8】Operation7.java

```
1.  // 声明一个二进制的数 15，使用 0b 声明一个二进制的数
2.  int a = 0b00000000_00000000_00000000_00001111;
3.  // 声明一个二进制的 1
4.  int b = 0b00000000_00000000_00000000_00000001;
5.  // a|b，则 c 的结果为 15
6.  int c = a | b;
```

在上例中，c 的结果为 15，运算过程如图 4-2 所示。

```
        00000000_00000000_00000000_00001111
    |   00000000_00000000_00000000_00000001
        -------------------------------------------
        00000000_00000000_00000000_00001111
```

图 4-2

~是按位取反运算符号，若是 1 则转换成 0，若是 0 则转换成 1。

【文件 4.9】Operation8.java

```
1.  // 声明一个二进制的数 15，使用 0b 声明一个二进制的数
2.  int a = 0b00000000_00000000_00000000_00001111;
3.  int b = ~a;
4.  System.err.println(b);//-16
5.  //11111111111111111111111111110000
6.  System.err.println(Integer.toBinaryString(b));
```

在上例中，第 4 行的输出为−16。a 的首位是 0，按位取反以后为 1，对于一个二进制来说，首位为 1 时为负数，所以 b 的值为负数。

在第 6 行中，通过 Integer 包装类型的静态方法，将 b 转成二进制的结果为 11111111111111111111111111110000，正是 a 值按位取反以后的结果。

\>>（右位移）和 <<（左位移）运算是将二进制数据向右或左进行位移，移出去的数据将在前面或者后面补 0。

```
1.  int a = 0b00000000_00000000_00000000_00001111;
```

```
2.  int b = a >> 2;//结果为3
```

上面的向右位移运算过程如图 4-3 所示。

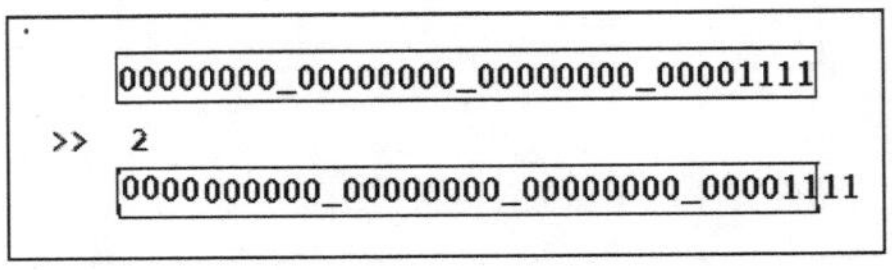

```
                   .
                   00000000_00000000_00000000_00001111
        >>  2
                   0000000000_00000000_00000000_00001111
```

图 4-3

向右位移两位以后，移出两个 1，前面补两个 0，所以最后的二进制结果为 00000000_00000000_00000000_00000011，这个二进制数据的结果为 2。

左位移运算同理，只是后面补 0，不再赘述。

>>>为无符号位移运算符，对于>>右位移运算，如果为负数，则前面补 1，即依然是负数。如>>右位移运算的示例：

【文件 4.10】Operation9.java

```
1.  int a = 0b10000000_00000000_00000000_00000000;
2.  int b = a >> 2;
3.  String bin = "00000000000000000000000000000000" + Integer.toBinaryString(b);
4.  bin = bin.substring(bin.length() - 32);
5.  System.err.println(b + "," + bin);
```

在上面的代码中，a 变量的二进制形式是以 1 开始的，所以为负数，使用>>右移两位，即后面去除两个 0，则是有符号位移，所以前面补 1，结果为 –536870912，11100000000000000000000000000000，即依然为负数。如果使用>>>无符号位移，即将第 2 行的代码修改成"int b =a>>>2;"，结果为 536870912，00100000000000000000000000000000 即前面补 0，结果为正数。对于无符号位移，无论是正数还是负数，前面都补 0，有符号位移则会根据情况前面补 0 或补 1。

4.2　进制之间的转换

Java 中的进制为二进制。二进制的声明以 0b 开始，后面带有 0 和 1。八进制以 0 开始，最大数为 7。十六进制的数以 0x 开始。

声明十进制的 15，用二进制、八进制、十进制和十六进制表示，具体如下：

- int a1 = 0b1111;
- int a2 = 017;
- int a3 = 15;
- int a4 = 0xf;

将任意一个十进制数转成对应的进制，就是取余的过程，如将 38 转成二进制，如图 4-4 所示。

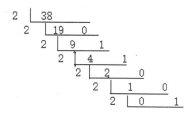

图 4-4

经过上面的运算结果，将余数从下向上串联，则 38 的二进制为 100110（前面的若干 0 省略）。其他进制的运算类似，将不再赘述。

值得说明的是，计算一个负数的二进制，先计算出它的正数的二进制反码，然后算补码，补码就是在最后添加 1。例如，38 的二进制为 100110，则-38 的二进制为~38+1。

计算过程如表 4-1 所示。

表 4-1　一个负数的二进制计算过程

十进制	二进制
38	00000000_00000000_00000000_00100110
取 38 的反码	11111111_11111111_11111111_11011001
加上补码 1	11111111_11111111_11111111_11011010
-38 的二进制	11111111_11111111_11111111_11011010

4.3　基本类型及其包装类型

每一个基本类型都有一个与之对应的包装类型，也叫作类类型。包装类型是工具类，表示对象。基本类型和包装类型的对应关系如表 4-2 所示。

表 4-2　一个负的二进制计算过程

基本类型	包装类型
byte	java.lang.Byte
short	java.lang.Short
int	java.lang.Integer
long	java.lang.Long
float	java.lang.Float
double	java.lang.Double
boolean	java.lang.Boolean
char	java.lang.Character

下面以 Integer 为例讲解包装类型的功能。包装类有很多静态方法，可以直接调用这些静态方法，实现某些功能。

1. 将字符串转成 int 或者 Integer 类型

【文件 4.11】Operation10.java

```
1.  String str = "38";
2.  int a = Integer.parseInt(str);
3.  Integer b = Integer.valueOf(str);
```

2. 获取最大值或最小值

```
1.  int max = Integer.MAX_VALUE;
2.  int min = Integer.MIN_VALUE;
```

3. 常用的进制转换

```
1.  // 转成二进制字符串
2.  String str1 = Integer.toBinaryString(38);
3.  // 转成八进制字符串
4.  String str2 = Integer.toOctalString(38);
5.  // 转成十六进制
6.  String str3 = Integer.toHexString(38);
```

4.4　equals 方法

equals 用于比较两个对象里面的内容是否一致，==比较两个对象的内存地址是否一致。

【文件 4.12】Operation11.java

```
1.  String str1 = "Jack";
2.  String str2 = "Jack";
3.  String str3 = new String("Jack");
4.  boolean boo1 = str1==str2; //true
5.  boolean boo2 = str1==str3;//false
6.  boolean boo3 = str1.equals(str3); //true
```

"Jack"为直接数。第 1、2 行直接赋值为 Jack 直接数，所以 str1==str2 或者 str1.equals(str2) 的结果都是 true。str3 使用 new 关键字重新分配了一个新的对象，所以 str1==str3 为比较内存地址，结果为 false；但是两者的内容一样，所以 str1.equals(str3)的结果为 true。

建议在比较对象类型特别是 String 时使用 equals 方法，而不是使用==。

4.5　本章总结

本章主要学习了运算符号。其中，+运算不仅可以处理数值运算，还可以进行字符串及任意对象的加操作。任意的对象与字符串进行加操作，结果都会转成字符串。另外，要注意操作符号的优先级问题，比如，*、/、%的优先级要高于+、−。可以通过( )来修改运算符号的优先级。

　　基本类型都有与之对应的包装类型，要学会通过包装类型将字符串转成对应的基本类型或者包装类型。本章涉及的进制之间的转换及声明是必须掌握的要点，比如 0b 声明二进制类型、0x 声明十六进制等。

4.6　课后练习

1. 以下程序的运算结果为（　　）。

```
int a = 9;
int b = 10;
String str ="Mrchi";
String str2 = a+b+str;
```

　　A．910Mrchi　　　　B．19Mrchi　　　　C．异常　　　　D．没有结果

2. （　　）的结果为 true。

```
String str1= "Jack";
String str2 = "Jack";
Striing str3 = new String("Jack");
```

　　A．str1==str2　　B．str1==str3　　C．str1.equals(str3)　　D．str2.equals(str3);

3. （　　）表示八进制的 8。

　　A．8　　　　　　B．010　　　　　　C．0x8　　　　　　D．0b1000

4. 简述&和&&运算符的区别。

第 5 章

Java 程序流程控制

生活中大部分场景都有顺序，比如出门搭车、上班、下班、搭车回家，这些场景是按顺序进行的。程序执行也是按照从上到下依次运行的，程序设计需要由流程控制语句来完成用户的要求，根据用户的输入决定程序要进入什么流程，即"做什么"以及"怎么做"等。

在 Java 程序中，JVM 默认总是顺序执行以分号结束的语句。在实际的代码中，程序经常需要做条件判断、循环，因此需要有多种流程控制语句来实现程序的跳转和循环等功能。程序的执行需要一些判断、循环或是跳转，这些在程序中，控制程序执行不同的代码块的关键字叫作控制语句，如分支控制语句 if、循环控制语句 for 和退出程序语句 break 等。控制语句可以根据用户的业务逻辑执行不同的业务代码。

控制语句分为分支语句（if-else、switch-case）、循环控制语句（do-while、while，for），退出和继续下一次的语句（break、continue 等）。

5.1　Java 分支结构

分支语句包括 if 和 switch 语句。

分支语句为程序提供两种或是多种不同的执行路径，但是一次只能执行一个分支，如图 5-1 所示。

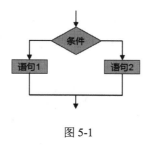

图 5-1

5.1.1 单分支语句

if 语句的语法为 if、if...else 或是 if...else if...else。其中，if 只能拥有一个，else if 可以拥有 0~N 个，else 可以拥有 0~1 个。

以下是一个 if 分支语句的示例。

【文件 5.1】Statement.java

```
1.  int age = 90;
2.  if(age>=90){
3.      System.err.println("年龄大于等于 90");
4.  }else if(age>=80){
5.      System.err.println("年龄大于等于 80");
6.  }else if(age>=60){
7.      System.err.println("年龄大于等于 60");
8.  }else{
9.      System.err.println("年龄小于 60");
10. }
```

在 if 分支中，不管有多少个分支语句，只要进入某一个分支，其他分支将不再进行判断。所以，在使用 if 分支语句时应该将更加严格的条件声明到前面。例如，在上面的代码中就将 90 这个判断声明到了前面。

5.1.2 switch 语句

switch 分支语句的语法为：

```
switch(变量){
    case 常量1:
        //TODO 业务代码部分
        break;
    case 常量2:
        //TODO 业务代码
        break;
    default
        //TODO 业务代码
        break;
}
```

变量的可选值为 String（JDK 1.7 以后）、int 及 int 兼容类型或是枚举。case 可以有多个，case 后面的值必须是常量。每一个 case 后面都应该用 break 来停止这个分支，否则将会继续向后执行，直至遇到 break 为止。

以下是一个 switch 的示例。

【文件 5.2】Statement1.java

```
1.   String name = "Jack";
2.   switch (name) {
3.     case "Jack":
4.         // TODO
5.         break;
6.     case "Mary":
7.         // TODO
8.         break;
9.     case "Alex":
10.        // TODO
11.        break;
12.     default:
13.        break;
14.  }
```

由于 name 的值为 Jack，因此将会执行第 3 行的 case 语句，且遇到第 5 行的 break 后退出 switch 语句。

5.2 Java 循环结构

生活中有很多循环的例子，比如一页一页印刷图书、绕着操场一圈一圈跑步。循环语句将根据指定的条件多次执行同一段代码（比如 N 次）。循环语句可以声明迭代变量，用于控制循环的次数。

5.2.1 while 循环

while 循环的语法是：

```
while(条件){
    //如果条件成立则执行的代码
}
```

while 循环在每次循环开始前先判断条件是否成立。如果计算结果为 true，就把循环体内的语句执行一遍；如果计算结果为 false，就直接跳到 while 循环的末尾，继续往下执行。

下面使用 while 循环计算 1 到 100 的和，从 1 到 100 可以声明一个迭代变量。

【文件 5.3】Statement2.java

```
1.  int sum = 0;// 定义一个变量，用于计算最终的和
2.  int i = 1;// 定义一个迭代变量
3.  while (i <= 100) {
4.      sum += i;
5.      i++;// 实现迭代变量的递增
6.  }
7.  System.err.println("sum:" + sum);//5050
```

while 循环语句的特点是：如果第 3 行处的条件不成立，则一次循环都不执行。

5.2.2　do-while 循环

do-while 循环会先执行一次循环代码部分再去判断。do-while 与 while 的最大区别是 do-while 总会至少执行一次循环体部分的代码。

下面使用 do-while 求 1 到 100 的和。

【文件 5.4】Statement3.java

```
1.  int sum = 0;// 定义一个变量，用于计算最终的和
2.  int i = 1;// 定义一个迭代变量
3.  do {
4.      sum += i;
5.      i++;
6.  } while (i <= 100);
7.  System.err.println("sum: " + sum);// 5050
```

5.2.3　for 循环

for 循环的迭代变量声明在 for 语句块之内，语法为：

```
for(初始变量 ; 判断 ;  迭代 ){
    //循环体代码块
}
```

下面使用 for 循环求 1 到 100 的和。

【文件 5.5】Statement4.java

```
1.  int sum = 0;//声明变量用于计算最终的和
2.  for(int i=1;i<=100;i++){
3.      sum+=i;
4.  }
5.  System.err.println("sum :"+sum);
```

循环中的初始变量只会执行一次，然后进行判断，每一次执行都会先判断一次，再执行循环体部分，最后执行迭代部分的代码。

也可以在初始化部分声明多个变量，例如：

【文件 5.6】Statement5.java

```
1.  int sum = 0;// 声明变量,用于计算最终的和
2.  for (int i = 1, j = 100; i <= 100 / 2; i++, j--) {
3.      sum += i + j;
4.  }
5.  System.err.println("sum :" + sum);
```

在初始化部分声明了两个变量,所以只需要在判断部分循环 50 次即可。

如果将 for 中的初始化、判断和迭代部分全部去掉,即 for(;;){},则会变成永真的循环,此时应该在 for 循环体里面使用 break 停止这个循环,否则程序将会永无休止地执行下去。

5.3 break 和 continue 关键字

中断控制语句包括 break、continue 和 return。其中,break 和 continue 不能独立使用,应该使用在 while、for、switch 语句块里面;而 return 可以停止当前方法的运行。

下面使用 break 跳出最内层的循环。

【文件 5.7】Statement6.java

```
1.  for (int i = 0; i < 5; i++) {
2.      for (int j = 0; j < 5; j++) {
3.          System.err.println(i + ":" + j);
4.          break;
5.      }
6.  }
```

在上例的代码中,第 4 行的 break 每次都会停止最内层的循环,即第 2 行的循环。所以,输出的结果为 i 从 0 到 4,但是 j 只会输出 0。

以下是使用 break 加标号的示例,可以退出添加了标号的循环:

【文件 5.8】Statement7.java

```
1.  one:for (int i = 0; i < 5; i++) {
2.      for (int j = 0; j < 5; j++) {
3.          System.err.println(i + ":" + j);
4.          break one;
5.      }
6.  }
```

在上例的代码中,第 1 行添加了一个 one:标号,而后在第 4 行处使用 break one 直接退出最外层的循环。所以,只会输出 i=0,j=0。

continue 用于停止本次循环后面代码的运行,但后续的循环还要执行。

【文件 5.9】Statement8.java

```
1.  for (int i = 0; i < 5; i++) {
2.      for (int j = 0; j < 5; j++) {
```

```
3.            if (j == 3) {
4.                continue;
5.            }
6.            System.err.println(i + ":" + j);
7.        }
8.    }
```

在上例的代码中，第 4 行的 continue 语句用于控制当 j==3 时不执行第 6 行的代码，而是继续执行下一个循环。所以，上面的代码不会输出 j=3 时的值。

return 语句将终止方法的运行。

【文件 5.10】Statement9.java

```
1.  public static void main(String[] args) {
2.      for (int i = 0; i < 5; i++) {
3.          if (i == 0) {
4.              return;
5.          }
6.      }
7.      System.err.println("程序执行完成");
8.  }
```

在上面的代码中，当第 3 行的 i==0 为真时，继续执行第 4 行代码，将会直接退出 main 方法的执行，第 7 行的代码将不会输出。这就是 return 语句的特点。如果将 return 换成 break 或者 continue，就不会停止方法的运行，第 7 行的代码将会被执行。

break 和 continue 小结：

- break 语句可以跳出当前循环。
- break 语句通常配合 if 语句，在满足条件时提前结束整个循环。
- break 语句总是跳出最近的一层循环。
- continue 语句可以提前结束本次循环。
- continue 语句通常配合 if 语句，在满足条件时提前结束本次循环。

5.4　本章总结

从结构化程序设计的角度来看，程序有 3 种结构：顺序结构、选择结构和循环结构。若是在程序中没有给出特别的执行目标，系统则默认自上而下一行一行地执行，这类程序的结构就为顺序结构。控制语句在各种不同的语言中基本类似。需要说明的是，在 Java 中 goto 仍然是保留字，但在 C 语言中是跳转语句。由于 goto 破坏了程序结构，因此在 Java 中保留了 goto，但不推荐使用 goto 关键字。

控制语句在程序运行过程中控制程序的流程，并最终实现业务逻辑。

5.5　课后练习

1．以下代码的运行结果是（　　　）。

```
String str = null;
if(str!=null & str.length()>0){
  System.out.println("有数据");//行1
}else{
  System.out.println("没有数据");//行2
}
```

　　　　A．输出行1　　　　　B．输出行2　　　　　C．没有结果　　　　　D．运行异常

2．以下控制语句的执行结果是（　　　）。

```
long lon = 1;
switch(lon){
  case 1:
    //Line 1
  case 2:
    //line 2
    break;
  default:
    break;
}
```

　　　　A．Line1　Line2　　　B．Line1　　　　　C．line2　　　　　D．编译出错

3．以下程序的运行结果是（　　　）。

```
int a=2;
int b=2;
switch(a){
  Case 0:
    //line1
  Case 1:
    //line2
    break;
  Case b:
    //line3
  default:
    //line4
    break;
}
```

　　　　A．line3　　　　　　　B．line3　line4　　　　C．编译出错

第6章

Java 修饰符和包结构

面向对象的编程思想就是利用对象之间的相互作用完成系统功能，但对象间相互访问的过程中必然涉及访问安全问题，这是本章将要讨论的修饰符的范畴。package 即包关键字，本质就是将类放到不同的目录或者文件夹下，以便于进行统一的管理。在 Java 中有很多包，它们不但对类进行统一的管理，还起到说明的作用，比如 java.util.*包中的所有类都是工具类，java.net.*中的类都是访问网络、访问相关的类等。

在 Java 中有一个特殊的包 java.lang，这个包中的所有类都会被默认导入到所有 Java 类。例如，String、Integer、Double、System 这些类都是在这个包下，这就是在我们之前开发的类中可以直接使用 String 等类的原因。

6.1　Java 包结构

package 关键字是包声明语句。一个类如果存在 package 关键字，则这个关键字必须在类的第一句，注释除外。包声明的语法为 "package cn.oracle;"，即以 package 开始，以;（分号）结束。正如前面所示，cn 为第一层包，oracle 为第二层包，即 cn.oracle 为完整的包名。在声明包名时，一般为公司倒置的网站名称。例如，某个公司的网站为 http://www.abc.com，则这个公司声明包应该为 "package com.abc;"。

如果一个类拥有包名。正像前面所讲到的那样，在使用 javac 编译时，应该添加-d 参数，同时编译出包的目录结构。以下是一个带有包的类：

【文件 6.1】Hello.java

```
1.  package com.oracle;
2.  public class Hello{
3.    public static void main(String[] args){
```

```
4.        System.out.println("Hello");
5.    }
6. }
```

现在使用 javac -d . Hello.java 的方式来编译上面的源代码：

```
1. D:\java>javac -d . Hello.java
```

在编译好的目录下，即可看到同时编译的以包命名的目录，如图 6-1 所示。

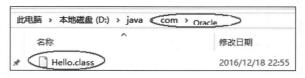

图 6-1

现在使用 java 命令运行已经编译好的类，此时应该使用"java 完整包名.类名"执行。

```
1. D:\java>java com.oracle.Hello
2. Hello
```

建议在声明类时至少应该有两层包。第一层表示国家或者组织。第二层表示公司名称。第三层表示模块或者功能。

在 Eclipse 中可以独立地创建一个包，如图 6-2 所示。

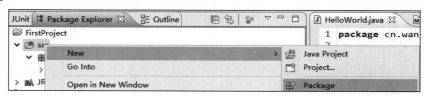

图 6-2

也可以在创建类时直接指定包名，如图 6-3 所示。

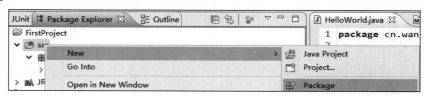

图 6-3

6.2　导　入　包

import 关键字用于导入另一个类或者导入一个包下的所有类。import 关键字必须声明在 package 关键字与 class 类声明之间，且可以多次使用 import 导入不同的类。

如果两个类在同一个包下，则不用 import 导入即可使用。

第一个类：

【文件 6.2】Hello.java

```
1.    package cn.one;
2.    public class Hello{
3.    }
```

第二个类：

【文件 6.3】World.java

```
1.    package cn.one;
2.    public class World{
3.        Hello hello = new Hello();
4.    }
```

在上例的代码中，由于 Hello 类与 World 类在同一个包中，所以在 World.java 的第 3 行中可以直接使用 Hello 类。

如果两个类在不同的包下，则必须使用 import 关键字导入才可以使用。

第一个类：

【文件 6.4】Hello.java

```
1.    package cn.one.a;
2.    public class Hello{
3.    }
```

第二个类：

【文件 6.5】World.java

```
1.    package cn.one.b;
2.    import cn.one.a.Hello;
3.    public class World{
4.        Hello hello;
5.    }
```

在上面的代码中，Hello 类与 World 类不在同一个包下，所以当 World 在使用 Hello 类时必须导入。第 5 行就是导入 Hello 类的语句。

可以使用*（星）导入某个包下的所有类，但并不包含这个包下子包中的类：

第一个类：

【文件 6.6】First.java

```
1.  package cn.one;
2.  public class First{
3.  }
```

第二个类：

【文件 6.7】Second.java

```
1.  package cn.one;
2.  public class Second{
3.  }
```

第三个类：

【文件 6.8】Third.java

```
1.  package cn.one.a;
2.  public class Third{
3.  }
```

第四个类要使用 First 和 Second 类，可以使用*导入 one 包下的所有类，但并不包含 one 下子包 a 中的类。

【文件 6.9】Fourth.java

```
1.  public cn.second;
2.  import cn.one.*;
3.  public class Fourth{
4.      First first;
5.      Second second;
6.      //Third third;
7.  }
```

在上面的代码中，第 2 行直接导入了 cn.one.*，即 cn.one 包下的所有类，所以可以在第 4、5 行直接使用 First 和 Second 类，但是第 6 行并没有导入，因此，如果去掉注释语句则会编译报错。建议使用哪一个类，就导入哪一个类。即将上面的代码修改成：

【文件 6.10】Fourth2.java

```
1.  public cn.second;
2.  import cn.one.First;
3.  import cn.one.Second;
4.  public class Fourth2{
5.      First first;
6.      Second second;
7.      //Third third;
8.  }
```

第 2、3 行并没有使用*，而是指定导入的具体类。

在 Java 中有一个 java.lang 包，用于保存经常被使用的类。这个包也是被导入了所有类中的。如以下代码，由于已经默认导入了 java.lang.*，因此没有必要再做 import java.lang.*。

【文件 6.11】One.java

```
1.  import java.lang.*;
2.  public class One{
3.  }
```

正是因为 java.lang 包是默认被导入的，所以像 String、Integer 这样的类可以在项目中直接使用。因为这些类都在 java.lang 包下。以下是 java.lang 包下的部分类，大家可以通过查看 API 的方式获取这个包下的所有类，具体类的列表如图 6-4 所示。

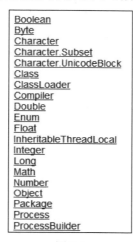

图 6-4

6.3　访问修饰符

权限修饰符号从小到大分别为 private、默认、protected 和 public。本节会涉及一些方法的调用，但不会太过复杂，所以不必担心。private 声明的方法或是成员变量，只能当前类自己访问。public 声明的成员变量或者方法，所有其他类都可以访问。这四个修饰符的功能如表 6-1 所示。

表 6-1　四个修饰符的功能

权限修饰符	当前类	同包中的类	不同包中的类	当前包中的子类	不同包中的子类
private	√	×	×	×	×
默认	√	√	×	√	×
protected	√	√	×	√	√
public	√	√	√	√	√

包的功能：

（1）通过将相同名的类放到不同的包中加以区分。

（2）进行基本的权限控制。

（3）描述功能及模块。

需要注意的是，public 和默认修饰符可以用于修饰顶层类（直接声明到文件中的类）。内部类（声明到其他类内部的类）可以被所有权限符号修饰。如下声明是错误的，因为使用 private 权限修饰符修饰了一个顶层类：

```
1.   private class Hello{
2.   }
```

现在让我们通过代码来展示这些权限修饰符的可访问性。下面先从 private 开始。

6.3.1　private 修饰符

private 关键字表示私有的，可以修饰成员变量和成员方法，不能修饰局部变量。被 private 修饰的成员变量或成员方法只有当前类可以访问，其他类都不能访问另一个类的私有信息。以下代码访问的都是自己的私有成员信息。

【文件 6.12】PrivateDemo.java

```
1.   package cn.oracle;
2.   public class PrivateDemo{
3.       private String name="Jack"; //声明成员变量
4.       private void say(){          //声明一个成员方法
5.       }
6.       public static void main(String[] args){
7.           //在 main 方法中调用上述的两个成员变量
8.           PrivateDemo demo = new PrivateDemo();
9.           System.out.println("name is:"+demo.name);
10.          demo.say();
11.      }
12. }
```

在上面的代码中，第 3 行声明了一个实例成员变量，第 4 行声明了一个实例成员方法。这两个方法都不是静态的。在 Java 中，如果要从静态的方法中调用非静态的方法，就必须先实例化当前类，所以在第 8 行必须先声明 PrivateDemo 类的实例对象，即使用 new 关键字声明 PrivateDemo 类的实例。最重要的是，无论是 public、protected、默认还是 private，当前类都是可以调用的。

用 private 声明的成员方法或是成员变量，其他类不能调用，如以下代码所示。

【文件 6.13】PrivteDemo2.java

```
1.   package cn.oracle;
2.   public class PrivteDemo2{
3.       private String name="Jack";
4.       private void say(){
5.       }
6.   }
```

【文件 6.14】InvokeDemo.java

```
1.  package cn.oracle;
2.  public class InvokeDemo{
3.  public static void main(String[] args){
4.      PrivateDemo demo = new PrivateDemo();
5.      String str = demo.name;
6.      demo.say();
7.    }
8.  }
```

在上面的代码中，第 4 行首先实例化了 PrivateDemo 类对象。然后在第 5、6 行访问私有的成员变量和成员方法。PrivateDemo 中只有私有的成员变量和方法，第 5、6 行编译会出错，因为在 InvokeDemo 类中不能访问其他类的私有成员变量和成员方法。

6.3.2　默认修饰符

默认修饰符也可以叫作 friendly（友好的），但是 friendly 并不是关键字。当一个方法或者成员变量没有使用任何权限修饰符时，默认的权限修饰符将会起作用。默认修饰符可以修饰类、成员方法和成员变量，表示同包中的类可以访问，同包中的子类也可以继承父类被默认修饰符修饰的成员或者方法。

下面展示在相同包下和在不同包下默认修饰符的访问能力。

第一个类：

【文件 6.15】DefaultDemo.java

```
1.  package cn.oracle;
2.  public class DefaultDemo{
3.      String name="Jack";
4.      void someMethod(){
5.          //TODO:SomeCode
6.      }
7.  }
```

第二个类与 DefaultDemo 类在相同的包中：

【文件 6.16】Demo01.java

```
1.  package cn.oracle;
2.  public class Demo01{
3.      public static void main(String[] args){
4.          DefaultDemo demo = new DefaultDemo();
5.          demo.name="Alex";
6.          demo.someMethod();
7.      }
8.  }
```

在上面的代码中，由于 class Demo01 与 DefaultDemo 在相同的包中，因此在 Demo01 中可以访问 DefaultDemo 中的成员变量和成员方法，即第 5、6 行编译通过。

第三个类与 DefaultDemo 类在不同的包中：

【文件 6.17】Demo02.java

```
1.  package cn.otherpackage;
2.  import cn.oracle.DefaultDemo;
3.  public class Demo02{
4.      public static void main(String[] args){
5.          DefaultDemo demo = new DefaultDemo();
6.          demo.name="Jerry";//编译出错
7.          demo.someMethod();//编译出错
8.      }
9.  }
```

在上面的代码中，由于 Demo02 与 DefaultDemo 不在同一个包中，所以第 5、6 行编译出错。因为在不同的包中不能访问另一个包的默认修饰符的成员信息。

第四个类与 DefaultDemo 类在相同的包下，通过继承访问 DefaultDemo 中的成员信息，并且继承将会在后面的章节中具体讲到。继承关键字为 extends，通过 extends 可以让当前类变成另一个类的子类。

【文件 6.18】Demo03.java

```
1.  package cn.oracle;
2.  public class Demo03 extends DefaultDemo{
3.      public void otherMethod(){
4.          name="Jim";
5.          someMethod();
6.      }
7.      public static void main(String[] args){
8.          Demo03 demo = new Demo03();
9.          demo.otherMethod();
10.     }
11. }
```

在同一个包中，一个类可以通过 extends 关键字继承另一个类默认的、protected 和 public 的成员方法和成员变量。所以，第 8 行和第 9 行的编译和运行都能通过。

6.3.3　protected 修饰符

protected 修饰符用于修饰成员方法和成员变量，主要用于描述被修饰的对象可以被同包中的类访问和子类继承。protected 也用于描述继承关系，所以如果大家在 Java API 中发出一些方法被 protected 修饰，语义上这个方法主要是用于让子类继承或者重写（后面会讲到重写的概念）的。

以下代码展示在不同的包中，通过继承访问另一个类受保护的成员信息。

【文件 6.19】ProtectedDemo.java

```
1.  package cn.oracle;
```

```
2.   public class ProtectedDemo{
3.       protected String name = "Jack";
4.       protected void someMethod(){
5.       }
6.   }
```

以下声明一个不同包中的类，然后通过继承获取受保护的成员变量和成员方法的访问能力。

【文件 6.20】Demo01.java

```
1.   package cn.otherpackage;
2.   public class Demo01 extends ProtectedDemo{
3.       public void otherMethod(){
4.           name = "Alex";
5.           someMethod();
6.       }
7.   }
```

上例的代码通过 extends 继承了 ProtectedDemo。所以，在子类中可以直接访问父类中被保护的成员信息，即第 4、5 行的代码。

6.3.4　public 修饰符

public 修饰符表示公开、公有的。public 修饰符可以修饰类、成员方法、成员变量，被 public 修饰的类叫公共类，可以被其他任意类声明。被 public 修饰的成员方法和成员变量，其他类都可以调用。

关于 public 的使用，在此不再赘述。

6.3.5　权限修饰符小结

权限修饰符用于修饰方法、成员是否可以被访问。值得说明的是，权限修饰不能修饰局部变量。

用 private 修饰的方法或者成员变量只能被当前类访问。一般在企业的开发中不会直接暴露成员变量，所以成员变量一般都是用 private 修饰的。成员方法是为了让其他对象调用的，所以一般成员方法都用 public 修饰的。

protected 修饰符主要用于修饰成员变量和成员方法，语义上表示让子类继承。

public 修饰符修饰的方法或成员是为了让所有其他对象访问。

在使用某一个修饰符时，要了解如何使用成员方法或者成员变量，然后添加不同的修饰符。

6.4　本章总结

　　本章主要学习了包声明、导入语句及权限修饰符。其中，package 关键字用于声明包。包用于区分不同功能、不同模块、不同含义的类，或是将相同名称类通过包进行分离。一般情况下，包是倒置的公司网站的名称。

　　导入关键字是 import，用于在 package 之后导入一组类。可以使用 import package.*;（使用*占位符）导入指定包下的所有类。

6.5　课后练习

　　1．有以下类：

```java
package cn.one;
public class SomeClass{
   public static void main(String[] args){
   }
}
```

　　通过 java -d . SomeClass.java 编译以后，可以使用（　　　）命令正确运行。

   A．java SomeClass   B．java cn.one.SomeClass

   C．java cn/one/SomeClass   D．java cn.one/SomeClass

　　2．（　　　）可以导入 java.util.HashMap 类。

   A．import java.util.*;   B．import java.util.HashMap;

   C．import java.*;   D．import HashMap;

　　3．对于以下两段代码：

```java
1.  package cn.onepackage;
2.  public class One{
3.     String name="Jack";
4.     protected String addr="中国";
5.  }
```

```java
1.  package cn.twopackage;
2.  public class Two extends One{
3.     public void someMethod(){
4.        System.out.println(name);
5.        System.out.println(addr);
6.     }
7.  }
```

（　　）是正确的。

    A．类 Two 可以编译通过

    B．类 Two 编译出错，因为第 4 行不能访问父类默认修饰的成员变量

    C．类 Two 编译出错，因为第 5 行不能访问父类 protected 的成员变量

4．在 Java 代码中，被默认导入的包是（　　）。

    A．Java.util   B．java.net   C．java.lang   D．java.sql

第7章

Java 函数的定义和调用

函数主要是为了重复利用某段功能代码而定义的。在 Java 中，函数又被称为方法。方法是一组代码的集合，定义一个统一的名称，以便于以后多次重复调用，如前面学过的入口 main 方法。方法可以接收参数和返回值。在一个类中，可以定义多个方法，这些方法拥有具体的、含有实现一组业务的代码。方法前面可以使用很多修饰符，如之前讲过的权限修饰符和本章要讲的 static 和 final 两个修饰符。

7.1　函数的定义

函数也叫方法，声明到类中，用于组织一组程序的代码。方法拥有一个名称，可以多次重复调用，以实现重用。方法声明的格式如下：

```
[权限修饰符] [static] [final] 返回类型 方法名([参数类型 参数名,]) [throws 异常]{
方法体
}
```

例如，一个 main 入口方法的定义是：

```
public static void main(String[] args){
}
```

public 为权限修饰符，static 为静态修饰关键字，表示这个方法是静态的，可以直接使用"类名.方法名"的方式来调用这个方法。void 是返回值类型，如果使用 void 则说明这个方法没有返回值。main 是方法名。JavaVM 在启动时，会直接调用这个名称为 main 的方法。String[] args 叫形式参数，其中 String[]是参数类型，args 为形式参数的名称。

在一个类中，可以声明很多方法。根据方法是否添加 static 关键字，可以简单地区分为静态方法和实例方法。静态方法可以通过"类名.方法名"直接调用。没有使用 static 的方法根据源调用对象的不同，调用的方式也不同。简单地说，就是在静态方法中调用静态方法时直接调用即可，如果在静态的方法中调用非静态的方法，则必须先实例化包含实例方法的类。在实例的方法中，可以直接调用另一个实例的方法，如图 7-1 所示。

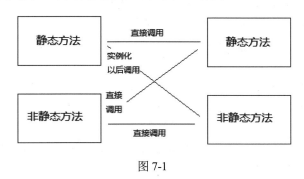

图 7-1

在图 7-1 中，所有方法都在同一个类中。从图 7-1 可以看出，除了从静态方法调用非静态的方法需要实例化当前类之外，其他的都可以直接调用。直接调用是指直接使用方法名调用。以下是示例代码：

【文件 7.1】MethodDemo.java

```
1.  public class MethodDemo {
2.      public static void main(String[] args) {
3.          someStaticMethod();
4.          MethodDemo demo = new MethodDemo();
5.          demo.nonStaticMethod();
6.      }
7.      public static void someStaticMethod(){
8.          MethodDemo demo = new MethodDemo();
9.          demo.anotherNonStaticMethod();
10.     }
11.     public void nonStaticMethod(){
12.         someStaticMethod();
13.     }
14.     public void anotherNonStaticMethod(){
15.     }
16. }
```

在上面的代码中，第 2 行为静态方法，第 3 行在静态方法中调用本类中的另一个静态方法，所以可以直接调用，即直接输入名称。

第 5、6 行调用第 12 行的方法，因为第 12 行声明的是一个非静态的方法，所以必须在第 5 行先声明当前类的实例，然后通过实例在第 6 行调用非静态的方法。其他代码类似，不再做赘述。

7.2 函数的参数

如果一个函数有参数，则在调用时必须传递参数，否则将会编译出错。参数分为形式参数和实际参数。以下是关于形式参数和实际参数的示例：

【文件 7.2】ArgumentsDemo.java

```
1.  public class ArgumentsDemo{
2.      public static void main(String[] args){
3.          String name = "Jack";
4.          say(name);//name 为实际参数
5.      }
6.      public static void say(String parameter){//parameter 为形式参数
7.      }
8.  }
```

一个函数可以没有形式参数，也可以拥有 N 个形式参数。在调用时，必须按类型的顺序来传递参数。例如，以下代码在调用时就必须传递对应类型的参数：

```
public void method(String name,int age,double money){
}
```

在调用上面的代码时，必须传递适合的参数类型：

```
method("Jack",45,45D);
```

第一个参数为 String 类型，第二个参数为 int 类型，第三个参数为 double 类型。

参数的传递还要注意兼容性，比如一个方法接收 int 类型的参数，则在调用时可以传递 int、char、short、byte 等兼容类型。例如，存在以下方法：

```
public void someMethod(int age){ ...}
```

则以下调用都是合法的：

```
byte a1 = 1;
short a2 = 1;
char a3 = 1;
int a4 = 1;
someMethod(a1);
someMethod(a2);
someMethod(a3);
someMethod(a4);
```

从 JDK 1.5 版本以后又添加了新的参数类型，叫可变长参数，声明形式是：

```
methodName(DataType ... args)
```

注意里面的...（三个连续的点）。可变长参数表示 0~N 个相同类型的参数，本质是数组类型。例如，有一个可变长参数：

```
public void someMethod(String...names){...}
```

则以下调用都是合法的：

```
someMethod();                              // 没有参数
someMethod("Jack");                        //传递一个参数
someMethod("Jack","Alex");                 //传递两个参数
SomeMethod(new String[]{"Jack","Alex"});   //传递一个对应的数组
```

7.3 函数的返回类型

每一个函数都应该定义返回类型。返回类型是 void 时，即没有返回值，在方法中不必出现 return 关键字。如果返回其他类型，则必须使用 return 关键字返回具体的值，否则将编译出错。例如，下面的代码定义一个返回 String 类型的方法：

```
public String say(){
  return "Jack";
}
```

可以使用 return "Jack" 返回一个 String 类型的值，也可以通过 return null;返回一个 null 值。但 return 关键字必须出现。

函数的返回值经常是一个函数在执行完成以后给出的一个运算结果。可将这个结果通过返回值的形式传递给调用者，例如：

```
String name = say();  //调用 say 函数，将返回的"Jack" 赋值给 name 变量
```

7.4 函数的递归调用

函数的递归调用是指函数自己调用自己的过程。递归调用必须拥有一个终止的条件，否则将会造成栈溢出的错误。下面通过一个示例来演示不使用递归和使用递归的实现代码。

斐波那契数列又称黄金分割数列，指的是这样一个数列：0、1、1、2、3、5、8、13、21……在数学上，斐波那契数列以被以递归的方法定义：$F(0)=0$，$F(1)=1$，$F(n)=F(n-1)+F(n-2)$。

需要特别指出的是，0 是第 0 项，而不是第 1 项。

这个数列从第 2 项开始，每一项都等于前两项之和。

现在写一个程序，计算第 N 项的值是多少。

（1）用 for 循环来实现

【文件 7.3】ForLoopDemo.java

```
public static void main(String[] args) {
```

```
    int n = 6;// 定义 N
    int first = 0;// 定义第 0 个数
    int second = 1;// 定义第 1 个数
    int number = -1;// 定义第 N 个数的值为-1
    if (n >= 0 && n < 2) {
        number = n;
    } else {
        for (int i = 1; i < n; i++) {
            number = first + second;
            first = second;
            second = number;
        }
    }
    System.out.println(number);
}
```

（2）用递归来实现

【文件 7.4】RecursiveDemo.java

```
public static void main(String[] args) {
    long number = fib(6);
    System.err.println(number);
}
public static long fib(long n){
    if(n<2){//如果小于 2，直接返回这个数
        return n;
    }else{
        //递归调用
        return fib(n-1)+fib(n-2);
    }
}
```

通过上面的代码可以看出，使用递归调用比使用上面的循环语句更加简单，也更容易理解。

7.5 函数的重载

在同一个类中，不能出现两个完全相同的函数声明。完全相同是指函数名相同，且函数的参数完全相同。注意，参数完全相同是指参数类型、顺序和个数与参数名无关。

重载只出现在同一个类中，是指在同一个类中方法名相同，但参数的个数、顺序、类型至少有一个不相同，即为方法重载。

例如，以下方法互为重载：

```
public  void say(String name){...}
public  void say(String name,int age){...}
public  void say(int age,String name){...}
```

函数的重载主要解决传递数据参数的兼容性问题。通过查看 API 文档可知 System.out.println(...)方法有很多重载。println 方法可以接收各种参数类型。这样在输出数据时就可以传递各种不同的数据类型了。

7.6　构造函数

构造函数是指与类名相同，但是没有返回值的函数。一个类总会拥有构造函数。默认的构造函数为公开无参数且没有返回值的函数。

【文件 7.5】SomeClass.java

```
1.  public class SomeClass{
2.      //默认构造函数
3.      public SomeClass(){
4.      }
5.  }
```

如果用户在开发类时没有开发构造函数，则系统将会为当前类添加默认的构造函数。如果用户在开发类时添加了任意一个构造函数，则系统将不再为当前类提供默认的构造函数。由于用户已经开发了一个构造函数，因此系统将不再提供默认的构造函数。

【文件 7.6】SomeClass2.java

```
1.  public class SomeClass2{
2.      public SomeClass2(String name){//接收一个参数的构造函数
3.      }
4.  }
```

当通过 new 关键字实例化一个类时，将会调用构造函数。例如，new SomeClass();将会调用没有参数的构造函数，new SomeClass("Jack"); 将会调用拥有一个参数数的构造函数。所以，构造函数也是可以重载的。

【文件 7.7】SomeClass3.java

```
1.  public class SomeClass3{
2.      public SomeClass3(){//默认的构造函数
3.      }
4.      public SomeClass3(String name){//接收一个参数的构造函数
5.      }
6.      public SomeClass3(String name,int age){//接收更多参数的构造函数
7.      }
8.  }
```

在 main 方法中调用一个类的非静态函数时必须先实例化当前类，即 new SomeClass(..)，所以构造函数总会在所有非静态方法调用之前被调用：

【文件 7.8】SomeClass4.java

```
1.   public class SomeClass4{
2.       public SomeClass4(){
3.           System.out.println("1:构造函数");
4.       }
5.       public void say(){
6.           System.out.println("2:非静态的函数");
7.       }
8.       public static void main(String[] args){
9.           SomeClass4 someClass4 = new SomeClass4();//将会调用构造函数输出 1
10.          someClass4.say();//将会调用非静态的方法输出 2
11.      }
12. }
```

值得说明的是，构造函数可以被 private 关键字修饰，当然也可以被 protected、默认、public 修饰，分别表示之前的访问限制。当一个类的构造方法被 private 修饰以后，此类只能被自己实例化，这样如果其他类想获取这个类的实例，就只能通过这个类公开的静态方法，也称为静态工厂方法。在代码的开发中，单例模式就是先将构造函数声明成 private，再公布一个 static 的方法返回自己的实例。下面是一个单例模式的例子：

【文件 7.9】China.java

```
1.   public class China{
2.       private China(){   }//私有化构造，其他类不能实例化当前对象
3.       private static China CHINA;//声明私有的成员变量
4.       public static China getIanstance(){
5.           if(CHINA==null){
6.               CHINA = new China();//可以通过调用私有化构造实例化自己
7.           }
8.           return CHINA;
9.       }
10. }
```

如果一个类没有默认的构造函数，则在实例化当前类时必须调用当前有参数的构造函数。例如，以下代码就必须通过调用有参数的构造函数来实例化当前类。

【文件 7.10】User.java

```
public class User{
    User(String name){
    }
    public static void main(String[] args){
        User user = new User("Jack");//调用拥有一个参数的构造函数实例化当前类
    }
}
```

7.7　static 关键字

static 关键字可以修饰成员变量，表示这个变量在内存中只有一份。static 也可以修饰成员函数，表示这个函数可以直接通过类名点（类名后面加点，比如 demo1.name）的形式来调用。

下面使用 static 修饰成员变量，并查看成员变量的访问情况。

【文件 7.11】StaticDemo.java

```
1.  public class StaticDemo {
2.      private String name = "Jack";// 声明一个非静态的成员变量
3.      private static String addr = "China";// 声明一个静态的成员变量
4.      public static void main(String[] args) {
5.          StaticDemo demo1 = new StaticDemo();
6.          // 访问 name 非静态的成员变量
7.          demo1.name = "Jerry";
8.          // 声明第二个当前对象的实例
9.          StaticDemo demo2 = new StaticDemo();
10.         demo2.name = "Mary";
11.         // 由于 addr 是静态的，因此可以直接访问
12.         addr = "BeiJing";
13.         //也可以直接使用类名点的形式访问
14.         StaticDemo.addr="ShangHai";
15.     }
16. }
```

在上面的代码中，无论通过何种方式再次访问 addr，在当前类中输出的信息都将是最后一次修改的值，即都是 ShangHai。因为 addr 是静态的成员变量，位于内存的静态区中，所以该成员变量只有一份样本。

name 成员变量是非静态的，通过 demo1 访问 name 获取到的值为 Jerry。但是通过 demo2 访问 name 则为 Mary，因为它们具有不同的内存地址。

通过最直接的方式展示一下上面代码的内存结构，如图 7-2 所示。

用 static 修饰的成员函数如果可以被访问到，则可以直接通过类名点的形式访问，即不必实例化当前对象。

下面例子中一个类 OtherClass，有两个方法：一个是静态方法 hi，一个是非静态方法 say。

【文件 7.12】OtherClass.java

```
1.  class OtherClass{
2.      public void say(){
3.      }
4.      public static void hi(){
5.      }
6.  }
```

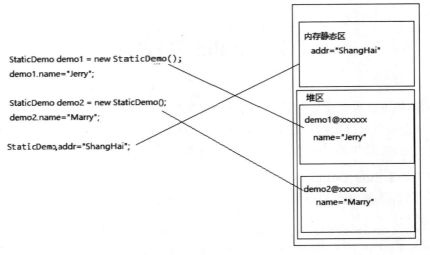

图 7-2

现在使用另一个类去调用上面的两个方法进行测试。

【文件 7.13】OtherClass2.java

```
1.  OtherClass other = new OtherClass();
2.  other.say();
3.  OtherClass.hi();
```

在上面的代码中，由于 say 方法是非静态的，因此必须通过实例化 OtherClass 类以后才可以调用。hi 方法是非静态的，所以可以直接通过类名点的形式调用。

通过上面的示例可见，静态的成员变量和方法都可以直接通过类名点的形式调用。

静态关键字可以直接修饰一个代码块，被称为静态代码块。静态代码块将会在一个类被载入内存时执行。由于类字节码的导入只会被加载器执行一次，因此静态代码导入只会执行一次。但一个类，可以实例化多次，每一次实例化都将会调用构造方法：

【文件 7.14】SomeClass5.java

```
1.  public class SomeClass5{
2.      public SomeClass5(){
3.          System.out.println("构造方法");
4.      }
5.      static{
6.          System.out.println("静态代码块");
7.      }
8.      public static void main(String[] args){
9.          SomeClass5 sc1 = new SomeClass5();
10.         SomeClass5 cls2 = new SomeClass5();
11.     }
12. }
```

上面代输出的结果为：

静态代码块

构造方法
构造方法

7.8 final 关键字

final 关键字表示最终、最后、不能修改的，可以修饰类、成员变量和成员函数。

7.8.1 final 类

使用 final 关键字修饰一个类，表示当前类不能拥有子类，即不能通过 extends 关键字继承使用 final 来修饰的类。例如，以下代码是错误的：

```
1.  public final class Father{
2.  }
3.  public class Sub extends Father{
4.  }
```

正如上面看到的，由于 Father 类被 final 修饰，因此第 3 行 Sub 类通过 extends 继承 Father 类时编译会出现异常。

7.8.2 final 变量

用 final 修饰的变量不能再使用等于符设置其他的值，即只能被赋值一次。例如，以下代码将会编译出错。

【文件 7.15】FinalDemo1.java

```
1.  final String name = "Jack";
2.  name = "Alex";
```

在上面的代码中，第 2 行会出现编译错误。因为 name 被 final 修饰不能再第二次赋值，所以编译会出错。

如果是数组，则整个对象不再被赋值，但指定数组下标元素的值可以被修改。例如，以下代码同样会编译错误，但是第二段代码将会编译成功，且可以成功修改指定下标元素的值。

【文件 7.16】FinalDemo2.java

```
1.  final String[] names = {"Jack","ALex"};
2.  names = new String[]{"Jim","Jerry"};//此代码将会编译出错
3.  name[0]="Smith";//只是修改指定元素下标的值是可以的
```

7.8.3 final 函数

用 final 修饰的成员函数子类不能重写或覆盖。重写即子类拥有与父类相同的方法，此概念将会在后面的章节中讲解，现在让我们看一个用 final 修饰的方法子类不能重写的案例。

【文件 7.17】Father.java、Sub.java

```
1.  public class Father{
2.     public final void say(){
3.        }
4.  }
5.  public class Sub extends Father{
6.     public void say(){
7.        }
8.  }
```

在上面的代码中，第 6 行拥有与父类相同名称、相同参数的方法，即为重写，由于父类的方法为 final 的，因此重写失败，此时编译会出错。

同时还要说明的是，如果一个成员变量被 final 修饰，那么这个成员变量必须在声明时赋值或是在构造方法中赋值，否则将会编译出错。

【文件 7.18】SomeClass6.java

```
1.  public class SomeClass6{
2.     private final String name = "Jack";
3.     private final String addr;
4.     SomeClass6(){//构造方法是指与类名相同但是没有返回值的方法
5.        addr="China";
6.        }
7.  }
8.
```

上面的代码编译通过，因为第 2 行在声明 name 时赋了值。第 3 行的构造方法在第 5 行赋了值。

如果一个成员变量同时被 static 和 final 修饰，那么这个变量叫作静态常量。静态常量必须在声明时赋值或是在静态代码块中赋值：

【文件 7.19】SomeClass7.java

```
1.  public class SomeClass7{
2.     public static final String name = "Jack";
3.     public static final String addr;
4.     static{//静态代码块
5.        addr="China";
6.        }
7.  }
```

7.9　this 关键字

this 关键字用于非静态的方法中，表示当前对象的引用。this 的功能包含以下几项。

1. 用于非静态的方法中调用被隐藏的成员变量

如果在非静态的方法中成员变量与局部变量重名，则此时局部变量在方法中会隐藏成员变量。

【文件 7.20】Demo.java

```java
public class Demo{
    private String name = "Jack";
    public void say(){
        String name = "Mary";//局部变量与成员变量重名
        System.out.println (name);//将输出 Mary
        System.out.println(this.name); //使用 this 关键字，可以访问被隐藏的成员变量
    }
}
```

2. 在构造函数的第一句调用另一个构造

使用 this(..);的形式可以在构造函数第一句调用另一个构造函数。

【文件 7.21】Demo2.java

```java
public class Demo2{
    Demo2(){
        this("Jack");//调用另一个有参数的构造函数
    }
    Demo2(String name){}
}
```

3. 表示当前对象的引用

this 用于非静态的方法中，表示当前对象的引用。默认在所有的非静态函数中都可以使用 this 调用访问类的非静态成员变量和非静态成员函数。

【文件 7.22】Demo3.java

```java
public class Demo3{
    Demo3(){
        System.out.println(this);//1：表示输出当前对象的引用地址
    }
    public static void main(String[] args){
        Demo3 demo = new Demo3();
        System.out.println(demo);//2：与 1 相同，输入这个对象的引用地址
    }
}
```

7.10　本章总结

本章主要学习了函数的声明、函数的调用及递归调用。在一个类中，方法用于对外或对内提供服务，而成员变量表示当前类的属性信息，这样就组成了一个对象。

在一个类中，函数名称相同但是参数的个数、顺序、类型至少有一个不同，则这些方法互为重载函数。构造函数也可以根据参数个数、顺序、类型的不同进行重载。所以，在实例化一个类时，可以通过调用不同的构造函数来实现。

构造函数如果被 private 修饰，则表示这个类不能被其他类实例化。在单例模式中，我们讲解了为什么要将构造函数声明为私有的。

我们还讲了 static 和 final 两个关键字：static 表示静态，final 表示最终。

7.11　课后练习

1. （　　）为以下已有函数的重载。

```
public void say(){    }
```

    A. public void say(){　　}　　　　　　B. private void say(){　　}

    C. private int say(){ return 0;}　　　　D. protected void say(int a){　　}

2. （　　）为以下 One 类的构造函数。

```
public class One{
}
```

    A. public One() throws Exception{　　}　　B. public void One(){　　}

    C. public void One(int age){　　}　　　　D. public One void(){　　　}

3. 运行以下程序，输出结果为（　　）。

```
public class Demo{
    static{
     System.out.pritln("Hello");
}
Demo(){
    System.out.pritln("World");
}
public static void main(String[] args){
    Demo01 demo01 = new Demo01();
    Demo02 demo02 = new Demo02();
}
}
```

A．Hello World

B．Hello Hello World

C．Hello World World

D．World Hello

4. 请在以下行 1 处添加正确的代码：

```
public class Demo{
    Demo(){
    //Line 1
    }
    Demo(String name}
    }
}
```

A．Demo("Jack");

B．this() ;

C．this.Demo();

D．this("Jack");

第8章

Java 类和对象

　　Java 中重要的特征之一就是面向对象。"一切皆对象"是 Java 的口号，本章从对象的概念理解出发，继而引出类的设计和关于类的结构相关内容，主要内容包括类与对象的关系、类的定义、对象的创建与使用、类的封装、方法的重载、构造方法的定义、构造方法的重载等。

8.1　对象和类的概念

8.1.1　对象的概念

　　观察周围真实的世界，会发现身边有很多对象，比如车、狗、人等。所有这些对象都有自己的状态和行为。拿一条狗来举例，它的状态有名字、品种、颜色等，行为有叫、摇尾巴和跑等。

　　面向对象是一种符合人类思维习惯的编程思想。现实生活中存在各种形态不同的事物，这些事物之间存在着各种各样的联系。在程序中，使用对象来映射现实中的事物，使用对象的关系来描述事物之间的联系，这种思想就是面向对象。对比现实对象和软件对象，它们之间十分相似。

　　软件对象也有状态和行为。软件对象的状态就是属性，行为通过方法来体现。在软件开发中，方法操作对象内部状态的改变，对象的相互调用也是通过方法来完成的。

8.1.2　类的概念、类与对象关系

通俗地理解，类是对拥有相同属性和特征的同一种对象的抽象。在 Java 程序中，类的实质是一种数据类型，类似于 int、double，不同的是类是一种复杂的数据类型。类是对所有对象进行抽象概括，是对对象的刻画。举个例子来说，类是"狗"这个概念，而对象则可能是大黄、小白和旺财等。

类与对象之间的关系是抽象与具体之间的关系，主要从两个方面来讲：

（1）类用来描述一群具有相同属性和行为的事物，对象是一类事物中的一个具体存在。

（2）类是模板，对象是根据这个类模板创建出来的一个真实的个体。模板中有什么，对象中就有什么，不会多也不会少。

比如类是制造月饼的模子，模子不能吃，所以类是不能用的。对象是根据这个模子制造出来的月饼，模子上有什么，月饼上就有什么，不会多也不会少。月饼可以吃，所以对象可以用。类与对象的关系形象描述如图 8-1 所示。

再比如男孩（boy）、女孩（girl）为类（class），而具体的每个人为该类的对象（object），如图 8-2 所示。

图 8-1

图 8-2

8.2 类与对象的定义和使用

8.2.1 类的设计

在 Java 程序中，使用 CLASS 关键字来定义一个类。定义类的步骤是：定义类，定义属性，定义方法。

以下是定义类的属性和方法的参考写法：

定义类的属性：

```
public 数据类型 属性名;
```

定义类的方法：

```
public 返回值类型 访问修饰符 方法名(参数列表)
{
    方法体;
}
```

比如定义一个学生类，先考虑学生有哪些属性，比如年龄、姓名、性别等，然后考虑学生有哪些功能，比如显示个人信息等。注意：一般的类中并没有 main 方法，一个程序中可以有多个类，但只有一个 main 方法。学生类设计如下：

【文件 8.1】Student.java

```
1.  public class Student {
2.      //定义属性
3.      public String name;
4.      public int age;
5.      public String sex;
6.      //定义方法
7.      public void showInfo(){
8.          System.out.println("姓名:" + name);
9.          System.out.println("年龄:" + age);
10.         System.out.println("性别:" + sex);
11.     }
12. }
```

8.2.2 对象的创建和使用

类定义完成之后肯定无法直接使用，要使用的话，必须依靠对象。类属于引用数据类型，对象的产生格式（两种格式）如下：

（1）声明并实例化对象

```
类名称 对象名称 = new 类名称();
```

（2）先声明对象再实例化对象

```
类名称 对象名称 = null ;
对象名称 = new 类名称 () ;
```

引用数据类型与基本数据类型最大的不同在于：引用数据类型需要内存的分配和使用。所以，关键字 new 的主要功能就是分配内存空间。也就是说，只要使用引用数据类型，就要使用关键字 new 来分配内存空间。

当一个实例化对象产生之后，可以按照如下方式进行类的操作：

- 对象.属性：表示调用类中的属性。
- 对象.方法()：表示调用类中的方法。

我们在文件 8.1 中定义了 Student 类，下面创建一个具体的学生对象。

【文件 8.2】StuTest.java

```
1.  public class StuTest {
2.     public static void main(String[] args) {
3.         // TODO Auto-generated method stub
4.         //创建对象  类名  对象名=new 类名();
5.         Student stu = new Student();
6.         //为对象的属性赋值
7.         stu.name = "赵丽丽";
8.         stu.age = 22;
9.         stu.sex ="女";
10.        //使用对象的属性
11.        System.out.println("学生的姓名是:" + stu.name);
12.        //使用对象的方法
13.        stu.showInfo();
14.     }
15. }
```

需要注意的是，类的对象创建需要分配内存空间，而变量 stu 同样需要空间存储，但这二者存储的地方不一样，我们从内存的角度分析。首先，给出两种内存空间的概念：

（1）堆内存：保存对象的属性内容。堆内存需要用 new 关键字来分配空间。

（2）栈内存：保存的是堆内存的地址（为了分析方便，可以简单理解为栈内存保存的是对象的名字）。

对应以上概念，变量 stu 被保存在栈内存，而用 new 创建的对象被存储在堆内存。

实际开发中经常也会出现多个引用指向同一个对象，即堆内存中存储的对象归几个变量共享，例如：

```
Student s1 = new Student();
s1.age = 22;
Student s2 = s1;
Student s3 = s2;
s3.age = 10;
```

s1、s2、s3 指向同一个学生对象，s3 年龄修改后，其他两个变量的年龄同时被修改。

8.3　构造方法和重载

8.3.1　Java 中的构造函数

构造函数是对象被创建时初始化对象的成员方法，具有和它所在的类完全一样的名字。构造函数只能有入口参数，没有返回类型，因为一个类的构造方法的返回类就是类本身。构造函数定义后，创建对象时就会自动调用它，对新创建的对象分配内存空间和初始化。在 Java 中，构造函数也可以重载。当创建一个对象时，JVM 会自动根据当前对方法的调用形式，在类的定义中匹配形式符合的构造方法，匹配成功后执行该构造方法。

【文件 8.3】Dog.java

```
1.  public Class Dog
2.  {
3.      private int age;
4.      private String name;
5.      //无参构造
6.      public Dog () {}
7.      //带参构造:用于给类中的属性赋值
8.      public Dog (int age, string name)
9.      {
10.         this.age=age;
11.         this.name=name;
12.     }
13.
14. }
```

8.3.2　Java 中的默认构造方法

如果省略构造方法的定义，则 Java 会自动调用默认的构造方法。如果定义了构造方法，则系统不再提供默认的构造方法。默认的构造方法没有任何参数，不执行任何操作。实际上，默认的构造方法的功能是调用父类中不带参数的那个构造方法,如果父类中不存在这样的构造方法，编译时就会产生错误信息。Object 是 Java 中所有类的根，定义它的直接子类，可以省略 extends 子句，编译器会自动包含它。

8.3.3　构造方法及其重载

Java 中的函数即方法，方法名称相同、参数项不相同，就认为一个方法是另一个方法的重载方法。

注意：重载只跟参数有关，与返回类型无关。方法名和参数相同而返回类型不相同的不能说是重载。

```
public void Say(int age){}
public int Say(int age,string name){}
public String Say(String name,String age){}
```

构造方法重载是方法重载的一个典型特例，也是参数列表不同。

可以通过重载构造方法来表达对象的多种初始化行为。也就是说，在通过 new 语句创建一个对象时，可以实现在不同的条件下让不同的对象具有不同的初始化行为。

【文件 8.4】Text.java

```
1.  public Class Text
2.  {
3.      Private String name;
4.      Private String sex;
5.      Public Text(String name){
6.          this.name=name;
7.      }
8.      Public Text(String name,String sex){
9.          this.name=name;
10.         this.sex=sex;
11.     }
12. }
```

当创建对象时，编译器会根据传入参数个数和类型选择相应的构造方法。

8.4　成员变量、局部变量、this 关键字

成员变量：属于某个类中定义的变量，在整个类中有效，可分为以下两种。

- 类变量：又称静态变量，用 static 修饰，可直接用类名调用。所有对象的同一个类变量都是共享同一块内存空间的。
- 实例变量：不用 static 修饰，只能通过对象调用。所有对象的同一个实例变量共享不同的内存空间。
- 局部变量（Local variables）：在方法体中定义的变量以及方法的参数，只在定义的方法内有效。局部变量是相对于全局变量而言的。注意，当实例变量与局部变量同名时，在定义局部变量的子程序内局部变量起作用，在其他地方实例变量起作用。
- this 关键字：用来表示当前对象本身或当前类的一个实例，有很多使用场合。

1. this 可以调用本对象的所有方法和属性

【文件 8.5】Demo.java

```
1.  public class Demo{
```

```
2.    public int x = 10;
3.    public int y = 15;
4.    public void sum(){
5.        // 通过 this 获取成员变量
6.        int z = this.x + this.y;
7.        System.out.println("x + y = " + z);
8.    }
9.    public static void main(String[] args) {
10.       Demo obj = new Demo();
11.       obj.sum();
12.   }
13. }
```

运行结果：

```
x + y = 25
```

在上面的程序中，obj 是 Demo 类的一个实例，this 与 obj 等价，执行 int z = this.x + this.y;
就相当于执行 int z = obj.x + obj.y;。需要注意的是：this 只有在类实例化后才有意义。

2. 使用 this 区分同名变量

成员变量与方法内部的变量重名时，希望在方法内部调用成员变量时只能使用 this。例如：

【文件 8.6】Demo1.java

```
1.  public class Demo1{
2.      public String name;
3.      public int age;
4.      public Demo1(String name, int age){
5.          this.name = name;
6.          this.age = age;
7.      }
8.      public void say(){
9.          System.out.println("网站的名字是" + name + ",已经成立了" + age + "年");
10.     }
11.     public static void main(String[] args) {
12.         Demo1 obj = new Demo1("学习网", 3);
13.         obj.say();
14.     }
15. }
```

运行结果：

```
网站的名字是学习网，已经成立了 3 年
```

形参的作用域是整个方法体，是局部变量。在 Demo()中，形参和成员变量重名，如果不
使用 this，访问到的就是局部变量 name 和 age，而不是成员变量。在 say() 中，我们没有使用
this，因为成员变量的作用域是整个实例，当然也可以加上 this：

```
public void say(){
    System.out.println("网站名字是" + this.name + ",已经成立了" + this.age + "年");
}
```

　　Java 默认将所有成员变量和成员方法与 this 关联在一起，因此使用 this 在某些情况下是多余的。

3. 作为方法名来初始化对象

相当于调用本类的其他构造方法，它必须作为构造方法的第一句。示例如下：

【文件 8.7】Demo2.java

```
1.  public class Demo2{
2.      public String name;
3.      public int age;
4.      public Demo2(){
5.          this("学习网", 3);
6.      }
7.      public Demo2(String name, int age){
8.          this.name = name;
9.          this.age = age;
10.     }
11.     public void say(){
12.         System.out.println("网站的名字是" + name + "，已经成立了" + age + "年");
13.     }
14.     public static void main(String[] args) {
15.         Demo2 obj = new Demo2();
16.         obj.say();
17.     }
18. }
```

　　运行结果：

网站的名字是学习网，已经成立了 3 年

　　需要注意的是：

- 在构造方法中调用另一个构造方法，调用动作必须置于起始位置。
- 不能在构造方法以外的任何方法内调用构造方法。
- 在一个构造方法内只能调用一个构造方法。
- 上述代码涉及方法重载，即 Java 允许出现多个同名方法，只要参数不同就可以。

4. 作为参数传递

需要在某些完全分离的类中调用一个方法，并将当前对象的一个引用作为参数传递。例如：

【文件 8.8】Demo4.java

```
1.  public class Demo4{
2.      public static void main(String[] args){
3.          B b = new B(new A());
4.      }
5.  }
6.  class A{
7.      public A(){
8.          new B(this).print(); // 匿名对象
```

```
9.      }
10.     public void print(){
11.         System.out.println("Hello from A!");
12.     }
13. }
14. class B{
15.     A a;
16.     public B(A a){
17.         this.a = a;
18.     }
19.     public void print() {
20.         a.print();
21.         System.out.println("Hello from B!");
22.     }
23. }
```

运行结果：

```
Hello from A! Hello from B!
```

匿名对象就是没有名字的对象。如果对象只使用一次，就可以作为匿名对象，代码中的 new B(this).print(); 等价于 (new B(this)).print();，先通过 new B(this) 创建一个没有名字的对象，再调用它的方法。

8.5　本章总结

本章是 Java 面向对象编程的入门章节，首先从类和对象的基本含义入手，并与实际生活相联系，体现 Java 语言本身一切皆对象的特性。然后讲解了类的设计，包括类的基本组成和组成部分的具体意义。接着介绍了对象的创建、构造方法、this 关键字的具体内容，尤其是构造方法初始化特性和构造方法的重载部分是非常重要的。通过本章节的学习会对 Java 一个类或者一个对象这样的独立概念理解到位，为接下来介绍类之间的关系（继承、多态）提供基础。

8.6　课后练习

1. 简述构造方法特点以及构造方法和普通方法的区别。
2. 设计一个学生类，有名字和成绩属性，定义构造方法，设置属性方法，获取属性方法，并在测试方法中创建对象调用方法。

第9章

Java 继承和多态

继承是对象的三大特性之一。在继承中，子类和父类之间满足 is a 的关系。如果类 A 是类 B 的子类，则 A 类可以通过继承 B 类实现。继承的关键字是 extends。在 Java 中，一个类只能直接继承一个父类，但可以通过多层继承的方式实现类之间的层次关系。图 9-1 所示就是一个多层的继承关系。

在 Java 中，所有的类都是 java.lang.Object 类的子类，无论是否使用 extends 继承 Object 类，都默认为 java.lang.Object 类的子类。当一个类继承了某个类以后，就会从父类中继承 protected、public 修饰的成员变量和成员函数。所以，所有的类都默认拥有 java.lang.Object 类中被 public、protected 修饰的函数。本章我们将会讲到从 Object 中继承的函数、重写父类的函数。

多态是建立在继承和重写基础上的，允许不同类的对象对同一消息做出响应，即同一消息可以根据发送对象的不同，而采用多种不同的行为方式。本章我们会理解多态的意义，并真正学会在实际应用中使用多态设计。

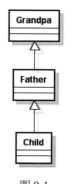

图 9-1

9.1　Java 继承

继承的关键字为 extends，表示一个类是另一个类的子类。继承的主要功能用于扩展类的功能，一般子类通过继承父类扩展或增强父类的功能。继承的代码如下：

```
public class Child extends Father{
}
```

其中，Child 类为子类，继承了 Father 类。在 Java 中，只允许单一继承，即只能允许一个类直接继承一个父类。以下代码多次使用继承会出现编译错误：

```
public class Child extends Father,Mother{....} //在继承关键字后面有两个类，编译失败
public class Child extends Father extends Mother{...} //出现两个 extends 关键字，编译失败
```

在 Java 中，很多类之间都存在继承关系。如图 9-2 所示，Integer、Double、Float 的父类都是 Number，它们都在 java.lang 包中。

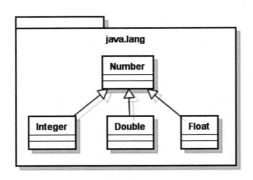

图 9-2

当一个类继承了另一个类以后，就从父类中继承了 protected、public 的方法和成员变量。例如，以下代码示例展示出子类使用了父类的成员函数和成员变量。

【文件 9.1】Father.java、Child.java

```
1.   public class Father{
2.      public String name = "Jack";
3.      public void say(){
4.          System.out.println("HelloWorld");
5.      }
6.   }
7.   //子类继承父类
8.   public class Child extends Facher{
9.
10.  }
11.  //开发一个其他类实例化 Child
12.  public class Demo{
13.     public static void main(String[] args){
14.     //实例化 Child 类
15.     Child child = new Child();
16.     System.out.println(child.name); //继承父类的 name，输出 Jack
17.     child.say();//子类从父类中继承 say 函数，输出 HelloWorld
18.     }
19.  }
```

如果父子类在同一个包中，则子类会继承父类的 public、protected、默认的成员变量和函数。如果子类与父类不在同一个包中，则子类继承父类的 public、protected 的成员变量和函数。默认情况下，我们所讨论的类都在不同一个包中。如果一个函数或者成员变量被 protected 修饰，那么它的隐含意义就是让子类继承。

静态的函数和成员变量不会被子类继承，建议使用静态方式来访问，即使用"类名."的

形式来调用。

构造方法不会被子类继承，每一个类都拥有自己的构造方法。

9.2　重　　写

重写（Override）也叫覆盖，是指子类拥有与父类完全相同的函数。重写只出现在函数中。如果子类的函数与父类的函数存在以下特点，则子类重写了父类的函数：

- 函数名相同。
- 函数参数的顺序、个数、数量、类型完全相同。

以下示例展示子类重写了父类的函数。

【文件 9.2】Father1.java、Child1.java

```
1.   public class Father1{
2.       public void say(){
3.       }
4.   }
5.   public class Child1 extends Father1{
6.       public void say(){//子类拥有与父类完全相同的函数，此时子类即重写了父类的函数
7.       }
8.   }
```

值得注意的是，在重写父类的函数时，子类不能降低父类的权限修饰，但可以提升权限修饰符，即如果从父类中继承了一个 protected 的函数，则子类在重写父类的函数时不能将 protected 降低为 private 或默认，但可以提升为 public。例如，在以下代码中由于子类降低了父类函数的访问修饰符，因此会导致编译出错。

【文件 9.3】Father2.java、Child2.java

```
1.   public class Father2{
2.       public void say(){
3.       }
4.   }
5.   public class Child2 extends Father2{
6.       void say(){//子类将父类的public权限修饰符降低为默认，编译出错
7.       }
8.   }
```

子类在重写父类的函数时，不能比父类抛出更多的异常（关于异常将在后面的章节中讲解）。例如，在下面的代码中，子类抛出比父类更多的异常，同样编译会出错。

【文件 9.4】Father4.java、Child4.java

```
1.   public class Father3{
2.       public void say(){
3.       }
```

```
4.  }
5.  public class Child3 extends Father3{
6.      //父类的函数并没有异常，但子类重写以后抛出了异常，所以编译出错
7.      public void say() throws Exception{}
8.  }
```

9.2.1 重写 toString

通过重写父类的函数可以达到自己想要的结果，比如在 Java 中所有类的父类都是 java.lang.Object。所以，在 Object 类中的所有 public、protected 函数都会被子类继承。Object 类的结构如图 9-3 所示。

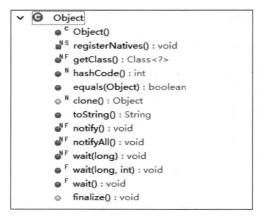

图 9-3

通过图 9-3 可以看出，Object 类的 toString、equals 等，都是 public 函数。所以，所有的类都拥有这两个函数。如果子类并没有重写父类的函数，那么在调用时将会调用父类的函数。

【文件 9.5】User.java

```
1.  public class User{
2.  }
3.  public class Demo2{
4.      public static void main(String[] args){
5.      User user = new User();
6.      String str = user.toString(); //标记行 1
7.      System.out.println(str);
8.      }
9.  }
```

在上面的代码中，user 类并没有 toString 函数，但在 main 函数中依然调用了 toString 函数。这个 toString 函数就是从 Object 类中继承过来的。查看 Object 类中 toString 函数的源代码：

```
public String toString() {
    return getClass().getName() + "@" + Integer.toHexString(hashCode());
}
```

通过上面的源代码，我们知道 toString 的默认实现就是输出类名+@+类的内存地址的表示。所以，上述代码输出的结果为：

```
somepackage.User@xxxxx
```

在 Java 中，将任意对象转成字符串，如与字符串串联，默认都会调用 toString 函数。所以，以下两行代码等效：

```
String str = user.toString();
String str = ""+user;//此名将会默认调用 toString 函数
```

有时，我们对于 toString 输出的结果并不满意。此时，可以通过重写 toString 函数的方式实现输出自己的结果。现在让我们来重写 toString 函数，然后通过相同的代码查看输出的结果：

```
public class User{
    public String toString(){
        return "this is User";
    }
}
```

如果再次调用

```
User user = new User();
String str = user.toString();
```

或是调用

```
String str = ""+user;
```

则 str 的结果将是 this is user 这个字符串，就是通过重写父类的 toString 函数实现了自己想要的结果。

9.2.2　重写 equals

任何对象都拥有 equals 函数，我们曾经讲过，对于比较两个 String 对象是否相同，应该使用 equals 比较其内部的内容。请看以下代码：

```
1.  class User{
2.     private String name;
3.     User(String name){
4.         this.name=name;
5.     }
6.  }
```

先实例化两个对象，并传递相同的名称：

```
User user1 = new User("Jack");
User user2 = new User("Jack");
```

再通过两种方式比较上面的两个对象：

```
boolean bool = user1==user2;//结果为 false
```

```
Boolean boo2 = user1.equals(user2);//结果为 false
```

经过上面的比较，两个结果都是 false。使用==时，是比较两个对象的内存地址是否相同，因为两个对象分别在不同的内存空间中，所以内存并不相同，结果为 false。第二次使用 equlas 时，由于并没有重写 User 类的 equals 函数，因此会调用 Object 类的 equals 函数。Object 类的 equals 源代码如下：

```
public boolean equals(Object obj) {
    return (this == obj);
}
```

如果没有重写父类的 equals，依然比较两个对象的内存地址，那么第二次比较依然是 false。如果希望比较里面的内容，即比较 name 的值，那么只能是通过重写 equals 函数的方法加以实现。在重写 equals 之前，先让我们来学习一下 instanceof 关键字。

instanceof 关键字用于比较某个引用是否是某种类型。例如，存在以下继承关系：

```
class Grandpa{
}
class Father extends Grandpa{
}
class Child extends Father{
}
```

如果通过 instanceof 来判断某个引用是否为某个类型，则可以使用以下代码：

```
Child child = new Child();
boolean boo1 = child instanceof Child;
boolean boo2 = child instanceof Father;
boolean boo3 = child instanceof Grandpa;
```

在上面的比较中，三个 boolean 值的结果都是 true。这是因为 child 变量的类型为 Child，既属于 Child 也属于 Father 和 Grandpa。同时，所有的对象都是 Object 类的子类，所以任意变量执行 instanceof Object 的结果都是 true。即：

```
boolean boo4 = user instanceof Object;
```

下面重写 equals，比较 User 类内部的内容，并将类名改为 User2。

【文件 9.6】User2.java

```
1.   class User2{
2.      private String name;
3.      User2(String name){
4.          this.name=name;
5.      }
6.      public boolean equals(Object other){
7.          if(this==other){//如果内存地址一样，则直接返回 true
8.              return true;
9.          }else{
10.             if(other instanceof User){//如果是 User 类型，就再比较里面的内容
11.                 //类型转换
12.                 User2 user2 = (User2)other;
```

```
13.           //比较里面的内容
14.           if(user2.name.equals(this.name)){//如果名称一样，则返回 true
15.              return true;
16.           }else{//否则返回 false
17.              return false;
18.           }
19.        }else{
20.           return false;//如果不是 User 类型，则直接返回 false，即无法比较
21.        }
22.     }
23.   }
24. }
```

下面通过 equals 比较一下 User 对象：

```
User2 user1 = new User2("Jack");
User2 user2 = new User2("Jack");
boolean boo1 = user1==user2;//false
boolean boo2 = user1.equals(user2);//true
```

重写 equals 后，user1.equals(user2) 的结果已经为 true。在 Java 类中，很多类（如 String、Integer、Double 等）都重写了 equals 函数，所以使用这些对象的 equals 函数将会比较对象里面的内容。

9.3　类型转换

类型转换发生在有继承关系的两个对象之间。存在的继承关系如图 9-4 所示。

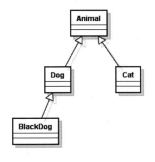

图 9-4

用代码实现上述类的关系，代码如下：

【文件 9.7】Animal.java、Dog.java、Cat.java、BlackDog.java

```
public class Animal{
}
public class Dog extends Animal{
}
public class Cat extends Animal{
```

```
}
public class BlackDog extends Dog{
}
```

让我们来看一个实现和继承关系。首先声明父类的变量 animal 指向子类的实例，在编译时 animal 变量为 Animal 类型，但本质指向的是 BlackDog 的实例。由于 BlackDog 是 Animal 的子类，因此以下代码可以正常编译通过：

```
Animal animal = new BlackDog();
```

将 animal 变量转成 Dog 类型，由于是向下转换，因此必须在编译时使用 (Dog) 进行类型强制转换。以下代码编译和运行都是可以的：

```
Dog dog = (Dog)animal;
```

还可以将 animal 转成 BlackDog 的类型，因为在本质上 animal 指向的内存即是 BlackDog 的实例。以下代码编译和运行都是可以的：

```
BlackDog blackDog = (BlackDog)animal;
```

新建一个对象 animal2，在编译时 animal2 依然是 Animal 类型，但指向的是子类 Dog 的实例。

```
Animal animal2 = new Dog();
```

可以将 animl2 转换成 Dog 类型，因为 animal2 本质指向的就是 Dog 对象的实例，但依然需要使用 (Dog) 进行类型强制转换：

```
Dog dog2 = (Dog)animal2;
```

不能将 animal2 转换成 BlackDog，因为 animal2 不是 BlackDog 的实例。所以，能否转换成某个对象要看这个对象所表示的实际对象是哪一个。以下代码虽然编译通过，但是将会在运行时出错：

```
BlackDog blackDog2 = (BlackDog)animal2;
```

让 Cat 也参与进来，先声明 Cat 的实例，具体如下：

```
Animal cat = new Cat();
```

目前 cat 变量是 Animal 类型，但指向的是 Cat 的实例。所以，以下代码可以编译和运行通过，即将 cat 转换成 Cat 类型。

```
Cat cat = (Cat)cat;
```

由于 Cat 与 Dog 没有直接的继承关系，因此 cat 不能向 Dog 进行强制类型转换。以下代码同样编译通过但是运行会出错：

```
Dog dog = (Cat)cat;
```

对于类型转换来说，所有的类型默认都是可以向上转换的，例如：

```
Dog dog = new Dog();
```

由于 animal 是 Dog 的父类，因此可以直接将 dog 赋值给 Animal。

```
Animal animal = dog;
```

由于在 Java 中所的有对象都是 object 的子类，因此 Object 对象等于任何对象都是可以的。例如：

```
Object obj = animal;
```

9.4　super 关键字

super 关键字表示父类对象的引用，一般有两种功能。

（1）访问父类被隐藏的成员变量或是函数。如果子类拥有与父类相同的成员变量（这儿的成员变量不包含 private 或者默认的，因为那样子类并不能继承父类的成员变量），就叫作子类隐藏了父类的成员变量。注意，成员变量没有重写的概念。如果子类隐藏了父类的成员变量，就可以使用 super 关键字访问父类的成员变量，如以下代码所示。

【文件 9.8】Father4.java、Child4.java

```
public class Father4{
    public String name ="Jack";
}
public class Child4 extends Facher4{
    public String name = "Mary";//子类的成员变量隐藏了父类的成员变量
    public void say(){
        System.out.println(name);//将输出 Mary
        System.out.println(super.name);//将输出 Jack
    }
}
```

在上面的代码中，最后一行输出语句使用 super.name 输出了父类的成员变量。（前提是可以被访问到的情况下，一般指父类的 public、protected 修饰符。）

（2）在子类的构造函数中调用父类的构造函数。在子类的构造函数中，可以通过 super() 的方式调用父类指定的构造函数。如果出现 super()，则只能出现在子类的构造函数中，且必须是第一句代码，注释除外。现在让我们来查看一个使用 super() 的示例。

【文件 9.9】Father5.java、Child5.java

```
public class Father5{
    public Father5(){
        System.out.println("Father");
    }
}
public class Child5 extends Father5{
    public Child5(){
        //子类可以在第一句通过 super() 调用父类的构造
        super();
```

```
        System.out.println("Child");
    }
}
```

实例化子类：

```
Child5 child = new Child5();
```

此时输出的结果为：

```
Father
Child
```

也就是说，先执行父类的构造方法，再执行子类的构造方法。在子类中，没有 super( )也会默认调用父类的默认构造，那为什么要用 super( )呢？如果父类没有默认构造，则子类必须显式调用父类的某个构造，否则将会编译出错。

【文件 9.10】Father6.java、Child6.java

```
public class Father6{
    public Father6(String name){
        System.out.println("Father");
    }
}
public class Child6 extends Father6{
    public Child6(){
        //子类可以在第一句通过 super()调用父类的构造
        super("Jack");
        System.out.println("Child");
    }
}
```

在上面的代码中，由于父类并没有默认的构造函数，因此子类必须在所有的构造函数中使用 super( )的方式来调用父类的有参数构造函数，此时子类构造函数中的 super( )语句就不能被删除，如果删除，则子类将会编译出错。

9.5 多 态

9.5.1 多态的定义

多态是指程序中定义的引用变量所指向的具体类型和通过该引用变量发出的方法调用在编程时并不确定，而是在程序运行期间才能确定，即一个引用变量到底会指向哪个类的实例对象、该引用变量发出的方法调用到底是哪个类中实现的方法，这必须在程序运行期间决定。因为在程序运行时才确定具体的类，所以，不用修改源程序代码就可以让引用变量绑定到各种不同的类实现上，从而导致该引用调用的具体方法随之改变，即不修改程序代码就可以改变程序运行时所绑定的具体代码，让程序可以选择多个运行状态，这就是多态性。

比如你对酒情有独钟。某日回家发现桌上有几个杯子里面都装了白酒，从外面看我们不可能知道这是什么酒，只有喝了之后才能够猜出来。喝一口，是剑南春；再喝，是五粮液；再喝，是酒鬼酒……我们可以描述成如下形式：

```
酒 a = 剑南春
酒 b = 五粮液
酒 c = 酒鬼酒
```

这里所表现的就是多态。"剑南春""五粮液""酒鬼酒"都是"酒"的子类，我们通过"酒"这一个父类就能够引用不同的子类，这就是多态——我们只有在运行的时候才会知道引用变量所指向的具体实例对象。

要理解多态，就必须明白什么是"向上转型"。简单来说，就是一个子类的对象赋值给一个父类的变量。酒（Win）是父类，剑南春（JNC）、五粮液（WLY）、酒鬼酒（JGJ）是子类。我们定义如下代码：

```
JNC a = new  JNC();
```

对于这个代码，非常容易理解，无非就是实例化了一个"剑南春"的对象。如果定义为：

```
Wine a = new JNC();
```

那么这里定义了一个 Wine 类型的 a，指向 JNC 对象实例，由于 JNC 是继承于 Wine 的，因此 JNC 可以自动向上转型为 Wine，所以 a 是可以指向 JNC 实例对象的。这样做存在一个非常大的好处，就是在继承中我们知道子类是父类的扩展，它可以提供比父类更加强大的功能。如果我们定义了一个指向子类的父类引用类型，那么它除了能够引用父类的共性外，还可以使用子类强大的功能。

向上转型存在一些缺憾，就是它必定会导致一些方法和属性的丢失，从而导致我们不能够获取它们。所以，父类类型的引用可以调用父类中定义的所有属性和方法，对于只存在于子类中的方法和属性就望尘莫及了。

【文件 9.11】Wine.java、JNC.java、Test.java

```
1.   public class Wine {
2.      public void fun1(){
3.         System.out.println("Wine 的 Fun...");
4.         fun2();
5.      }
6.      public void fun2(){
7.         System.out.println("Wine 的 Fun2...");
8.      }
9.   }
10. public class JNC extends Wine{
11.    /**
12.     * @desc 子类重载父类方法
13.     *       父类中不存在该方法，向上转型后，父类是不能引用该方法的
14.     * @param a
15.     * @return void
16.     */
```

```
17.     public void fun1(String a){
18.         System.out.println("JNC 的 Fun1...");
19.         fun2();
20.     }
21.     /**
22.      * 子类重写父类方法
23.      * 指向子类的父类引用调用 fun2 时，必定是调用该方法
24.      */
25.     public void fun2(){
26.         System.out.println("JNC 的 Fun2...");
27.     }
28. }
29.
30. public class Test {
31.     public static void main(String[] args) {
32.         Wine a = new JNC();
33.         a.fun1();
34.     }
35. }
```

输出的结果为：

```
Wine 的 Fun...
JNC 的 Fun2...
```

从程序的运行结果中可以发现，a.fun1()首先运行父类 Wine 中的 fun1()，然后运行子类 JNC 中的 fun2()。

分析：在这个程序中，子类 JNC 重载了父类 Wine 的方法 fun1()，重写 fun2()，而且重载后的 fun1(String a)与 fun1()不是同一个方法。由于父类中没有该方法，向上转型后会丢失，因此执行 JNC 的 Wine 类型引用是不能引用 fun1(String a)方法的。子类 JNC 重写了 fun2()，指向 JNC 的 Wine 引用就会调用 JNC 中 fun2()方法。

对于多态，我们可以总结如下：

指向子类的父类引用向上转型了，它只能访问父类中拥有的方法和属性；对于子类中存在而父类中不存在的方法，该引用是不能使用的，尽管是重载了该方法。若子类重写了父类中的某些方法，在调用这些方法时，必定是使用子类中定义的这些方法（动态连接、动态调用）。

对于面向对象而言，多态分为编译时多态和运行时多态。其中，编译时多态是静态的，主要是指方法的重载，根据参数列表的不同来区分不同的函数，通过编译之后会变成两个不同的函数，在运行时谈不上多态。运行时多态是动态的，它是通过动态绑定来实现的，也就是我们所说的多态性。

9.5.2　多态的实现

1. 实现条件

继承为多态的实现做了准备。子类 Child 继承父类 Father，我们可以编写一个指向子类的父类类型引用，该引用既可以处理父类 Father 对象，也可以处理子类 Child 对象，当相同的

消息发送给子类或者父类对象时，该对象就会根据自己所属的引用而执行不同的行为，这就是多态。多态性就是相同的消息使得不同的类做出不同的响应。

Java 实现多态有三个必要条件：继承、重写、向上转型。

- 继承：在多态中必须存在有继承关系的子类和父类。
- 重写：子类对父类中某些方法进行重新定义，在调用这些方法时就会调用子类的方法。
- 向上转型：在多态中需要将子类的引用赋给父类对象，只有这样该引用才能够调用父类和子类的方法。

只有满足了上述三个条件，才能够在同一个继承结构中使用统一的逻辑实现代码处理不同的对象，从而达到执行不同的行为。

对于 Java 而言，多态的实现机制遵循一个原则：当超类对象引用变量引用子类对象时，被引用对象的类型而不是引用变量的类型决定了调用谁的成员方法，但是这个被调用的方法必须是在超类中定义过的，也就是说被子类覆盖的方法。

2．实现形式

基于继承的实现机制主要表现在父类和继承该父类的一个或多个子类对某些方法的重写，多个子类对同一方法的重写可以表现出不同的行为。

【文件 9.12】Wine2.java、JNC2.java、JGJ.java、Test2.java

```
1.  public class Wine2 {
2.      private String name;
3.
4.      public String getName() {
5.          return name;
6.      }
7.      public void setName(String name) {
8.          this.name = name;
9.      }
10.     public Wine2(){
11.     }
12.     public String drink(){
13.         return "喝的是 " + getName();
14.     }
15.
16.     /**
17.      * 重写 toString()
18.      */
19.     public String toString(){
20.         return null;
21.     }
22. }
23. public class JNC2 extends Wine2{
24.     public JNC2(){
25.         setName("JNC");
26.     }
27.
```

```
28.     /**
29.      * 重写父类方法，实现多态
30.      */
31.     public String drink(){
32.         return "喝的是 " + getName();
33.     }
34.
35.     /**
36.      * 重写 toString()
37.      */
38.     public String toString(){
39.         return "Wine : " + getName();
40.     }
41. }
42. public class JGJ extends Wine2{
43.     public JGJ(){
44.         setName("JGJ");
45.     }
46.
47.     /**
48.      * 重写父类方法，实现多态
49.      */
50.     public String drink(){
51.         return "喝的是 " + getName();
52.     }
53.     /**
54.      * 重写 toString()
55.      */
56.     public String toString(){
57.         return "Wine : " + getName();
58.     }
59. }
60. public class Test2 {
61.     public static void main(String[] args) {
62.         //定义父类数组
63.         Wine2[] wines = new Wine2[2];
64.         //定义两个子类
65.         JNC2 jnc = new JNC2();
66.         JGJ jgj = new JGJ();
67.         //父类引用子类对象
68.         wines[0] = jnc;
69.         wines[1] = jgj;
70.         for(int i = 0 ; i < 2 ; i++){
71.             System.out.println(wines[i].toString() + "--" + wines[i].drink());
72.         }
73.         System.out.println("--------------------------------");
74.
75.     }
76. }
```

输出的结果是：

```
Wine : JNC--喝的是 JNC
Wine : JGJ--喝的是 JGJ
```

在上面的代码中，JNC2、JGJ 继承于 Wine2，并且重写了 drink()、toString()方法。程序运行的结果显示调用的是子类中的方法，输出了 JNC2、JGJ 的名称，这就是多态的表现。不同的对象可以执行相同的行为，但是它们都需要通过自己的实现方式来执行，这要得益于向上转型。

我们都知道所有的类都继承自超类 Object。toString()方法也是 Object 中的方法，当我们这样写时：

```
Object o = new JGJ()
System.out.println(o.toString());
```

输出的结果是：

```
Wine : JGJ
```

Object、Wine2、JGJ 三者的继承链关系是：JGJ→Wine2→Object。所以，可以这样说：当子类重写父类的方法被调用时，只有对象继承链中最末端的方法会被调用。注意，如果这样写：

```
Object o = new Wine2();
System.out.println(o.toString());
```

输出的结果应该是 Null，因为 JGJ 并不存在于该对象继承链中。

基于继承实现的多态可以总结为：对于引用子类的父类类型，在处理该引用时，它适用于继承该父类的所有子类，子类对象的不同，对方法的实现也不同，执行相同动作产生的行为也就不同。

9.6　本章总结

继承和多态是 Java 的重要特性。本章首先讲解了如何使用 extends 关键字继承一个类，成为其子类，然后讲解了如何使用重写来修改父类的成员函数。其中，java.lang.Object 是所有类的父类，所以所有类默认都拥有从 object 类中继承的成员函数，这里重点讲了如何重写 toString 和 equals 两个函数。在 equals 中，还讲解了如何使用 instanceof 判断一个对象是否是某种类型。在类型转换部分，讲解了类的多层继承与转换（要准确地了解对象之间的转换关系）。在多态部分，讲解了多态的定义及其前提条件，并通过实例阐述了多态是如何实现的。

9.7　课后练习

1. 简述什么是方法重写。
2. 简述多态的含义。

3. 存在以下函数：

```
public void say(){
}
```

在下面的子类中，（　　）是上面的函数的重写。

    A．public void say(String name){　　}　　　　B．public void say(){　　}

    C．public void say() throws Exception{　　}　　D．void say(){　　}

4. 在下面的代码中，在 Line1 处写入（　　）可以让 Two 类编译通过。

```
public class One{
    One(String name){
    }
}
public class Two extends One{
    //Line 1
}
```

    A．public One() throws Exception{　　}

    B．public Two(){　　}

    C．public Two(){
         super();
    }

    D．public Two(){
         Super("Jack");
    }

5. 在下面的代码中，在 Line1 处使用（　　）可以输出 Jack。

```
public class One{
    public String name = "Jack";
}
public class Two extends One{
    public String name = "Mary";
    public void say(){
        //Line1
    }
}
```

    A．super();　　　　B．super().name;　　　　C．super.name;　　　　D．One.super.name;

第 10 章

Java 抽象类和接口

为了让开发的软件具备更好的可扩展性，Java 中引入面向抽象的编程理念。abstract 关键字用于修饰类和函数，当修饰一个类时，表示这个类为抽象类。抽象类一般位于继承关系的上层，表示非具体的事务即为抽象。抽象类可以修饰成员函数，被抽象关键字修饰的成员函数不能有函数体。在 Java 中经常用抽象关键字修饰函数，表示子类在继承了抽象类以后必须实现的函数。

10.1　Java 抽象类

抽象类是指被 abstract 修饰的类。抽象类表示非具体的事物，所以不能被实例化。例如：

```
public abstract class Animal{
}
```

上述代码用抽象关键字修饰了 Animal 类，直接实例化 Animal 类将会编译错误：

```
Animal animal = new Animal();
```

抽象类表示类层次的抽象层，如图 10-1 所示。Animal 不能表示具体的动物，一般使用抽象类来表示。抽象类的主要功能也是让子类继承并实现抽象函数的。

抽象类虽然不能被实例化，但是依然可以拥有构造函数。在构造函数或非静态的方法中，依然可以使用 this 关键字，但此时的 this 关键字表示的是它的子类对象。

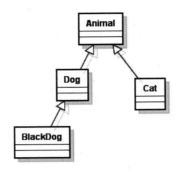

图 10-1

【文件 10.1】Animal.java、Dog.java、Demo.java

```java
public abstract class Animal{
    Animal(){
        System.out.println(this);
    }
}
public class Dog extends Animal{
}
```

声明一个类实例化 Dog 类：

```java
public class Demo{
    public static void main(String[] args){
        Dog dog = new Dog();
    }
}
```

在实例化时会先调用父类的构造，此时在父类的构造中输出 this 对象为 Dog@xxxx 样式的内存地址，即为 Dog 类。

注意，在抽象类中既可以拥有抽象函数，也可以没有抽象函数。如果一个函数是抽象的，则它所在的类必须是抽象类。

10.2 Java 抽象方法

abstract 抽象关键字还可以修饰函数。当使用 abstract 修饰一个成员函数时，此函数不能有函数体，且抽象函数必须位于抽象类中。

【文件 10.2】Animal1.java、Cat.java

```java
public abstract class Animal1{
    pubilc abstract void eatSth();//抽象函数，不能有函数体
}
```

如果一个类继承了抽象类，就必须实现抽象类中的抽象函数：

```
public class Cat extends Animal1{
    public void eatSth(){
        System.out.println("cat eat fish..");
    }
}
```

正如上面的代码，Cat 类继承了 Animal1 抽象类，而 Animal1 抽象类中拥有一个抽象函数 eatSth，此时 Cat 就必须实现这个 eatSth 函数。所以，抽象函数是要求子类必须实现的函数。也可以通过这种方式定义子类必须实现规范。

当继承关系上有多个抽象类时，必须实现抽象类中所有的抽象函数。

【文件 10.3】Animal2.java、Cat2.java、SmallCat.java

```
public abstract class Animal2{
    public abstract void run();
}
public abstract class Cat2 extends Animal2{
    public abstract void eat();
}
public class  SmallCat extends Cat2{
    public void run(){
    }
    public void eat(){
    }
}
```

在上面的代码中，由于 Cat2 也是抽象类，因此可以不用实现 Animal2 的函数 run。但是 SmallCat 是非抽象类，又由于在继承关系上有多个没有实现的抽象函数，因此 SmallCat 必须实现所有没有实现的抽象函数，即在 SmallCat 中实现 run 和 eat 两个函数，否则将会编译出错。

10.3　接　　口

关键字 interface 用于定义一个接口。接口是比抽象类更抽象的类，所以也不能实例化。例如：

```
public interface Animal{   }
```

接口也是一个类，是比抽象类更抽象的一种描述形式。在 JDK 1.5 之前，接口中的所有成员变量都是 public static final 类型的，即默认的都是公开的静态常量，所以在定义接口中的成员变量时，必须在声明时赋值。接口中的函数默认都是 public abstract 的，即都是公开抽象的，所以都不能拥有函数体。现在我们先以 JDK 1.5 为标准来讲，后面再讲 JDK 1.8 里面对接口定义的变化。

一个类通过实现一个或者多个接口的方式实现接口中定义的函数，并成为接口的子类。implements 关键字在 Java 中表示一个类实现了另一个或者多个接口。现在让我们定义一个接口，并实现它。

首先定义一个接口：

【文件 10.4】Animal3.java、Dog1.java、Food.java、Fish.java

```
public interface Animal3{
    //定义一个函数，不能拥有函数体，默认被 public abstract 修饰
    public void say();
}
```

现在实现这个接口，一般继承一个接口经常叫作实现这个接口，因为继承一个接口必须实现接口中的所有方法：

```
public class Dog1 implements Animal3{//通过 implements 实现一个接口，成为这个接口的子
类
    public void say(){//必须实现接口中所有的方法
    }
}
```

同时，一个类可以实现多个接口，通过逗号分开。以下是实现多个接口的示例：

```
public interface Food{
    public void someMethod();
}
public class Fish implements Animal3,Food{
    //实现多个接口，必须实现接口中所有的函数
    public void say(){//实现 Animal 接口中的函数
    }
    public void someMethod(){//实现 Food 接口中的函数
    }
}
```

接口一般位于类层次的最上层，也是最抽象的层次，如图 10-2 所示。

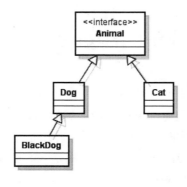

图 10-2

在图 10-2 所示的 UML 图中，Animal 为接口，位于抽象层的最上面，用于定义所有动物应该具有的规范，即函数。Dog 和 Cat 位于中间层，一般为抽象类，最下面的 BlackDog 则为

具体类。这样就形成了一个完整的类继承层次关系。

我们可以在函数的参数中接收接口，在具体执行时传递具体的子类对象，示例如下：

【文件 10.5】Animal5.java、Dog2.java、Cat3.java、Demo2.java

```
public interface Animal5{
    void run();//在接口中定义一个函数，所有实现这个接口的类必须实现这个函数
}
```

现在定义两个实现类：

```
public class Dog2 implements Animal5{
    public void run(){
        System.out.println("Dog is running...");
    }
}
public class Cat3 implements Animal5{
    public void run(){
        System.out.println("Cat is running...");
    }
}
```

现在让我们开发一个类，添加一个函数，接收 Animal5 接口类型：

```
public class Demo2{
    public void print(Animal5 animal){
        animal.run();
    }
    public static void main(String[] args){
        Demo2 demo  = new Demo2();
        //实例化 Dog
        Dog2 dog = new Dog2();
        demo.print(dog);//传递 Dog 对象，将输出 Dog is running...
        Cat3 cat = new Cat3();
        demo.print(cat);//传递 Cat 对象，将输出 Cat is running...
    }
}
```

在上面的代码中，print 函数接收 Animal5 类型，所以所有 Animal5 接口的子类都可以接收，当然也包含它自己。由于在 Animal5 中定义了 run 函数，因此所有实现这个接口类都一定会拥有 run 函数的实现。在编译时，直接在 print 函数中调用 animal.run();即可。然后在具体运行时将会根据具体传递的对象调用实例化对象的函数。

10.3.1　Java 的多重继承

由于在 Java 中一个类只能直接继承另一个类，为了让一个类从属于多个类的子类，可以通过实现多个接口的形式加以实现。这样的话，就表示 X 是 Y 的子类，同时也从属于 A 或 B 或 C，正如图 10-3 所示的那样。

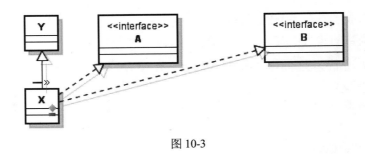

图 10-3

将图 10-3 生成代码：

【文件 10.6】Y.java、A.java、B.java、X.java

```java
public class Y{
    public void yMethod(){}
    }
public interface A{
    public void aMethod();
}
public interface B{
    public void bMethod();
}
public class X extends Y implements A,B{
    public void yMethod(){//可以重写或是不重写从 Y 类中继承的函数
    }
    public void aMethod(){//必须实现 A 接口中的函数
    }
    public void bMethod(){//必须实现 B 接口中的函数
    }
}
```

通过上面的代码，可以看出一个具体类可以先通过 extends 关键字继承另一个具体类或者抽象类，然后再实现一个或者多个接口。通过上面的实现表达出来的关系是 X 是 Y 的子类，同时属于 A 和 B。

10.3.2 通过继承来扩展接口

可以通过继承关键字合并多个接口，从而得到一个新的接口。示例代码如下：

【文件 10.7】Mother.java、Father.java、Parent.java、Somebody.java

```java
public interface Mother{
    public void callMom();
}
public interface Father{
    public void callDad();
}
public interface Parent extends Mother,Father{
}
```

现在开发一个类，去实现接口 Parent：

```java
public class SomeBody implements Parent{
    public void callMom(){
        System.out.println("Mom");
    }
    public void callDad(){
        System.out.println("Dad");
    }
    public static void test1(Mother mother){
        mother.callMom();
    }
    public static  void test2(Father father){
        father.callDad();
    }
    public static void main(String[] args){
        SomeBody body = new SomeBody();
        test1(body);//输出 Mom
        test2(body);//输出 Dad
    }
}
```

10.3.3 接口中的常量

在接口中定义的成员变量默认都是 public static final 的。static 与 final 共同修饰的成员变量叫静态常量。静态常量应该在声明时赋值，或是在静态代码块中赋值，不过在接口中（JDK 1.5）不能拥有静态代码块，所以应该在声明静态常量时赋值，否则将会编译出错。一般来讲，静态常量都有大写的变量名称，例如：

【文件 10.8】Week.java

```java
public interface Week{
 String MON="周一";
 String TUES="周二";
 String WED="周三";
 String THUR="周四";
 String FIR="周五";
 String SAT="周六";
 String SUN = "周日";
}
```

然后直接使用接口.（点）成员变量名的方式引用即可：

```java
String mon1 = Week.MON;
String mon2 = Week.MON;
```

现在得到的 mon1 与 mon2 的内存地址完全一样。

如果在一个接口只声明了一些常量供其他类使用，一般这种类被称为常量接口模式，如同上面的代码那样定义一个周一到周日的常量模式。

10.3.4　JDK 1.8 的默认实现

JDK 1.8 以后，在接口中就可以定义函数的代码体了。通过 default 关键字，即可实现：

【文件 10.9】Father2.java

```
interface Father2 {
    public default void say() {
        System.err.println("Hello..");
    }
}
```

在上面的代码中，接口 Father2 通过使用 default 关键字给 say 函数添加了函数体。此时实现接口 Father2 的子类，可以不用实现 say 函数。

10.4　本章总结

本章主要学习了抽象类和接口。抽象类是指被 abstract 修饰的类，表示类层次的抽象类，不能被 new 关键字实例化。抽象类中既可以拥有抽象函数，也可以没有抽象函数。但是抽象函数必须位于抽象类中。抽象类的主要功能是用来扩展接口并让子类继承。

抽象函数是指被抽象关键字 abstract 修饰的函数，抽象函数没有函数体。子类继承了抽象类以后，必须实现抽象类中的所有抽象函数。

接口是比抽象类更抽象的类。接口中的所有函数默认都是 public abstract 修饰的，且不能有其他的修饰符。所有的成员变量默认都是 public static final 类型的，即静态常量，在声明静态常量时，必须赋值。接口通过 interface 定义，子类可以实现多个接口，通过 implements 关键字实现。

10.5　课后练习

1. （　　　）是正确的抽象类的定义。

A. public class abstract A{　}

B. abstract public class A{　　}

C. public class A{

　　　　public abstract void someMethod();

　}

D. public abstract class A{

```
        public void someMethod(){    }
    }
```

2．关于继承与实现的说法正确的是（　　　）。

   A．Java 中一个类可以直接继承多个类

   B．Java 中是单一继承，即只能继承一个类

   C．Java 中可以实现多个接口

   D．Java 中一个类只能实现一个接口

3．以下代码实现正确的是（　　　）。

   A．public class A implements A1,A2 extends B{   }

   B．public class A implements A1 implements A2{   }

   C．public class A extends B implements A1,A2{   }

   D．public interface A implements A1,A2{   }

4．以下说法正确的是（　　　）。

   A．抽象类不能被实例化，但可以拥有子类

   B．由于抽象类不能被实例化，因此在抽象类的函数中不能使用 this 关键字

   C．抽象类不能拥有构造函数

   D．抽象类中必须拥有抽象函数

第11章

Java 内部类

顾名思义，Java 中的内部类就是在类中定义类。内部类作为外部类的一个成员，依附于外部类而存在。内部类可为静态，可用 protected 和 private 修饰（外部类只能使用 public 和默认的包访问权限）。

内部类主要有成员内部类、局部内部类、静态内部类、匿名内部类。内部类继承自某个类或实现某个接口，内部类的代码操作创建其外围类的对象。所以，可以认为内部类提供了某种进入其外围类的窗口。使用内部类最吸引人的原因是：每个内部类都能独立继承自一个接口的实现，所以无论外围类是否已经继承了某个接口的实现，对于内部类都没有影响。如果没有内部类提供的可以继承多个具体的或抽象的类的能力，一些设计与编程问题就很难解决。从这个角度看，内部类使得多重继承的解决方案变得完整。接口解决了部分问题，而内部类有效地实现了"多重继承"。

11.1　成员内部类访问外部类中的域

因为安全机制的原因，内部类通常声明为 private 类别，所以只有在内部类所在的外部类中才能够创建内部类的对象，对其他类而言它是隐藏的。另外，只有内部类才会用到 private 修饰符，一般的类如果用 private 修饰符则会编译出错。

【文件 11.1】InnerClassTest.java

```
1.  package cn.oracle;
2.  import java.awt.event.ActionListener;
3.  import java.awt.event.ActionEvent;
4.  import java.awt.Toolkit;
```

```
5.   import javax.swing.JOptionPane;
6.   import javax.swing.Timer;
7.   public class InnerClassTest {
8.       public InnerClassTest() {
9.           super();
10.      }
11.      public static void main(String[] args) {
12.          Court court = new Court(1000, true);
13.          court.start();
14.          JOptionPane.showMessageDialog(null, "停止么?");
15.          System.exit(0);
16.      }
17.  }
18.  class Court {
19.      public Court(int interval, boolean beep) {
20.          this.interval = interval;
21.          this.beep = beep;
22.      }
23.      public void start() {
24.          TimerPrinter action = new TimerPrinter();
25.          Timer t = new Timer(interval, action);
26.          t.start();
27.      }
28.      private int interval;
29.      private boolean beep;
30.      private class TimerPrinter implements ActionListener {
31.          public void actionPerformed(ActionEvent e) {
32.              System.out.println("每一秒发出一次响铃?");
33.              if (beep)
34.                  Toolkit.getDefaultToolkit().beep();
35.          }
36.      }
37.  }
```

　　注意上面加粗部分的代码（第 30~36 行）。beep 这个变量在内部类 TimerPrinter 中并没有声明，那么它引用自何处呢？显然是来自于外部类。一般来说，一个方法可直接调用（refer to）它对象中的所有域，而一个内部类的方法则可以直接调用它所在类以及创建它的外部类中的所有域。

　　事实上，在每一个内部类中都存在一个默认的隐式的引用（reference），它指向创建了这个内部类的实例的那个对象，我们假设它叫 outer，这样上面加粗部分就相当于：

```
if(outer.beep) Toolkit.getDefaultToolkit().beep();
```

　　既然存在这样一个 reference 引用，那么 outer 的值又是如何设置的呢？实际上编译器会合成一个构造方法来设置，如下面的代码所示：

```
public TimePrinter(Court court) {
    outer = clock;
}
```

这段代码是编译时自动产生的，就像自动拆箱装箱一样，编译器自己会添加一些代码。然后当我们在 Court 的 start()方法中创建 TimerPrinter 实例的时候，编译器会自动把 this 作为参数传递过去，效果如下面的代码所示：

```
public void start(){
   TimerPrinter action=new TimerPrinter(this);//编译器自动加上的
   Timer t=new Timer (interval,action);
   t.start ();
}
```

参数是编译器自动加上的，不用人为来管。

11.2　内部类的一些特殊语法规则

前面我们说在每一个内部类中都存在一个默认的、隐式的引用（reference），指向创建了这个内部类的实例的对象，并且以 outer 来代指它，如果我们想显式地指明，请按照如下的语法（OuterClass.this）来使用，例如：

```
if(Court.this.beep){
   Toolkit.getDefaultToolkit().beep();
}
```

此外，因为我们定义的内部类通常是 private，所以通常是通过外部类的方法创建的，如本例中的 start()方法，这样那个隐式的引用 reference 就指向调用了 start()方法的对象，就是this。如果内部类声明为 public，那么我们可以在任何地方实例化一个内部类，例如：

```
Court court=new Court(1000,true);
Court.TimerPrinter test=court.new TimerPrinter();
```

上述代码在 InnerClassTest 的 main 方法中，这时隐式的 reference 就直接指向了 court 对象。注意，语法是 OuterClassName.InnerClassName。许多人认为内部类的语法十分复杂，尤其是匿名内部类，这是与 Java 一直奉行的"简单"原则相背离的，有人甚至怀疑 Java 中加入这么一个"特征"（feature），是不是已经开始走向"灭亡"，或者就像许多其他语言一样走向"灭亡"？内部类是否真的有用，有没有存在的必要？我们首先来看看内部类的工作原理。

先指明一点，内部类如何工作是由编译器来负责的，与 Java 虚拟机无关，它对这个是一无所知的。仔细留意一下编译后产生的 class 文件，你会发现有一个 class 文件的名字是Court$TimerPrinter，基本格式是：外部类名称$内部类名称。当碰到内部类时，编译器会自动根据内部类的代码生成一个 class 文件并按照上述规则命名，那么编译器到底对它做了什么呢？我们可以使用 Java 的反射（reflection，将会在后面的章节中讲到）机制来"偷窥"它，具体的代码如下所示。

【文件 11.2】ReflectionTest.java

```java
package cn.oracle;
import java.lang.reflect.*;
import javax.swing.*;
public class ReflectionTest {
    public static void main(String[] args) {
        String name = "";
        if (args.length > 0)
            name = args[0];
        else
            name = JOptionPane.showInputDialog("Class name (e.g. java.util.Date):
");
        try {
            Class c1 = Class.forName(name);
            Class c2 = c1.getSuperclass();
            System.out.print("class " + name);
            if (c2 != null && c2 != Object.class)
                System.out.print(" extends " + c2.getName());
            System.out.print("\n{\n");
            printConstructors(c1);
            System.out.println();
            printMethods(c1);
            System.out.println();
            printFields(c1);
            System.out.println("}");
        } catch (ClassNotFoundException e) {
            e.printStackTrace();
        }
        System.exit(0);
    }

    public static void printConstructors(Class c1) {
        Constructor[] constructors = c1.getDeclaredConstructors();
        for (int i = 0; i < constructors.length; i++) {
            Constructor c = constructors[i];
            String name = c.getName();
            System.out.print(Modifier.toString(c.getModifiers()));
            System.out.print(" " + name + "(");

            Class[] paramTypes = c.getParameterTypes();
            for (int j = 0; j < paramTypes.length; j++) {
                if (j > 0)
                    System.out.print(", ");
                System.out.print(paramTypes[j].getName());
            }
            System.out.println(");");
        }
    }

    public static void printMethods(Class c1) {
```

```
        Method[] methods = c1.getDeclaredMethods();
        for (int i = 0; i < methods.length; i++) {
            Method m = methods[i];
            String name = m.getName();
            Class type = m.getReturnType();
            System.out.print(Modifier.toString(m.getModifiers()) + " " +
    type.getName() + " " + name + "(");
            Class[] paramTypes = m.getParameterTypes();
            for (int j = 0; j < paramTypes.length; j++) {
                if (j > 0)
                    System.out.print(",");
                System.out.print(paramTypes[j].getName());
            }
            System.out.println(");");
        }
    }

    public static void printFields(Class c1) {
        Field fields[] = c1.getDeclaredFields();
        for (int i = 0; i < fields.length; i++) {
            System.out.print(Modifier.toString(fields[i].getModifiers()));
            System.out.print(" ");
            Class type = fields[i].getType();
            System.out.print(type.getName());
            System.out.println(" " + fields[i].getName() + ";");
        }
    }
}
```

运行该程序，在对话框中输入 cn.oracle.Court$TimerPrinter，将会得到如下输出：

```
class cn.oracle.Court$TimerPrinter
{
    public cn.oracle.Court$TimerPrinter(cn.oracle.Court);
    public void actionPerformed(java.awt.event.ActionEvent);
    final cn.oracle.Court this$0;
}
```

如上所示，编译器自动为我们加上了一个域 this$0，它指向一个外部类，另外自动给构造方法增加了一个 Court 类型参数，用来设置 this$0 的值。注意，this$0 是编译器自己合成的，不能直接引用。

既然编译器能够自动进行转化，那么为什么我们不直接自己进行转换，而把 TimerPrinter 改写成普通的 class 呢？例如：

```
class Court{
    ...
    public void start(){
        ActionListener listener = new TimePrinter(this);
        Timer t = new Timer(interval, listener);
        t.start();
```

```
    }
}
class TimePrinter implements ActionListener{
    public TimePrinter(TalkingClock clock) {
        outer = clock;
    }
    ...
    private TalkingClock outer;
}
```

　　问题来了，我们在实现 actionPerformed 方法的时候要用到访问 outer.beep，但是 beep 是 private 类型的，在 TimerPrinter 中不能直接访问。这样内部类的一个优点就显示出来了：内部类能够访问其所属外部类中的私有域，而其他普通的类不行。

　　对外部类 Court 进行一下反射，结果如下所示：

```
class cn.oracle.Court
{
    public cn.oracle.Court(int, boolean);
    public void start();
    static boolean access$0(cn.oracle.Court);
    private int interval;
    private boolean beep;
}
```

　　我们看到新增了一个方法 access$0，它的返回值就是传递过来的 Court 对象的 beep 域，这样，actionPerformed 方法中的 if(beep)就相当于 if(access$0(outer))，内部类就是通过这种机制来访问外部类的私有数据的。

11.3　局部内部类

　　在前面的例子中，我们可以发现 TimerPrinter 仅在 start 方法中创建一个新的对象时出现过一次，其他地方都没有再用到过。在这种情况下，我们可以把 TimerPrinter 定义在 start 方法中，如下面的代码所示。

　　【文件 11.3】Demo.java

```
1.  public void start() {
2.      class TimerPrinter implements ActionListener {
3.          public void actionPerformed(ActionEvent e) {
4.              System.out.println("每一秒发出一次响铃?");
5.              if (beep)
6.                  Toolkit.getDefaultToolkit().beep();
7.          }
8.      }
9.      TimerPrinter action = new TimerPrinter();
10.     Timer t = new Timer(interval, action);
```

```
11.            t.start();
12.    }
```

注意，局部内部类（Local Inner Classes）不需要任何访问修饰符（access modifier），否则编译会出错，它的作用域一般都被限制在它所在的代码块（block）中。此时，编译会产生一个名字叫 Court$1TimerPrinter 的 class 文件。局部内部类有如下两个优点：

（1）它对外部的所有类来说都是隐藏的，即使是它所属的外部类，只有它所在的方法知道。

（2）它不仅可以访问它所属外部类中的数据，还可以访问局部变量，不过局部变量必须声明为 final 类型，看下面的例子。

【文件 11.4】InnerClassTest2.java

```
1.  package cn.oracle;
2.  import java.awt.event.ActionListener;
3.  import java.awt.event.ActionEvent;
4.  import java.awt.Toolkit;
5.  import javax.swing.JOptionPane;
6.  import javax.swing.Timer;
7.  public class InnerClassTest2{
8.      public InnerClassTest2() {
9.          super();
10.     }
11.     public static void main(String[] args) {
12.         Court2 court = new Court2();
13.         court.start(1000, true);
14.         JOptionPane.showMessageDialog(null, "停止吗?");
15.     }
16. }
17. class Court2 {
18.     public void start(int interval, final boolean beep) {
19.         class TimerPrinter implements ActionListener {
20.             public void actionPerformed(ActionEvent e) {
21.                 System.out.println("每秒输出一次响铃?");
22.                 if (beep) {
23.                     Toolkit.getDefaultToolkit().beep();
24.                 }
25.             }
26.         }
27.         TimerPrinter action = new TimerPrinter();
28.         Timer t = new Timer(interval, action);
29.         t.start();
30.     }
31. }
```

注意，局部内部类所要访问的局部变量必须声明为 final 类型，如上例中第 18 行。那么局部内部类是如何访问这个局部变量的呢？我们再对 Court$1TimerPrinter 反射一下，会得到如下输出：

```
class cn.oracle.Court$1TimerPrinter{
    cn.oracle.Court$1TimerPrinter(cn.oracle.Court, boolean);
    public void actionPerformed(java.awt.event.ActionEvent);
    final cn.oracle.Court this$0;
    private final boolean val$beep;
}
```

编译器又给我们增加了一个域 val$beep，同时构造方法增加了一个 boolean 类型的参数，因此我们猜想一下实现过程："TimerPrinter action=new TimerPrinter(this,beep);"编译器自动增加，然后构造方法中会有"val$beep=beep;"，这样就成功地把局部变量的值复制过来了。局部变量必须为 final 就是为了保证成功地复制值，因为 final 类型的变量一经赋值就不能再发生变化了。

11.4　匿名内部类

顾名思义，匿名内部类就是没有名字的内部类，这是 Java 为了方便我们编写程序而设计的一个机制。因为有时候有的内部类只需要创建一个它的对象就可以了，以后再也不会用到这个类，这时使用匿名内部类（Anonymous Inner Class）比较合适，而且也免去了给它取名字的烦恼。

匿名类的语法如下所示：

```
new SomeType(){
    内部类的方法和域；
}
```

注意，这里的 SomeType 是指超类，可以是一个接口（Interface）或者一个类（Class）。当它是一个接口的时候，就不能有构造参数（Construction Parameters）了。匿名类的语法相对于 Java 的其他部分来说稍微复杂一点，下面会详细介绍。

11.4.1　SomeType 为接口

示例：

```
Interface1() test=new Interface1(){
    要实现的方法；
    Interface1 的域；
}
```

先声明了如下一个类：

```
class Anonymous1 implements Interface1{
    要实现的方法；
    Interface1 的域；
}
```

然后，进行定义：

```
Interface1() test=new Anonymouse1();
```

这样就比较容易理解了。

测试代码：

【文件 11.5】InnerClassTest3.java

```
package cn.oracle;
import java.awt.event.ActionListener;
import java.awt.event.ActionEvent;
import javax.swing.JOptionPane;
import javax.swing.Timer;
public class InnerClassTest3 {
    public InnerClassTest3() {
        super();
    }
    public static void main(String[] args) {
        Court3 court = new Court3(1000, true);
        court.start();
        JOptionPane.showMessageDialog(null, "停止么?");
        System.exit(0);
    }
}
class Court3 {
    public Court3(int interval, boolean beep) {
        this.interval = interval;
        this.beep = beep;
    }
    public void start() {
        ActionListener action = new ActionListener() {
            public void actionPerformed(ActionEvent e) {
                System.out.println("每一秒输出一次?");
            }
        };
        Timer t = new Timer(interval, action);
        t.start();
    }
    private int interval;
    private boolean beep;
}
```

上例中，ActionListener 为接口。

11.4.2　SomeType 为类

示例：

```
Class2 test=new Class2(Construction parameters){
```

内部类的域以及方法；
}

先声明了如下一个类：

```
class Anonymous2 extends Class2{
    public Anonymous2(Construction parameters){
    }
    内部类的域以及方法；
}
```

然后，进行定义：

```
Class2 test=new Anonymouse2(Construction parameters);
```

测试代码：

【文件 11.6】InnerClassTest4.java

```
package cn.oracle;
import java.awt.event.ActionListener;
import java.awt.event.ActionEvent;
import javax.swing.JOptionPane;
import javax.swing.Timer;
public class InnerClassTest4 {
    public InnerClassTest4() {
        super();
    }
    public static void main(String[] args) {
        Court4 court = new Court4(1000, true);
        court.start();
        JOptionPane.showMessageDialog(null, "停止么?");
        System.exit(0);
    }
}
class Court4 {
    public Court4(int interval, boolean beep) {
        this.interval = interval;
        this.beep = beep;
    }
    public void start() {
        //以下是接口
        ActionAdapter action = new ActionAdapter(){
            public void actionPerformed(ActionEvent e) {
                System.err.println("每一秒输出一次!");
            }
        };
        Timer t = new Timer(interval, action);
        t.start();
    }
    private int interval;
    private boolean beep;
}
```

```
class ActionAdapter implements ActionListener{
    public void actionPerformed(ActionEvent e) {
    }
}
```

11.5　静态内部类

在内部类的前面增加了 static 修饰符（modifier）。注意，仅仅只有内部类能够被声明为
static 类型，通常我们声明一个普通类的时候不能使用 static，否则编译会出错。

那么为什么我们要使用静态的内部类（Static Inner Class）呢？在什么情况下我们需要使
用静态的内部类呢？我们前面讲过，编译器会自动给内部类加上一个 reference，指向产生它的
那个外部类的对象，如果不想要或者说不需要这个 reference，那么我们可以把这个内部类声明
为 static，禁止 reference 的产生。例如：

【文件 11.7】StaticInnerClassTest.java

```
package cn.oracle;
public class StaticInnerClassTest {
    public StaticInnerClassTest() {
        super();
    }
    public static void main(String[] args) {
        //随机生成 20 个任意数
        double d[] = new double[20];
        for (int i = 0; i < d.length; i++)
            d[i] = 100 * Math.random();
        FindMinMax.Pair pair = FindMinMax.getMinMax(d);
        System.out.println("最小值是：" + pair.getFirst());
        System.out.println("最大值是：" + pair.getSecond());
    }
}
/**
 * 定义一个类，用于找到最大值和最小值
 */
class FindMinMax {
    static double min = Double.MAX_VALUE;
    static double max = Double.MIN_VALUE;
    /**
     * 通过一个函数一次获取最大值和最小值，并实例化 Pair 对象
     */
    public static Pair getMinMax(double d[]) {
        for (double value : d) {
            if (min > value)
                min = value;
            if (max < value)
                max = value;
```

```
        }
        return new Pair(min, max);
    }
    /**
     * 静态内部类
     */
    public static class Pair {
        public Pair(double first, double second) {
            this.first = first;
            this.second = second;
        }
        public double getFirst() {
            return this.first;
        }
        public double getSecond() {
            return this.second;
        }
        private double first;
        private double second;
    }
}
```

在这个例子中，之所以要用静态内部类，主要是因为 getMinMax 这个方法是静态的，由类直接调用。前面说过创建内部类的时候语法是这样的：

```
OuterClassObject.new InnerClassName()
```

如果省略了 OuterClassObject，则是：

```
this.new InnerClassName()
```

OuterClassObject 或者 this 指代创建这个内部类对象的一个外部类对象，是一个隐式参数，它将传入内部类的构造方法。但是现在这个内部类对象是由"类"直接创建的，不会产生这样的一个隐式参数传入内部类构造方法，内部类也就不需要"编译器自动给内部类加上一个 reference，指向产生它的那个外部类的对象"，所以我们把这个内部类声明为 static。在上面的代码中，如果去掉 static 就会报错，除非我们把 getMinMax 的 static 去掉，同时通过 FindMinMax 的一个实例来调用这个方法，例如：

```
FindMinMax test=new FindMinMax();
FindMinMax.Pair pair=test.getMinMax(d);
```

下面对内部类所产生的 class 文件反射（reflection）一下，如图 11-1 所示。

图 11-1

结果如下：

```
class cn.oracle.FindMinMax$Pair
{
   public cn.oracle.FindMinMax$Pair(double, double);
   public double getFirst();
   public double getSecond();
   private double first;
   private double second;
}
```

编译器没有自动加上 reference，即没有指向产生它的那个外部类的对象，也没有给构造方法加上一个 FindMinMax 类型参数。

11.6　本章总结

本章主要学习了内部类。内部类，可以根据是否静态分为静态内部类和实例内部类，又可以根据声明的位置分为成员内部类和局部内部类，还可以根据是否有名称分为命名内部类和匿名内部类。然后又可以根据具体情况进行组合，如声明一个成员命名静态内部类，但局部内部类不能使用权限修饰符或静态修饰符。

内部类的主要功能是访问外部类的成员信息。这样既实现了数据的封装，又扩展了外部类的功能。

11.7　课后练习

1.

```
public class Outer{
  public void someOuterMethod() {
   // Line 3
  }
  public class Inner{   }
  public static void main( String[]argv ) {
    Outer o = new Outer();
     // Line 8
  }
}
```

（　　）可以实例化 Inner 内部类。

A．new Inner(); // At line 3　　　　B．new Inner(); // At line 8

C．o.new Inner(); // At line 8　　　　D．new Outer$Inner(); // At line 8

2．根据注释填写(1)、(2)、（3）处的代码。

```java
public class Test{
    public static void main(String[] args){
        // 初始化 Bean1
        (1)_____
        bean1.I++;
        // 初始化 Bean2
        (2)_____
        bean2.J++;
        //初始化 Bean3
        (3)_____
        bean3.k++;
    }
    class Bean1{
        public int I = 0;
    }

    static class Bean2{
        public int J = 0;
    }
}

class Bean{
    class Bean3{
        public int k = 0;
    }
}
```

3．以下代码输出的结果是（　　）。

```java
public class Test {
    public static void main(String[] args) {
        Outter outter = new Outter();
        outter.new Inner().print();
    }
}

class Outter
{
    private int a = 1;
    class Inner {
        private int a = 2;
        public void print() {
            int a = 3;
            System.out.println("局部变量: " + a);
            System.out.println("内部类变量: " + this.a);
            System.out.println("外部类变量: " + Outter.this.a);
        }
    }
}
```

A．1，2，3　　B．2，3，1　　　C．3，2，1　　　　D．1，3，2

4．在//TODO 处填写的代码是（　　　）。

```
public class A{
    //TODO
}
public interface B{
}
```

A．B　b　= new B();

B．B b = new A.B();

C．B b = new B(){　　}

D．B b = A.new B();

5．内部类都有哪些分类？请简要说明。

第 12 章

Java 异常处理

在 Java 的开发过程中，经常会在控制台显示异常信息。Java 异常处理是使用 Java 语言进行软件开发和测试脚本开发时不容忽视的问题之一，是否进行异常处理直接关系到软件的稳定性和健壮性。可将 Java 异常看作是一类消息，它传送一些系统问题、故障及未按规定执行的动作的相关信息。异常一般包含异常信息，可以将信息从应用程序的一部分发送到另一部分。

12.1 Java 异常概述

在运行 Java 程序的过程中，不可避免地会产生异常。出现故障时，"发送者"将产生异常对象。异常可能代表 Java 代码出现的问题，也可能是 JVM 的相应错误，或基础硬件或操作系统的错误。

首先，异常基于类的类型来传输有用信息。很多情况下，基于异常的类既能识别故障原因又能更正问题。其次，异常还带有可能有用的数据（如属性）。

异常的体系结构如图 12-1 所示。

在 Java 中，所有的异常都有一个共同的祖先 Throwable（可抛出）。Throwable 指定代码中可用异常传播机制通过 Java 应用程序传输的任何问题的共性。Throwable 有两个重要的子类：Exception（异常）和 Error（错误）。这二者都是 Java 异常处理的重要子类，各自都包含大量子类。

Exception（异常）是应用程序中可能的可预测、可恢复问题。一般大多数异常表示中度到轻度的问题。异常一般是在特定环境下产生的，通常出现在代码的特定方法和操作中。Exception 是本章主要研究的问题。

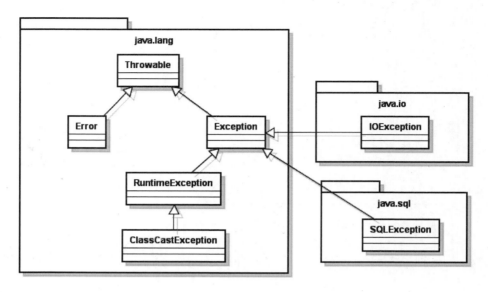

图 12-1

Error（错误）表示运行应用程序中较严重的问题。大多数错误与代码编写者执行的操作无关，而表示代码运行时 JVM（Java 虚拟机）出现的问题。例如，当 JVM 不再有继续执行操作所需的内存资源时，将出现 OutOfMemoryError（内存溢出的错误）。

Exception 类有一个重要的子类 RuntimeException。RuntimeException 类及其子类表示"JVM 常用操作"引发的错误。例如，试图使用空值对象引用、除数为零或数组越界，则分别引发运行时异常（NullPointerException、ArithmeticException）和 ArrayIndexOutOfBoundException。RuntimeExceptioin 被称为运行时异常，是指在代码的编译阶段不对是否有可能出现异常进行检查。只有在运行时出现异常才会去处理它的异常。一般运行时异常在编译时不必使用 try...catch...finally 或是 throws 关键字加以处理。Exception 的另一个分支（如 IOException、SQLException）则是编译时异常。在开发代码时，即使看上去代码都是正确的，这种异常也必须使用 try...catch...finally 或 throws 来预先处理异常，否则将会直接导致编译出错。

12.2　Java 异常处理方法

在 Java 应用程序中，对异常的处理有两种方式：处理异常和声明异常。

12.2.1　处理异常：try、catch 和 finally

若要捕获异常，则必须在代码中添加异常处理器块。这种 Java 结构可能包含 3 个部分，都有 Java 关键字。下面的例子将使用 try-catch-finally 代码结构。

【文件 12.1】TestInputTryCatchFinally.java

```
1.  import java.io.*;
2.  public class TestInputTryCatchFinally {
3.     public static void main(String args[ ]){
4.         System.out.println("请输入某些字符：");
5.         InputStreamReader isr = new InputStreamReader(System.in);
6.         BufferedReader inputReader = new BufferedReader(isr);
7.         try{//异常处理的开始
8.             String inputLine = inputReader.readLine();
9.             System.out.println("输入的数据是：" + inputLine);
10.        }catch(IOException exc){//出现错误处理异常
11.            System.out.println("异常信息：" + exc);
12.        }finally{//必须执行的代码块
13.            System.out.println("End.");
14.        }
15.    }
16. }
```

（1）try 块：将一个或者多个语句放入 try 时，表示这些语句可能抛出异常。编译器知道可能要发生异常，于是用一个特殊结构评估块内的所有语句。

（2）catch 块：当问题出现时，定义代码块来处理问题。catch 块是 try 块所产生异常的接收者。其基本原理是：一旦生成异常，就中止 try 块的执行，而去执行相应的 catch 块的代码。

（3）finally 块：无论运行 try 块代码的结果如何，finally 块里面的代码一定会运行。在常见的所有环境中，finally 块都将运行。无论 try 块是否运行完成、是否产生异常，也无论是否在 catch 块中得到处理，finally 块都将执行。

12.2.2　try-catch-finally 规则

必须在 try 之后添加 catch 或 finally 块。try 块后可同时接 catch 和 finally 块，但至少有一个块。必须遵循块顺序：若代码同时使用 catch 和 finally 块，则必须将 catch 块放在 try 块之后。catch 块与相应的异常类的类型相关。

以下代码都是正确的。

（1）一个 try 一个 catch

```
try{
   ...
}catch(Exception e){
   ...
}
```

（2）一个 try 多个 catch

当使用多个 catch 块时，多个 catch 块中的异常类必须按从小到大的异常体系来处理：

```
try{
   ...
```

```
}catch(RuntimeException e){ //RuntimeExceptin 是 Exception 的子类
   ...
}catch(Exception e){
}
```

（3）一个 try 一个 finally

也可以只有一个 try 和一个 finally 块：

```
Try{ ... } finally{ ... }
```

（4）一个 try 多个 catch 一个 finally

finally 必须在所有异常的最后出现：

```
try{
}catch(NullpointerException e){
}catch(RuntimeException e){
}catch(Exception e){
}finally{
}
```

在 JDK 1.7 及以后的版本中，很多类都实现了 AutoClosable 接口，这将会在执行完成 try 块以后自动执行资源的关闭，所以在 JDK 1.7 以后可以执行这种只有 try 的代码块：

```
try(InputStream in = new FileInputStream("d:/java/a.txt")){
}
```

12.2.3　声明抛出异常

若要声明异常，则必须将其添加到方法签名块的结束位置。下面是一个实例：

```
public void someMethod(int input) throws java.io.IOException {
}
```

这样声明的异常将传给方法调用者，而且也通知了编译器：该方法的任何调用者必须遵守处理或声明规则。声明异常的规则如下：

（1）必须声明方法可抛出的任何可检测异常

非检测性异常不是必需的，可声明，也可不声明。

以下方法使用了 FileInputStream，这个类的主要功能是用于读取一个文件，但必须处理 FileNotfoundException。FileNotfoundException 是 IOException 的子类，它们的继承关系如图 12-2 所示。

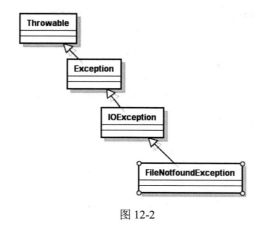

图 12-2

以下的代码都是可以编译通过的，声明抛出 FileNotfoundException。

【文件 12.2】Demo.java

```
1.  public void readFile() throws FileNotFoundException{
2.      InputStream in = new FileInputstream ("d:/a.txt");
3.  }
4.  //声明抛出 IOException，它是 FileNotFoundException 的父类
5.  public void readFile2() throws IOException{
6.      InputStream in = new FileInputstream ("d:/a.txt");
7.   }
8.  //抛出 Exception 或是 Throwable
9.  public void readFile3() throws Exception{
10.     InputStream in = new FileInputstream ("d:/a.txt");
11. }
12. public void readFile4() throws Throwable{
13.     InputStream in = new FileInputstream("d:/a.txt");
14. }
```

（2）调用方法必须遵循任何可检测异常的处理和声明规则

如果某个方法调用另一个有声明抛出异常的方法，则调用者必须使用 throws 再声明抛出，例如：

【文件 12.3】Demo1.java

```
1.  public void methodA() throws Exception{
2.      methodB();
3.  }
4.  public void methodB() throws Exception{
5.  }
6.  //或是使用 try.catch.来处理这个异常
7.  public void methodA() {
8.      try{
9.          methodB();
10.     }catch(Exception e){
11.         System.out.println(e);
12.     }
```

```
13. }
14. public void methodB() throws Exception{
15. }
```

（3）若覆盖一个方法，则不能声明与覆盖方法不同的异常

声明的任何异常必须是被覆盖方法所声明异常的同类或子类，例如：

【文件 12.4】A.java、B.java

```
1.  public class A{
2.      public void method() throws IOException{    }
3.  }
4.  public class B extends A{
5.      public void method() throws IOException{}//与父类相同的异常
6.  }
```

12.2.4 JDK 1.7 一次捕获多个异常

在 JDK 1.7 版本中，可以一次在 catch 中处理多个异常，例如：

```
try{
  ...
}catch(IOException | SQLException | Exception e){
}
```

12.3 Java 异常处理的分类

Java 异常可分为可检测异常、非检测异常和自定义异常。检测异常又叫作编译时异常，即在编译时期就检查的异常。非检测性异常又叫运行时异常。

12.3.1 检测异常

检测异常经编译器验证，对于声明抛出异常的任何方法，编译器将强制执行处理或声明规则，例如 SQLExecption、IOException 就是检测异常。连接 JDBC 或处理 IO 时，不捕捉这个异常，编译器就通不过，不允许编译。

在 Exception 的子类中，除了运行时异常之外的其他异常都是检测异常。

12.3.2 非检测异常

非检测异常不遵循处理或声明规则。在产生此类异常时，不一定非要采取任何适当操作，编译器不会检查是否已经解决了这样一个异常。例如，一个数组的长度为 3，使用下标 3 时，就会产生数组下标越界异常。这个异常 JVM 不会进行检测，要靠程序员来判断。有两个主要

类用来定义非检测异常：RuntimeException 和 Error。

12.3.3　自定义异常

自定义异常是为了表示应用程序的一些错误类型，为代码可能发生的一个或多个问题提供新含义。自定义异常可以用来显示代码多个位置之间的错误相似性，也可以区分代码运行时可能出现的相似问题的一个或者多个错误，或给出应用程序中一组错误的特定含义。

12.4　Java 异常处理的原则和忌讳

12.4.1　Java 异常处理的原则

1. 尽可能处理异常

要尽可能处理异常，如果条件确实不允许，无法在自己的代码中完成处理，就考虑声明异常。

2. 具体问题具体解决

异常的部分优点在于能为不同类型的问题提供不同的处理操作。有效异常处理的关键是识别特定的故障场景，并开发解决此场景的特定相应行为。为了充分利用异常处理能力，需要为特定类型的问题构建特定的处理器块。

3. 记录可能影响应用程序运行的异常

至少要采取一些永久的方式记录下可能影响应用程序操作的异常。理想情况下，当然是在第一时间解决引发异常的基本问题。不过，无论采用哪种处理操作，一般总应该记录下潜在的关键问题。

12.4.2　Java 异常处理的忌讳

1. 一般不要忽略异常

在异常处理块中，一项最危险的举动是"不加通告"地处理异常，例如：

【文件 12.5】Demo2.java

```
1.  try{
2.      Class.forName("SomeClass");
3.  }catch (ClassNotFoundException exc){
4.      //在异常处理块中什么都没有
5.  }
```

若这种做法影响较轻，则应用程序可能出现怪异行为。例如，应用程序设置的一个值不见了，或 GUI 失效。若问题严重，则应用程序可能会出现重大问题，因为异常未记录原始故障点，难以处理，如重复的 NullPointerExceptions。

如果采取措施，记录了捕获的异常，则不可能遇到这个问题。永远不要忽略问题，否则风险很大，在后期会引发难以预料的后果。

2．不要使用覆盖式异常处理块

一般不要把特定的异常转化为更通用的异常。将特定的异常转换为更通用异常是一种错误做法。一般而言，这将取消异常起初抛出时产生的上下文，在将异常传到系统的其他位置时将更难处理。示例：

【文件 12.6】Demo3.java

```
1.   try{
2.       //TODO 有可能出现异常的代码
3.   }catch(IOException e){
4.       String msg = "出现异常信息";//覆盖了异常的原始信息
5.       throw new Exception(msg);
6.   }
```

因为没有原始异常的信息，所以处理器块无法确定问题的起因，也不知道如何更正问题。正确的做法是将异常进行转换，也叫作异常转换：

【文件 12.7】Demo4.java

```
1.   try{
2.       //TODO 有可能出现异常的代码
3.   }catch(IOException e){
4.       String msg = e.getMessage();//获取异常的原始信息
5.       //将异常信息和 Cause 都放到 RuntimeException 中
6.       throw new RuntimeException(msg,e);
7.   }
```

3．不要处理能够避免的异常

对于某些异常类型，实际上根本不必处理。通常运行时异常属于此类范畴。在处理空指针或者数据索引等问题时，不必求助于异常处理。

12.5　Java 自定义异常

自定义异常类可以根据自己的业务进行，然后处理自己定义的异常即可。创建 Exception 或者 RuntimeException 的子类，即可得到一个自定义的异常类。例如：

【文件 12.8】MyException.java

```
1.   public class MyException extends Exception{
2.       public MyException(){}
3.       public MyException(String smg){
```

```
4.           super(smg);
5.       }
6.   }
```

使用自定义异常

用 throws 声明方法可能抛出自定义异常，并用 throw 语句在适当的地方抛出自定义异常。例如，在某种条件下抛出异常：

```
public void test1() throws MyException{
    ...
    if(....){
    throw new MyException();
    }
}
```

下面是一个自定义异常的实例：在定义银行类时，若取钱数大于余额，则需要做异常处理。定义一个异常类 InsufficientFundsException，取钱（withdrawal）方法中可能产生异常，条件是余额小于取额。处理异常在调用 withdrawal 的时候，因此 withdrawal 方法要声明抛出异常，由上一级方法调用。

（1）异常类

【文件 12.9】InsufficientFundsException.java

```
1.  package test;
2.  public class InsufficientFundsException extends Exception {
3.      private static final long serialVersionUID = 1L;
4.      private Bank excepbank; // 银行对象
5.      private double excepAmount; // 要取的钱
6.      public InsufficientFundsException(Bank ba, double dAmount) {
7.          excepbank = ba;
8.          excepAmount = dAmount;
9.      }
10.
11.     public String excepMessage() {
12.         String str = "当前余额: " + excepbank.balance + "\n"
13.                 + "取款金额: " + excepAmount;
14.         return str;
15.     }
16. }
```

（2）银行类

【文件 12.10】Bank.java

```
1.  package test;
2.  public class Bank {
3.      double balance;// 存款数
4.      public Bank(double balance) {
```

```
5.          this.balance = balance;
6.      }
7.      public void deposite(double dAmount) {
8.          if (dAmount > 0.0)
9.              balance += dAmount;
10.     }
11.     //如果取款金额大于当前余额，则直接抛出自定义异常
12.     public void withdrawal(double dAmount) throws InsufficientFundsException{
13.         if (balance < dAmount)
14.             throw new InsufficientFundsException(this, dAmount);
15.         balance = balance - dAmount;
16.     }
17.
18.     public void showBalance() {
19.         System.out.println("The balance is " + (int) balance);
20.     }
21. }
```

（3）前端调用

【文件 12.11】ExceptionDemo.java

```
1.  package test;
2.  public class ExceptionDemo {
3.      public static void main(String args[]) {
4.          try {
5.              Bank ba = new Bank(50);
6.              ba.withdrawal(100);
7.              System.out.println("Withdrawal successful!");
8.          } catch (InsufficientFundsException e) {
9.              System.out.println(e.toString());
10.             System.out.println(e.excepMessage());
11.         }
12.     }
13. }
```

12.6   常见的异常

常见的异常有以下几种：

- ArithmeticExecption：算术异常。
- NullPointerException：空指针异常。
- ClassCastException：类型强制转换异常。
- NegativeArrayException：数组负下标异常。
- ArrayIndexOutOfBoundsException：数组下标越界异常。
- FileNotFoundException：文件未找到异常。

- NumberFormatException：字符串转换为数字异常。
- SQLException：操作数据库异常。
- IOException：输入输出异常。
- java.lang.ClassFormatError：类格式错误。当 Java 虚拟机试图从一个文件中读取 Java 类而检测到该文件的内容不符合类的有效格式时抛出。
- java.lang.Error：错误，是所有错误的基类，用于标识严重的程序运行问题。这些问题通常描述一些不应被应用程序捕获的反常情况。
- java.lang.ExceptionInInitializerError：初始化程序错误。当执行一个类的静态初始化程序的过程中发生了异常时抛出。静态初始化程序是指直接包含于类中的 static 语句段。
- java.lang.IllegalAccessError：违法访问错误。当一个应用试图访问、修改某个类的域（Field）或者调用其方法，但是又违反域或方法的可见性声明时抛出该异常。
- java.lang.InstantiationError：实例化错误。当一个应用试图通过 Java 的 new 操作符构造一个抽象类或者接口时抛出该异常。
- java.lang.NoSuchMethodError：方法不存在错误。当应用试图调用某类的某个方法，而该类的定义中没有该方法的定义时抛出该错误。
- java.lang.OutOfMemoryError：内存不足错误。当可用内存不足以让 Java 虚拟机分配给一个对象时抛出该错误。
- java.lang.StackOverflowError：堆栈溢出错误。当一个应用递归调用的层次太深而导致堆栈溢出时抛出该错误。
- java.lang.ThreadDeath：线程结束。当调用 Thread 类的 stop 方法时抛出该错误，用于指示线程结束。
- java.lang.ArrayStoreException：数组存储异常。当向数组中存放非数组声明类型对象时抛出。

12.7　异常的典型举例

下面给出一个异常处理的反例代码，我们找一下它存在的问题：

```
1.  OutputStreamWriter out = …
2.  java.sql.Connection conn = …
3.  try {
4.      Statement stat = conn.createStatement();
5.    ResultSet rs = stat.executeQuery(
6.    "select uid, name from user");
7.    while (rs.next())
8.    {
9.        out.println("ID: " + rs.getString("uid") +
10.       ", 姓名: " + rs.getString("name"));
11.   }
12.   conn.close();
```

```
13.     out.close();
14.   }
15.   catch(Exception ex)
16.   {
17.     ex.printStackTrace();
18.   }
```

（1）丢弃异常

代码：15~18 行。这段代码捕获了异常却不做任何处理。既然捕获了异常，就要对它进行适当的处理。不要在捕获异常之后又把它丢弃，不予理睬。调用 printStackTrace 算不上已经"处理好异常"。

（2）不指定具体的异常

代码：15 行。在 catch 语句中尽可能指定具体的异常类型，必要时使用多个 catch。不要试图处理所有可能出现的异常。

（3）占用资源不释放

代码：3~14 行。保证所有资源都被正确释放，充分运用 finally 关键词。

（4）不说明异常的详细信息

代码：3~18 行。仔细观察这段代码：如果循环内部出现了异常，会发生什么事情？我们可以得到足够的信息判断循环内部出错的原因吗？不能。我们只能知道当前正在处理的类发生了某种错误，但是不能获得任何信息判断导致当前错误的原因。因此，在出现异常时，最好能够提供一些文字信息，例如当前正在执行的类、方法和其他状态信息，包括以一种更适合阅读的方式整理和组织 printStackTrace 提供的信息。

在异常处理模块中提供适量的错误原因信息，组织错误信息使其易于理解和阅读。

（5）过于庞大的 try 块

代码：3~14 行。尽量减小 try 块的体积。

（6）输出数据不完整

代码：7~11 行。较为理想的处置办法是向输出设备写一些信息，声明数据的不完整性。另一种可能有效的办法是先缓冲要输出的数据，准备好全部数据之后再一次性输出。

全面考虑可能出现的异常以及这些异常对执行流程的影响。修改以后的代码如下：

```
OutputStreamWriter out = …
java.sql.Connection conn = …
try {
   Statement stat = conn.createStatement();
   ResultSet rs = stat.executeQuery(
   "select uid, name from user");
   while (rs.next())
   {
      out.println("ID: " + rs.getString("uid") + ", 姓名:" + rs.getString("name"));
   }
}
```

```
catch(SQLException sqlex)
{
    out.println("警告：数据不完整");
    throw new ApplicationException("读取数据时出现 SQL 错误", sqlex);
}
catch(IOException ioex)
{
    throw new ApplicationException("写入数据时出现 IO 错误", ioex);
}
finally
{
    if (conn != null) {
        try {
            conn.close();
        }
        catch(SQLException sqlex2)
        {
            System.err(this.getClass().getName() + ".mymethod - 不能关闭数据库连接："
            + sqlex2.toString());
        }
    }if (out != null) {
        try {
            out.close();
        }
        catch(IOException ioex2)
        {
            System.err(this.getClass().getName() + ".mymethod - 不能关闭输出文件" +
            ioex2.toString());
        }
    }
}
```

12.8　本章总结

本章主要学习了异常的体系结构和异常的处理。Throwable 是所有异常的最高父类，它拥有两个子类：一个是 Error，表示程序处理不了的错误；一个是 Exception，是程序可以通过代码处理的错误。Exception 下的子类又分为运行时异常和编译时异常，其中，RuntimeException 及其子类为运行时异常，Exception 的其他类（如 SQLException/IOException）为编译时异常。编译时必须在代码中通过 throws 关键字声明抛出，或是使用 try...catch...finally 代码块来处理这些异常，否则将会编译出错。

在使用 try...catch...finally 处理异常时，如何才能处理得更科学，请谨记本章讲解的处理原则。

12.9　课后练习

1. Java 中用来抛出异常的关键字是（　　）。

　　A. try　　　　　　B. catch　　　　　　C. throw　　　　　　D. finally

2. 关于异常，下列说法正确的是（　　）。

　　A. 异常是一种对象

　　B. 一旦程序运行，异常将被创建

　　C. 为了保证程序运行速度，要尽量避免异常控制

　　D. 以上说法都不对

3. （　　）是所有异常类的父类。

　　A. Throwable　　B. Error　　　　　　C. Exception　　　　D. RuntimeException

4. 在 Java 语言中，（　　）是异常处理的出口，即必须会被执行的代码块。

　　A. try{?}子句　　　　　　　　　　B. catch{?}子句

　　C. finally{?}子句　　　　　　　　D. 以上说法都不对

5. 有以下程序：

```java
public class MultiCatch{
    public static void main(String args[]){
        try{
            int a=args.length;
            int b=42/a;
            int[] c={1};
            c[42]=99;
            System.out.println("b="+b);
        }catch(ArithmeticException e){
            System.out.println("除 0 异常："+e);
        }catch(ArrayIndexOutOfBoundsException e) {
            System.out.println("数组超越边界异常："+e);
        }
    }
}
```

输入命令"java MultiCatch Jack"，运行的结果为（　　）。

　　A. 程序将输出第 12 行的异常信息

　　B. 程序第 5 行出错

　　C. 程序将输出"b=42"

　　D. 程序将输出第 10、12 行的异常信息

第13章

Java 类加载和使用

本章的内容大部分都是理论性的，对开发可能没有直接帮助，但会为以后进一步学习 Java 打下基础。

首先来了解一下 JVM（Java 虚拟机）中几个比较重要的内存区域，这几个区域在 Java 类的生命周期中扮演着比较重要的角色：

- 方法区：在 Java 的虚拟机中，一块专门用来存放已经加载的类信息、常量、静态变量以及方法代码的内存区域。
- 常量池：常量池是方法区的一部分，主要用来存放常量和类中的符号引用等信息。
- 堆区：用于存放类的对象实例。
- 栈区：也叫 Java 虚拟机栈，是由一个一个的栈帧组成的、后进先出的栈式结构，栈帧中存放方法运行时产生的局部变量、方法出口等信息。当调用一个方法时，虚拟机栈中就会创建一个栈帧存放这些数据，当方法调用完成时栈帧消失，如果方法中调用了其他方法，则继续在栈顶创建新的栈桢。

除了以上四个内存区域之外，JVM 中的运行时内存区域还包括本地方法栈和程序计数器，这两个区域与 Java 类的生命周期关系不是很大。

13.1 Java 类的生命周期

当我们编写一个 Java 的源文件后，经过编译会生成一个后缀名为 class 的文件，这种文件叫作字节码文件，只有这种字节码文件才能够在 Java 虚拟机中运行，Java 类的生命周期是指一个 class 文件从加载到卸载的全过程。

一个 Java 类的完整生命周期会经历加载、连接、初始化、使用和卸载五个阶段，当然也有在加载或者连接之后没有被初始化就直接被使用的情况，如图 13-1 所示。

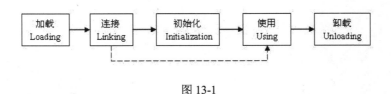

图 13-1

13.1.1 加载阶段

在 Java 中，我们经常会接触到一个词——类加载，它和这里的加载并不是一回事，通常我们说的类加载指的是类的生命周期中的加载、连接、初始化三个阶段。在加载阶段，Java 虚拟机会找到需要加载的类，并把类的信息加载到 JVM 的方法区中，然后在堆区中实例化一个 java.lang.Class 对象，作为方法区中这个类的信息的入口。

类的加载方式比较灵活，最常用的加载方式有两种：一种是根据类的全路径名找到相应的 class 文件，然后从 class 文件中读取文件内容；另一种是从 jar 文件中读取。另外，还有下面几种方式比较常用：

- 从网络中获取，比如许多年前十分流行的 Applet。
- 根据一定的规则实时生成，比如设计模式中的动态代理模式就是根据相应的类自动生成它的代理类。
- 从非 class 文件中获取，其实这与直接从 class 文件中获取的方式在本质上是一样的。这些非 class 文件在 JVM 中运行之前，会被转换为可被 JVM 所识别的字节码文件。

对于加载的时机，各个虚拟机的做法并不一样，但是有一个原则，就是当 JVM "预期" 到一个类将要被使用时，就会在使用它之前对这个类进行加载。比如说，在一段代码中出现了一个类的名字，JVM 在执行这段代码之前并不能确定这个类是否会被使用到，于是有些 JVM 会在执行前就加载这个类，有些则在真正需要用的时候才会去加载，这取决于具体的 JVM 实现。我们常用的 hotspot 虚拟机采用的是后者，就是说当真正用到一个类的时候才对它进行加载。

加载阶段是类的生命周期中的第一个阶段，加载阶段之后是连接阶段。有一点需要注意，就是有时连接阶段并不会等加载阶段完全完成之后才开始，而是交叉进行，可能一个类只加载了一部分之后连接阶段就已经开始了。但是这两个阶段总的开始时间和完成时间总是固定的：加载阶段总是在连接阶段之前开始，连接阶段总是在加载阶段完成之后完成。

13.1.2 连接阶段

连接阶段比较复杂，一般会跟加载阶段和初始化阶段交叉进行，这个阶段的主要任务就是做一些加载后的验证工作以及一些初始化前的准备工作，可以细分为三个步骤：验证、准备和解析。

（1）验证：当一个类被加载之后，必须验证一下这个类是否合法，比如这个类是不是符合字节码的格式、变量与方法是不是有重复、数据类型是不是有效、继承与实现是否合乎标准等。总之，这个阶段的目的就是保证加载的类能够被 JVM 所运行。

（2）准备：准备阶段的工作就是为类的静态变量分配内存并设为 JVM 默认的初值。对于非静态的变量，则不会为它们分配内存。有一点需要注意，这时静态变量的初值为 JVM 默认的初值，而不是我们在程序中设定的初值。JVM 默认的初值如下：

- 基本类型（int、long、short、char、byte、boolean、float、double）的默认值为 0。
- 引用类型的默认值为 null。
- 常量的默认值为我们程序中设定的值，比如我们在程序中定义 final static int a = 100，则准备阶段中 a 的初值就是 100。

（3）解析：这一阶段的任务就是把常量池中的符号引用转换为直接引用。那么什么是符号引用、什么又是直接引用呢？举一个例子：我们要找一个人，现有的信息是这个人的身份证号是 1234567890。只有这个信息我们显然找不到这个人，但是通过公安局的身份系统，我们输入 1234567890 之后就会得到这个人的全部信息：比如安徽省黄山市余暇村 18 号张三，通过这个信息我们就能找到这个人了。这里，1234567890 就好比是一个符号引用，而安徽省黄山市余暇村 18 号张三就是直接引用。在内存中也是一样的，比如我们要在内存中找一个类里面的 show 方法，显然是找不到的。在解析阶段 JVM 会把 show 这个名字转换为指向方法区的一块内存地址，比如 c17164，通过 c17164 就可以找到 show 这个方法具体分配在内存的哪一个区域了。这里 show 就是符号引用，而 c17164 是直接引用。在解析阶段，JVM 会将所有的类或接口名、字段名、方法名转换为具体的内存地址。

连接阶段完成之后，会根据使用的情况来选择是否对类进行初始化。

13.1.3　初始化阶段

如果一个类被直接引用，就会触发类的初始化。在 Java 中，直接引用的情况有以下几种：

- 通过 new 关键字实例化对象、读取或设置类的静态变量、调用类的静态方法。
- 通过反射方式执行以上三种行为。
- 初始化子类的时候，会触发父类的初始化。
- 作为程序入口直接运行时（也就是直接调用 main 方法）。

除了以上四种情况，其他使用类的方式都叫作被动引用，而被动引用不会触发类的初始化。主动引用的示例代码如下：

【文件 13.1】Test1.java

```
import java.lang.reflect.Field;
```

```java
import java.lang.reflect.Method;
class InitClass{
    static {
        System.out.println("初始化 InitClass");
    }
    public static String a = null;
    public static void method(){}
}

class SubInitClass extends InitClass{}
public class Test1 {
    /**
     * 主动引用引起类的初始化的第四种情况，就是运行 Test1 的 main 方法时导致 Test1 初始化，
     * 这一点很好理解，就不特别演示了。
     * 本代码演示前三种情况，以下代码都会引起 InitClass 的初始化，
     * 但是初始化只会进行一次，所以运行时要将注解去掉，依次运行查看结果。
     * @param args
     * @throws Exception
     */
    public static void main(String[] args) throws Exception{
    //  主动引用引起类的初始化一：new 对象、读取或设置类的静态变量、调用类的静态方法
    //  new InitClass();
    //  InitClass.a = "";
    //  String a = InitClass.a;
    //  InitClass.method();

    //  主动引用引起类的初始化二：通过反射实例化对象、读取或设置类的静态变量、调用类的静态方法
    //  Class cls = InitClass.class;
    //  cls.newInstance();
    //  Field f = cls.getDeclaredField("a");
    //  f.get(null);
    //  f.set(null, "s");
    //  Method md = cls.getDeclaredMethod("method");
    //  md.invoke(null, null);
    //  主动引用引起类的初始化三：实例化子类，引起父类初始化
    //  new SubInitClass();
    }
}
```

上面的程序演示了主动引用触发类的初始化的四种情况。

类的初始化过程是这样的：按照顺序自上而下运行类中的变量赋值语句和静态语句，如果有父类，就先按照顺序运行父类中的变量赋值语句和静态语句。下面看一个例子，先创建两个类，用来显示赋值操作。

【文件 13.2】Demo.java

```java
1.  class Field1 {
2.      public Field1(){
3.          System.err.println("2:Field1 的构造方法");
4.      }
```

```
5.    }
6.  class Field2 {
7.      public Field2(){
8.          System.err.println("4:Field2 的构造方法");
9.      }
10. }
```

下面是演示初始化顺序的代码：

```
1.  class InitClass1 {
2.      static {
3.          System.err.println("1:运行父类的静态代码块");
4.      }
5.      public static Field1 f1 = new Field1();
6.      public static Field2 f2;
7.  }
8.  class SubInitClass1 extends InitClass1 {
9.      static{
10.         System.err.println("3:运行子类的静态代码块");
11.     }
12.     public static Field2 f2 = new Field2();
13. }
```

现在开发一个测试类，用于实例化 SubInitClass 子类：

```
1.  public class Demo {
2.      public static void main(String[] args) {
3.          new SubInitClass1();
4.      }
5.  }
```

运行程序，执行顺序正如标明的那样：

```
1:运行父类的静态代码块
2:Field1 的构造方法
3:运行子类的静态代码块
4:Field2 的构造方法
```

第 16 行没有赋值，所以不会被运行。

在下面的代码中，将静态变量声明到静态代码块前面。

【文件 13.3】Test2.java

```
1.  public class InitClass2 {
2.      public static Field1 f1 = new Field1();
3.      public static Field2 f2;
4.      static {
5.          System.err.println("1:运行父类的静态代码块");
6.      }
7.  }
8.  public class SubInitClass2 extends InitClass2 {
9.      public static Field2 f2 = new Field2();
10.     static{
```

```
11.            System.err.println("3:运行子类的静态代码块");
12.        }
13. }
```

执行顺序为：

```
2:Field1 的构造方法
1:运行父类的静态代码块
4:Field2 的构造方法
3:运行子类的静态代码块
```

在类的初始化阶段，只会初始化与类相关的静态赋值语句和静态语句，也就是有 static 关键字修饰的信息，而没有 static 修饰的赋值语句和执行语句在实例化对象的时候才会运行。

13.1.4　使用阶段

类的使用包括主动引用和被动引用。其中，主动引用在初始化的章节中已经说过了，下面我们主要说一下被动引用：

- 引用父类的静态字段，只会引起父类的初始化，而不会引起子类的初始化。
- 定义类数组，不会引起类的初始化。
- 引用类的常量，不会引起类的初始化。

被动引用的示例代码如下：

【文件 13.4】Test3.java

```
1.  class InitClass3{
2.      static {
3.          System.out.println("初始化 InitClass");
4.      }
5.      public static String a = null;
6.      public final static String b = "b";
7.      public static void method(){}
8.  }
9.
10. class SubInitClass3 extends InitClass3{
11.     static {
12.         System.out.println("初始化 SubInitClass3");
13.     }
14. }
15.
16. public class Test3 {
17.
18.     public static void main(String[] args) throws Exception{
19.         //String a = SubInitClass3.a;// 引用父类的静态字段，只会引起父类初始化，而
    不会引起子类的初始化
20.         //String b = InitClass3.b;// 使用类的常量不会引起类的初始化
21.         SubInitClass3[] sc = new SubInitClass3[10];// 定义类数组不会引起类的初
    始化
```

```
22.      }
23. }
```

最后总结一下使用阶段：使用阶段包括主动引用和被动引用，主动引用会引起类的初始化，而被动引用不会引起类的初始化。

当使用阶段完成之后，Java 类就进入了卸载阶段。

13.1.5　卸载阶段

类在使用完之后，如果满足下面的情况就会被卸载：

- 该类所有的实例都已经被回收，也就是 Java 堆中不存在该类的任何实例。
- 加载该类的 ClassLoader 已经被回收。
- 该类对应的 java.lang.Class 对象没有任何地方被引用，无法在任何地方通过反射访问该类的方法。

如果以上三个条件全部满足，JVM 就会在方法区垃圾回收的时候对类进行卸载（类的卸载过程其实就是在方法区中清空类信息），Java 类的整个生命周期就结束了。

13.2　本章总结

通过本章的学习，希望大家对于对象的生命周期都比较熟悉了。对象基本上都是在 JVM 的堆区中创建的，在创建对象之前会触发类加载（加载、连接、初始化），当类初始化完成后，根据类信息在堆区中实例化类对象，初始化非静态变量、非静态代码以及默认构造方法；当对象使用完之后，会在合适的时候被 JVM 垃圾收集器回收。读完本章后我们知道，对象的生命周期只是类的生命周期中涉及对象实例化和使用的这个阶段。类的整个生命周期则要比对象的生命周期长得多。

13.3　课后练习

1. 根据自己的理解描述类的生命周期。
2. 存在以下代码：

```java
public class A{
    static{
        System.out.pritln("静态代码块");//line 1
    }
    A(){
        System.out.pritln("构造函数"); //line 2
```

```
        }
}
```

实例化 A 类：

    A a1 = new A();

    A a2 = new A();

则输出的结果为（　　　）。

    A．Line1　Line2　Line1　　　　　　B．Line1　Line1　Line2

    C．line1　Line2　Line2　　　　　　D．Line2 Line2　Line1

3．以下代码输出的结果为（　　　）。

```java
public class Demo {
    public static String getName() {
        System.err.println("静态函数");//Line1
        return "Jack";
    }
    private static String name = getName();

    public Demo() {
        System.err.println("构造函数");//Line2
    }

    public static void main(String[] args) {
        new Demo();
    }
}
```

    A．Line2 Line2　　　　　　B．Line1 Line2

    C．Line2 Line1　　　　　　D．Line1 LIne1

第**14**章

Java 数组

本章将学习 Java 语言中的一个基本部分：数组（Array）。数组是编程语言中一个很通用的概念，几乎所有的编程语言都支持数组。数组用于保存一组相同数据类型的元素。数组的下标 index 是从 0 开始的。数组元素的个数为数组的长度 length。数组使用[]（中括号）来声明，一旦声明大小就不能再修改了。数组在内存中占用一块连续的内存空间，默认的数组引用将指向第一个元素，如图 14-1 所示。

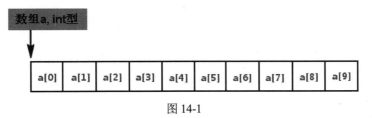

图 14-1

14.1 数组初探

数组是一组相同类型变量的集合，可以分为一维数组和多维数组。

14.1.1 创建数组

下面通过一个创建 int 数组的例子看一下 Java 中使用数组的语法。

```
int studentCount = 5;    // 创建一个 int 变量 student，并给它赋值 5
int[] students;          // 声明了一个 int 数组，数组名字为 students
```

```
students = new int[5];  // 创建了一个代表 "5 个 int 变量" 的数组，并赋值给 students
```

上面的代码分别创建了一个 int 变量和一个 int 数组。对于 "int studentCount = 5;"，我们应该很熟悉了。下面看第 2 行创建数组的代码，这行代码声明（declare）了一个名为 students 的 int 数组。先看一下声明数组的语法："类型" + "[]" + "一个或多个空格" + "数组名称"（本例中就是 "int[] students"）。语法中与普通变量唯一不同的地方就是类型后面跟着一对中括号。这对中括号就标志着声明一个数组，而不是创建一个普通的变量。

紧跟着第 3 行创建了一个数组（使用 "new int[5]"），并将这个数组赋值给声明的 students（使用等号赋值操作）。创建一个数组的语法为：new+空格+类型+[+一个代表数组大小的非负整数+]（本例中就是 new int[5];）。其中，new 是 Java 中的关键字，可以把它理解为 "创建，新建"。"new int[5];" 的意思就是 "创建一个数组，数组中每个元素的类型为 int，数组中包含 5 个元素"。

在创建数组的时候，中括号中的数字 5 可以被一个 int 变量代替，但是它的值必须是非负数。例如，在上面的代码中，就可以将第 2 行代码写为 "students = new int[studentCount];"。因为 studentCount 的值也为 5，所以它们的意义是完全一样的。

注意：Java 中允许创建一个大小为 0 的数组，也就是说 "int[] emptyArray = new int[0];" 在 Java 中是正确的。这样的数组基本上没有什么作用，可以不用理会。当然，大小为负数的数组在 Java 中是不被允许的。

为了简洁，也可以把数组的声明、创建和赋值合并为一行：int[] students = new int[5];。实际上，绝大多数情况下都使用这种方式。下面代码声明更多类型的数组，以帮助大家理解如何创建数组：

```
1.  int[ ] a1 = new int[1]; //指定数组大小，并没有指定元素的具体值
2.  Int[ ] a2 = new int[]{100};//直接设置元素的值，此时不再指定大小，默认将根据元素个数
    直接设置 length 的值
3.  int[] a3 = new int[1];
4.  a3[0]=100;  //在声明数组以后，单独设置数组元素的具体值 i
5.  int[] a4 = {100,200};  //省去 new 关键字的声明功能同上
6.  //在声明数组时，数组的声明部分不能指定大小，例如：
7.  Int[3] a5;  //在声明时类型中指定大小，编译错误
8.  //不能重复指定大小
9.  Int[ ] a6 = new int[1]{100};  //在 new int[1] 里面指定了大小为 1，同时又设置了元素的
    具体值，编译错误
10. int[] a7 = new int[] ;  //没有指定大小，编译出错
```

14.1.2 数组的维度

可以声明一维、二维或者更多维度的数组。使用一个[]声明的是一维数组，使用两个[]声明的是二维数组，以此类推。

1. 一维数组

一维数组实质上是相同类型变量的列表。要创建一个数组，就必须首先定义数组变量所

需的类型。通用的一维数组的声明格式是：

```
type varname[ ];
```

其中，type 定义了数组的基本类型。基本类型决定了组成数组的每一个基本元素的数据类型。这样，数组的基本类型决定了数组存储的数据类型。例如，定义数据类型为 int、名为 month_days 的数组：

```
int month_days[];
```

尽管该例子定义了 month_days 是一个数组变量的事实，但实际上没有数组变量存在。事实上，month_days 的值被设置为空，代表一个数组没有值。为了使数组 month_days 成为实际、物理上存在的整型数组，必须用运算符 new 来为其分配地址，并把它赋给 month_days。new 是专门用来分配内存的运算符，它的一般形式如下：

```
arrayvar = new type[size];
```

其中，type 指定被分配的数据类型，size 指定数组中变量的个数，arrayvar 是被链接到数组的数组变量。也就是说，使用运算符 new 来分配数组，必须指定数组元素的类型和数组元素的个数。用运算符 new 分配数组后，数组中的元素将会被自动初始化为零。例如，分配一个 12 个整型元素的数组并把它们和数组 month_days 链接起来：

```
month_days = new int[12];
```

通过这个语句的执行，数组 month_days 将会指向 12 个整数，而且数组中的所有元素将被初始化为零。

回顾一下上面的过程，获得一个数组需要两步：第一步，必须定义变量所需的类型；二步，必须使用运算符 new 来为数组所要存储的数据分配内存，并把它们分配给数组变量。这样 Java 中的数组被动态地分配。

一旦分配了一个数组，就可以在方括号内指定它的下标来访问数组中特定的元素。所有的数组下标从 0 开始。例如，将值 28 赋给数组 month_days 的第二个元素：

```
month_days[1] = 28;
```

又如，显示存储在下标为 3 的数组元素的值：

```
System.out.println ( month_days [ 3 ]);
```

下面用数组存储每个月的天数。

【文件 14.1】ArrayDemo.java

```
1.   class ArrayDemo {
2.      public static void main(String args[]) {
3.          int month_days[];
4.          month_days = new int[12];
5.          month_days[0] = 31;
6.          month_days[1] = 28;
7.          month_days[2] = 31;
8.          month_days[3] = 30;
```

```
9.          month_days[4] = 31;
10.         month_days[5] = 30;
11.         month_days[6] = 31;
12.         month_days[7] = 31;
13.         month_days[8] = 30;
14.         month_days[9] = 31;
15.         month_days[10] = 30;
16.         month_days[11] = 31;
17.         System.out.println("April has " + month_days[3] + " days.");
18.     }
19. }
```

运行这个程序，会打印出 4 月份的天数。如前面提到的，Java 数组下标从 0 开始，因此 4 月份的天数数组元素为 month_days[3]或 30。

Java 会自动分配一个足够大的空间来保存你指定的初始化元素的个数，而不必使用运算符 new。例如，为了存储每个月中的天数，可以定义一个初始化的整数数组：

【文件 14.2】ArrayDemo1.java

```
1.  class ArrayDemo1{
2.      public static void main(String args[]) {
3.          int month_days[] = { 31, 28, 31, 30, 31, 30, 31, 31, 30, 31,30, 31 };
4.          System.out.println("April has " + month_days[3] + " days.");
5.      }
6.  }
```

运行这个程序，会发现它和前一个程序产生的输出一样。

Java 严格地检查以保证你不会意外地去存储或引用在数组范围以外的值。Java 的运行系统会认真检查，以确保所有的数组下标都在正确的范围之内。例如，扫描代码中，运行系统将检查数组 month_days 的每个下标值，以保证它包括在 0 和 11 之间。如果企图访问数组边界以外（负数或比数组边界大）的元素，就会引起运行错误。

下面用一维数组来计算一组数字的平均数。

【文件 14.3】ArrayDemo2.java

```
1.  class ArrayDemo2{
2.      public static void main(String args[]) {
3.          double nums[] = {10.1, 11.2, 12.3, 13.4, 14.5};
4.          double result = 0;
5.          int i;
6.          for(i=0; i<nums.length; i++)
7.              result = result + nums[i];
8.              System.out.println("Average is " + result / 5);
9.      }
10. }
```

在上面的循环中，使用 nums.length 来判断大小。每一个数组都有一个 length 属性。它将返回数组元素的实际大小。

2. 多维数组

在 Java 中，多维数组实际上是数组的数组。定义多维数组变量要将每个维数放在它们各自的方括号中。例如，下面的语句定义了一个名为 twoD 的二维数组变量。

```
int twoD[][] = new int[4][5];
```

该语句分配了一个 4 行 5 列的数组并把它分配给数组 twoD。实际上，这个矩阵表示了 int 类型的数组的数组被实现的过程。理论上，这个数组的表示如图 14-2 所示。

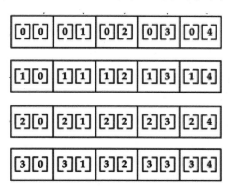

图 14-2

下面的程序将从左到右、从上到下为数组的每个元素赋值，然后显示数组的值。

【文件 14.4】ArrayDemo4.java

```
1.   class ArrayDemo4{
2.      public static void main(String args[]) {
3.          int twoD[][]= new int[4][5];
4.          int i, j, k = 0;
5.
6.          for(i=0; i<4; i++)
7.          for(j=0; j<5; j++) {
8.             twoD[i][j] = k;
9.             k++;
10.         }
11.
12.         for(i=0; i<4; i++) {
13.            for(j=0; j<5; j++)
14.                System.out.print(twoD[i][j] + " ");
15.                System.out.println();
16.         }
17.      }
18.  }
```

程序运行的结果如下：

```
0 1 2 3 4
5 6 7 8 9
10 11 12 13 14
```

```
15 16 17 18 19
```

给多维数组分配内存时，只需指定第一个（最左边）维数的内存即可，也可以单独给余下的维数分配内存。例如，下面的程序在数组 twoD 被定义时给第一个维数分配内存，第二维则是手工分配地址。

```
int twoD[][] = new int[4][];
twoD[0] = new int[5];
twoD[1] = new int[5];
twoD[2] = new int[5];
twoD[3] = new int[5];
```

尽管在这种情形下单独给第二维分配内存没有什么优点，但是在其他情形下就不同了。例如，手工分配内存时，不需要给每个维数相同数量的元素分配内存。下面定义一个二维数组，它的第二维的大小是不相等的。

【文件 14.5】ArrayDemo5.java

```
1.  class ArrayDemo5{
2.      public static void main(String args[]) {
3.          int twoD[][] = new int[4][];
4.          twoD[0] = new int[1];
5.          twoD[1] = new int[2];
6.          twoD[2] = new int[3];
7.          twoD[3] = new int[4];
8.
9.          int i, j, k = 0;
10.
11.         for(i=0; i<4; i++)
12.             for(j=0; j<i+1; j++) {
13.                 twoD[i][j] = k;
14.                 k++;
15.             }
16.
17.         for(i=0; i<4; i++) {
18.             for(j=0; j<i+1; j++)
19.                 System.out.print(twoD[i][j] + " ");
20.                 System.out.println();
21.         }
22.     }
23. }
```

该程序产生的输出如下：

```
0
1 2
3 4 5
6 7 8 9
```

该程序定义的数组表示如图 14-3 所示。

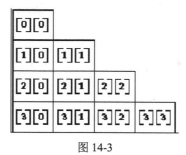

图 14-3

14.2　数组的遍历

遍历就是显示数组元素中所有元素的过程。既可以使用下标进行遍历，也可以使用 forEach 循环进行遍历，例如：

```
for(int i =0 ; i<someArray.length; i++){
    System.out.println(someArray[i]);
}
```

或是使用 foreach 进行遍历：

```
for(int val: someArray){
    System.out.println(val);
}
```

14.3　数组的排序

排序算法的分类如下：

- 插入排序（直接插入排序、折半插入排序、希尔排序）。
- 交换排序（冒泡排序、快速排序）。
- 选择排序（直接选择排序、堆排序）。
- 归并排序。
- 基数排序。

关于排序方法的选择：

（1）若 n 较小（如 $n \leqslant 50$），则可采用直接插入或直接选择排序。当记录规模较小时，直接插入排序较好；否则直接选择移动的记录数少于直接插入，选择直接选择排序为宜。

（2）若文件初始状态基本有序（正序），则选用直接插入、冒泡或随机的快速排序为宜。

（3）若 n 较大，则应采用时间复杂度为 $O(n\lg n)$ 的排序方法：快速排序、堆排序或归并排序。

现在先初始化一个原始的数组：

【文件 14.6】SortTest.java

```java
public class SortTest {
    /**
     * 初始化测试数组的方法
     */
    public int[] createArray() {
        Random random = new Random();
        int[] array = new int[10];
        for (int i = 0; i < 10; i++) {
            //生成两个随机数相减，保证生成的数中有负数
            array[i] = random.nextInt(100) - random.nextInt(100);
        }
        System.out.println("-----------原始序列----------------");
        printArray(array);
        return array;
    }
    /**
     * 打印数组中的元素到控制台
     */
    public void printArray(int[] source) {
        for (int i : source) {
            System.out.print(i + " ");
        }
        System.out.println();
    }
    /**
     * 交换数组中指定的两个元素的位置
     */
    private void swap(int[] source, int x, int y) {
        int temp = source[x];
        source[x] = source[y];
        source[y] = temp;
    }
}
```

14.3.1　冒泡排序

冒泡排序是交换排序的一种。它的思想是将相邻两个元素进行比较，若有需要则进行交换，每完成一次循环就将最大元素排在最后（如从小到大排序），下一次循环将其他的数进行类似操作。

冒泡排序的性能：时间复杂度和比较次数分别为 $O(n^2)$、$n^2/2$，空间复杂度和交换次数分别为 $O(n^2)$，$n^2/4$。

【文件 14.6】SortTest.java

```java
public void bubbleSort(int[] source, String sortType) {
```

```
    if (sortType.equals("asc")) { //正排序，从小排到大
       for (int i = source.length - 1; i > 0; i--) {
          for (int j = 0; j < i; j++) {
             if (source[j] > source[j + 1]) {
                swap(source, j, j + 1);
             }
          }
       }
    } else if (sortType.equals("desc")) { //倒排序，从大排到小
       for (int i = source.length - 1; i > 0; i--) {
          for (int j = 0; j < i; j++) {
             if (source[j] < source[j + 1]) {
                swap(source, j, j + 1);
             }
          }
       }
    } else {
       System.out.println("您输入的排序类型错误！");
    }
    printArray(source);//输出冒泡排序后的数组值
}
```

14.3.2　直接选择排序

直接选择排序是选择排序的一种。它的思想是：每一趟从待排序的数据元素中选出最小（或最大）的一个元素，顺序放在已排好序的数列的最后，直到全部待排序的数据元素排完。

直接选择排序的性能：时间复杂度和比较次数分别为 $O(n^2)$、$n^2/2$，空间复杂度和交换次数分别为 $O(n)$、n。

交换次数比冒泡排序少得多，由于交换所需 CPU 的时间比比较所需的 CUP 时间多，因此选择排序比冒泡排序快。当 N 比较大时，比较所需的 CPU 时间占主要地位，这时的性能和冒泡排序差不多。

【文件 14.6】SortTest.java

```
public void selectSort(int[] source, String sortType) {
   if (sortType.equals("asc")) { //正排序，从小排到大
      for (int i = 0; i < source.length; i++) {
         for (int j = i + 1; j < source.length; j++) {
            if (source[i] > source[j]) {
               swap(source, i, j);
            }
         }
      }
   } else if (sortType.equals("desc")) { //倒排序，从大排到小
      for (int i = 0; i < source.length; i++) {
         for (int j = i + 1; j < source.length; j++) {
            if (source[i] < source[j]) {
               swap(source, i, j);
```

```
            }
        }
    }
    } else {
        System.out.println("您输入的排序类型错误！");
    }
    printArray(source);//输出直接选择排序后的数组值
}
```

14.3.3　插入排序

插入排序的思想是将一个记录插入到已排好序的有序表（有可能是空表）中，从而得到一个新的记录数增 1 的有序表。

插入排序的性能：时间复杂度和比较次数分别为 $O(n^2)$、$n^2/2$，空间复杂度和复制次数分别为 $O(n)$、$n^2/4$。

比较次数是前面两种排序方法的一半，而复制所需的 CPU 时间较交换少，所以性能上比冒泡排序提高一倍多，也比选择排序快一些。

【文件 14.6】SortTest.java

```java
public void insertSort(int[] source, String sortType) {
    if (sortType.equals("asc")) { //正排序，从小排到大
        for (int i = 1; i < source.length; i++) {
            for (int j = i; (j > 0) && (source[j] < source[j - 1]); j--) {
                swap(source, j, j - 1);
            }
        }
    } else if (sortType.equals("desc")) { //倒排序，从大排到小
        for (int i = 1; i < source.length; i++) {
            for (int j = i; (j > 0) && (source[j] > source[j - 1]); j--) {
                swap(source, j, j - 1);
            }
        }
    } else {
        System.out.println("您输入的排序类型错误！");
    }
    printArray(source);//输出插入排序后的数组值
}
```

14.3.4　快速排序

快速排序使用分治法（Divide and Conquer）策略把一个序列分为两个子序列。步骤为：

（1）从数列中挑出一个元素，称为"基准"（pivot）。

（2）重新排序数列，所有元素比基准值小的摆放在基准前面，所有元素比基准值大的摆在基准的后面（相同的数可以到任一边）。在这个分割之后，该基准是它的最后位置。这个称

为分割（partition）操作。

（3）递归地（recursive）对小于基准值元素的子数列和大于基准值元素的子数列排序。

【文件 14.6】SortTest.java

```java
/*递归的最底部情形是数列的大小是 0 或 1，也就是永远被排序好。虽然一直递回下去，但是这个算法总会
    结束，因为在每次的迭代（iteration）中至少会把一个元素摆到它最后的位置去。  */
public void quickSort(int[] source, String sortType) {
    if (sortType.equals("asc")) { //正排序，从小排到大
        qsort_asc(source, 0, source.length - 1);
    } else if (sortType.equals("desc")) { //倒排序，从大排到小
        qsort_desc(source, 0, source.length - 1);
    } else {
        System.out.println("您输入的排序类型错误！");
    }
}
private void qsort_asc(int source[], int low, int high) {
    int i, j, x;
    if (low < high) {  //这个条件用来结束递归
        i = low;
        j = high;
        x = source[i];
        while (i < j) {
            while (i < j && source[j] > x) {
                j--; //从右向左找第一个小于 x 的数
            }
            if (i < j) {
                source[i] = source[j];
                i++;
            }
            while (i < j && source[i] < x) {
                i++; //从左向右找第一个大于 x 的数
            }
            if (i < j) {
                source[j] = source[i];
                j--;
            }
        }
        source[i] = x;
        qsort_asc(source, low, i - 1);
        qsort_asc(source, i + 1, high);
    }
}
private void qsort_desc(int source[], int low, int high) {
    int i, j, x;
    if (low < high) {  //这个条件用来结束递归
        i = low;
        j = high;
        x = source[i];
        while (i < j) {
```

```
        while (i < j && source[j] < x) {
            j--; //从右向左找第一个小于 x 的数
        }
        if (i < j) {
            source[i] = source[j];
            i++;
        }
        while (i < j && source[i] > x) {
            i++; //从左向右找第一个大于 x 的数
        }
        if (i < j) {
            source[j] = source[i];
            j--;
        }
    }
    source[i] = x;
    qsort_desc(source, low, i - 1);
    qsort_desc(source, i + 1, high);
    }
}
```

14.4 数组元素的查找

数组元素的查找就是从数组元素中判断某个元素是否存在，可以使用顺序查找和二分查找。顺序查找就是从元素的第 0 个位置，一直查找到元素的 length-1 的位置，如果找到就返回下标，如果找不到就返回–1。顺序查找比较简单，此处主要讲一下二分查找。

当数据量很大时，适宜采用二分查找。采用二分查找时，数据需是排好序的，主要思想是：假设查找的数组区间为 array[low, high]，确定该区间的中间位置 k，将查找的值 T 与 array[k] 比较。若相等，则查找成功，返回此位置，否则确定新的查找区域，继续二分查找，区域确定为 a.array[k]>T。由数组的有序性可知 array[k,k+1,…,high]>T，故新的区间为 array[low,…,K-1]，b.array[k]<T 类似上面查找区间为 array[k+1,…,high]。每一次查找与中间值比较，可以确定是否查找成功，不成功当前查找区间缩小一半，再递归查找。二分查找的时间复杂度为 $O(\log_2 n)$。

【文件 14.6】SortTest.java

```
public int binarySearch(int[] source, int key) {
    int low = 0, high = source.length - 1, mid;
    while (low <= high) {
        mid = (low + high) >>> 1; //相当于 mid = (low + high)/2，但效率会高一些
        if (key == source[mid]) {
            return mid;
        } else if (key < source[mid]) {
            high = mid - 1;
        } else {
            low = mid + 1;
```

```
        }
    }
    return -1;
}
```

14.5　Arrays 工具类

在 Java 中有一个类 java.util.Arrays。此类提供了一些静态方法，可以实现数组的操作。Arrays 类的一些 API，如表 14-1 所示。

表 14-1　Arrays 类的 API

API	使用说明
static int	binarySearch(byte[] a, byte key)：使用二分搜索法来搜索指定的 byte 型数组，以获得指定的值
static boolean[]	copyOf(boolean[] original, int newLength)：复制指定的数组，截取或用 false 填充（如有必要），以使副本具有指定的长度
static boolean	equals(boolean[] a, boolean[] a2)：如果两个指定的 boolean 型数组彼此相等，则返回 true
static void	fill(boolean[] a, boolean val)：将指定的 boolean 值分配给指定 boolean 型数组的每个元素
static void	sort(byte[] a)：对指定的 byte 型数组按数字升序进行排序
static String	toString(boolean[] a)：返回指定数组内容的字符串表示形式

灵活使用上面 Arrays 类的方法，可以让开发事半功倍。上面的方法有很多重载，可以接收各种类型的数组。

14.6　本章总结

通过本章的学习，了解并掌握数组的定义、一维和多维数组的使用，以及数组的排序和查找。其中，Arrays 工具类提供了快速的排序、查找等算法。数组用于保存一组相同类型的元素。数组的大小一旦定义，就不能更改。在 Arrays 工具类中，可以使用 copyOf 方法实现数组的复制，从而达到扩展数组的目的。

14.7　课后练习

1．开发一个算法，将数组倒序输出。
2．使用冒泡算法排序任意给出的字符串数组。

第 15 章

Java 多线程

Java 语言的一个重要特点是内在支持多线程的程序设计。多线程是指在单个程序内可以同时运行多个不同的线程完成不同的任务。多线程的程序设计具有广泛的应用。本章主要讲授线程的概念、如何创建多线程的程序、线程的生存周期与状态的改变、线程的同步与互斥等内容。

15.1　线程与线程类

15.1.1　线程的概念

线程的概念来源于计算机的操作系统的进程的概念。进程是一个程序对某个数据集的一次执行过程。也就是说，进程是运行中的程序，是程序的一次运行活动。

进程是指一个完整的应用程序，一个进程中可以拥有多个线程，多个线程共享同一个进程创建的内存空间，但每一个线程又独立执行。默认情况下，一个进程至少应该有一个线程，否则这个进程将会退出。

作为单个顺序控制流，线程必须在运行的程序中得到自己运行的资源，如必须有自己的执行栈和程序计数器。线程内运行的代码只能在该上下文内。线程（thread）则是进程中一个单个的顺序控制流。单线程的概念很简单，如图 15-1 所示。

多线程（multi-thread）是指在单个程序内可以同时运行多个不同的线程完成不同的任务，比如一个程序中同时有两个线程运行，如图 15-2 所示。

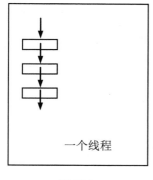

图 15-1

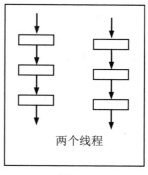

图 15-2

有些程序中需要多个控制流并行执行。例如：

```
for(int i = 0; i < 100; i++)
    System.out.println("Runner A = " + i);
for(int j = 0; j < 100; j++ )
    System.out.println("Runner B = "+j);
```

执行的结果：

```
Runner A=0
...
Runner A=99
Runner B=0
...
Runner B=99
```

在上面的代码段中，在只支持单线程的语言中，前一个循环不执行完不可能执行第二个循环。要使两个循环同时执行，需要编写多线程的程序。先比较有线程情况下的执行结果：

【文件 15.1】Thread01.java

```
new Thread(){
    public void run(){
    for(int i = 0; i < 100; i++)
        System.out.println("Runner A = " + i);
    }
}.start();
new Thread(){
    public void run(){
        for(int j = 0; j < 100; j++ )
        System.out.println("Runner B = "+j);
    }
}.start();
```

输出的结果有可能是：

```
Runner A=0
Runner B=0
```

```
...
Runner B=99
Runner A=99
```

可见，每一个循环独立地同时运行，所以可能每一次输出都有所不同。这要看某线程是否抢占了 CPU 资源从而获取了执行权。

15.1.2　Thread 类和 Runnable 接口

多线程是一个程序中可以有多段代码同时运行，那么这些代码写在哪里、如何创建线程对象呢？

首先，我们来看 Java 语言实现多线程编程的类和接口。在 java.lang 包中定义了 Runnable 接口和 Thread 类。

Runnable 接口中只定义了一个方法，它的格式为：

```
public abstract void run()
```

这个方法要由实现了 Runnable 接口的类实现。Runnable 对象称为可运行对象，一个线程的运行就是执行该对象的 run()方法。

Thread 类实现了 Runnable 接口，因此 Thread 对象也是可运行对象。同时 Thread 类也是线程类，该类的构造方法如下：

- public Thread()
- public Thread(Runnable target)
- public Thread(String name)
- public Thread(Runnable target, String name)
- public Thread(ThreadGroup group, Runnable target)
- public Thread(ThreadGroup group, String name)
- public Thread(ThreadGroup group, Runnable target, String name)

target 为线程运行的目标对象，即线程调用 start()方法启动后运行那个对象的 run()方法，该对象的类型为 Runnable，若没有指定目标对象，则以当前类对象为目标对象；name 为线程名，group 指定线程属于哪个线程组。

Thread 类的常用方法有：

- public static Thread currentThread()：返回当前正在执行的线程对象的引用。
- public void setName(String name)：设置线程名。
- public String getName()：返回线程名。
- public static void sleep(long millis)：throws InterruptedException。
- public static void sleep(long millis, int nanos)：throws InterruptedException，使当前正在执行的线程暂时停止执行指定的毫秒时间。指定时间过后，线程继续执行。该方法抛出 InterruptedException 异常，必须捕获。
- public void run()：线程的线程体。

- public void start()：由 JVM 调用线程的 run()方法，启动线程开始执行。
- public void setDaemon(boolean on)：设置线程为 Daemon 线程。
- public boolean isDaemon()：返回线程是否为 Daemon 线程。
- public static void yield()：使当前执行的线程暂停执行，允许其他线程执行。
- public ThreadGroup getThreadGroup() 返回该线程所属的线程组对象。
- public void interrupt()：中断当前线程。
- public boolean isAlive()：返回指定线程是否处于活动状态。

15.2　线程的创建

如何创建和运行线程有两种方法。线程运行的代码就是实现了 Runnable 接口的类的 run() 方法或者是 Thread 类的子类的 run()方法，因此构造线程体就有两种方法：

- 继承 Thread 类并覆盖它的 run()方法。
- 实现 Runnable 接口并实现它的 run()方法。

15.2.1　继承 Thread 类创建线程

通过继承 Thread 类，并覆盖 run()方法，就可以用该类的实例作为线程的目标对象。下面 的程序定义 SimpleThread 类，它继承了 Thread 类并覆盖了 run()方法。

【文件 15.2】SimpleThread.java

```java
public class SimpleThread extends Thread{
    public void run(){
        for(int i=0; i<100; i++){
            System.out.println(getName()+" = "+ i);
            try{
                sleep((int)(Math.random()*100));
            }catch(InterruptedException e){}
        }
        System.out.println(getName()+ " DONE");
    }
}
```

SimpleThread 类继承了 Thread 类，并覆盖了 run()方法，该方法就是线程体。

【文件 15.3】ThreadTest.java

```java
public class ThreadTest{
    public static void main(String args[]){
        Thread t1 = new SimpleThread();
        Thread t2 = new SimpleThread();
        t1.start();
```

```
      t2.start();
   }
}
```

在 ThreadTest 类的 main()方法中创建了两个 SimpleThread 类的线程对象，并调用线程类的 start()方法启动线程。构造线程时没有指定目标对象，所以线程启动后执行本类的 run()方法。

注意，实际上 ThreadTest 程序中有三个线程同时运行。请试着将下一段代码加到 main()方法中，分析程序运行结果。

【文件 15.4】Thread02.java

```
for(int i=0; i<100; i++){
  System.out.println(Thread.currentThread().getName()+"="+ i);
  try{
     Thread.sleep((int)(Math.random()*500));
  }catch(InterruptedException e){}
  System.out.println(Thread.currentThread().getName()+ " DONE");
}
```

从上述代码执行结果可以看到，在应用程序的 main()方法启动时，JVM 就创建一个主线程，在主线程中可以创建其他线程。

再看下面的程序：

【文件 15.5】MainThreadDemo.java

```
public class MainThreadDemo{
   public static void main(String args[]){
      Thread t = Thread.currentThread();
      t.setName("MyThread");
      System.out.println(t);
      System.out.println(t.getName());
      System.out.println(t.getThreadGroup().getName());
   }
}
```

该程序输出结果为：

```
Thread[MyThread, 5, main]
MyThread
main
```

上述程序在 main()方法中声明了一个 Thread 对象 t，然后调用 Thread 类的静态方法 currentThread()获得当前线程对象。接着重新设置该线程对象的名称，最后输出线程对象、线程组对象名和线程对象名。

15.2.2 实现 Runnable 接口创建线程

可以定义一个类实现 Runnable 接口，然后将该类对象作为线程的目标对象。实现 Runnable 接口就是实现 run()方法。

下面的程序通过实现 Runnable 接口构造线程体。

【文件 15.6】ThreadTest2.java

```java
class T1 implements Runnable{
    public void run(){
        for(int i=0;i<15;i++)
            System.out.println("Runner A="+i);
    }
}
class T2 implements Runnable{
    public void run(){
        for(int j=0;j<15;j++)
            System.out.println("Runner B="+j);
    }
}
public class ThreadTest2{
    public static void main(String args[]){
        Thread t1=new Thread(new T1(),"Thread A");
        Thread t2=new Thread(new T2(),"Thread B");
        t1.start();
        t2.start();
    }
}
```

下面是一个小应用程序，利用线程对象在其中显示当前时间。

【文件 15.7】ClockDemo.java

```java
public class ClockDemo {
    public static void main(String[] args) {
        new Thread() {
            public void run() {
                SimpleDateFormat sdf = new SimpleDateFormat("yyyy-MM-dd
HH:mm:ss");
                while (true) {
                    String str = sdf.format(new Date());
                    System.err.println(str);
                    try {
                        Thread.sleep(1000);
                    } catch (InterruptedException e) {
                        e.printStackTrace();
                    }
                }
            }
        }.start();
    }
}
```

该小应用程序的运行结果如下：

```
2017-01-08 10:57:03
2017-01-08 10:57:04
```

```
2017-01-08 10:57:05
2017-01-08 10:57:06
...
```

15.3 线程的状态与调度

15.3.1 线程的生命周期

线程从创建、运行到结束总是处于五种状态之一：新建状态、就绪状态、运行状态、阻塞状态及死亡状态。线程的状态如图 15-3 所示。

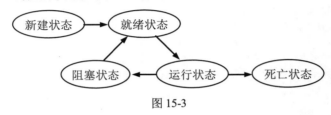

图 15-3

下面以前面的 Java 小程序为例说明线程的状态。

1. 新建状态（New Thread）

新建状态就是指使用 new 关键字创建线程还没有调用 start()时的状态。例如，定义"new Thread();"，此时这个线程就是新建状态。

2. 就绪状态（Runnable）

一个新创建的线程并不自动开始运行，要执行线程，就必须调用线程的 start()方法。线程对象调用了 start()方法即启动了线程，比如"someThread.start();"语句就是启动了 someThread 线程。start()方法创建线程运行的系统资源，并调度线程运行 run()方法。当 start()方法返回后，线程就处于就绪状态。

处于就绪状态的线程并不一定立即运行 run()方法,线程还必须同其他线程竞争 CPU 时间，只有获得 CPU 时间才可以运行线程。因为在单 CPU 的计算机系统中，不可能同时运行多个线程，一个时刻仅有一个线程处于运行状态。因此，此时可能有多个线程处于就绪状态。多个处于就绪状态的线程是由 Java 运行时系统的线程调度程序（thread scheduler）来调度的。

3. 运行状态（Running）

当线程获得 CPU 时间后，它才进入运行状态，真正开始执行 run()方法。就像上面的代码一样，如果已经进入了 run 方法并执行 while(true)循环，就进入了运行状态。

4. 阻塞状态（Blocked）

线程运行过程中，可能由于各种原因进入阻塞状态。所谓阻塞状态，是指正在运行的线程没有运行结束，暂时让出 CPU，这时其他处于就绪状态的线程就可以获得 CPU 时间，进入运行状态。例如，执行了 sleep 或是等待用户 IO 都会让当前线程进入阻塞状态。

5．死亡状态（Dead）

run()方法返回，线程运行就结束了，此时线程处于死亡状态。如果要终止一个线程，建议不调用线程的 stop 方法，而应该控制 run 方法正常退出。例如，上面的代码可以控制 boo 值为 true 或是 false 来终止这个线程。

【文件 15.8】ClockDemo2.java

```java
public class ClockDemo2 {
    private static boolean boo = true;
    public static void main(String[] args) {
        new Thread() {
            public void run() {
                SimpleDateFormat sdf = new SimpleDateFormat("yyyy-MM-dd
HH:mm:ss");
                while (boo) {//可以通过控制 boolean 值来停止这个循环
                    String str = sdf.format(new Date());
                    System.err.println(str);
                    try {
                        Thread.sleep(1000);
                    } catch (InterruptedException e) {
                        e.printStackTrace();
                    }
                }
            }
        }.start();
    }
}
```

15.3.2　线程的优先级和调度

Java 的每个线程都有一个优先级，当有多个线程处于就绪状态时，线程调度程序根据线程的优先级调度线程运行。

可以用下面的方法设置和返回线程的优先级：

- public final void setPriority(int newPriority)：设置线程的优先级。
- public final int getPriority()：返回线程的优先级。

newPriority 为线程的优先级，其取值为 1 到 10 之间的整数，也可以使用 Thread 类定义的常量来设置线程的优先级，这些常量分别为 Thread.MIN_PRIORITY、Thread.NORM_PRIORITY、Thread.MAX_PRIORITY，它们分别对应于线程优先级的 1、5 和 10，数值越大，优先级越高。当创建 Java 线程时，如果没有指定它的优先级，则它从创建该线程那里继承优先级。

一般来说，只有在当前线程停止或由于某种原因被阻塞时，较低优先级的线程才有机会运行。

前面说过多个线程可并发运行，然而实际上并不总是这样。由于很多计算机都是单 CPU 的，所以一个时刻只能有一个线程运行，多个线程的并发运行只是幻觉。在单 CPU 机器上，多个线程的执行是按照某种顺序执行的，这称为线程的调度（scheduling）。

大多数计算机仅有一个 CPU，所以线程必须与其他线程共享 CPU。多个线程在单个 CPU 中是按照某种顺序执行的。实际的调度策略随系统的不同而不同，通常线程调度可以采用以下两种策略调度处于就绪状态的线程。

（1）抢占式调度策略。Java 运行时系统的线程调度算法是抢占式的（preemptive）。Java 运行时，系统支持一种简单的固定优先级的调度算法。如果一个优先级比其他任何处于可运行状态的线程都高的线程进入就绪状态，那么运行时系统就会选择该线程运行。新的优先级较高的线程会抢占（preempt）其他线程，但是 Java 运行时系统并不抢占同优先级的线程。换句话说，Java 运行时系统不是分时的（time-slice）。然而，基于 Java Thread 类的实现系统可能是支持分时的，因此编写代码时不要依赖分时。当系统中处于就绪状态的线程都具有相同优先级时，线程调度程序采用一种简单的、非抢占式的轮转的调度顺序。

（2）时间片轮转调度策略。有些系统的线程调度采用时间片轮转（round-robin）调度策略。这种调度策略是从所有处于就绪状态的线程中，选择优先级最高的线程分配一定的 CPU 时间运行。该时间过后再选择其他线程运行。只有当线程运行结束、放弃（yield）CPU 或由于某种原因进入阻塞状态，低优先级的线程才有机会执行。如果有两个优先级相同的线程都在等待 CPU，则调度程序以轮转的方式选择运行的线程。

15.4　线程状态的改变

一个线程在其生命周期中可以从一种状态改变到另一种状态，线程状态的变迁如图 15-4 所示。

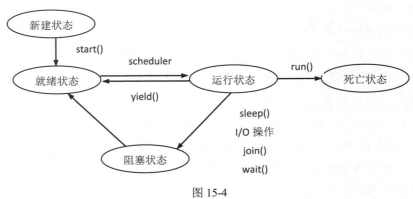

图 15-4

15.4.1　控制线程的启动和结束

一个新建的线程调用它的 start()方法后即进入就绪状态，处于就绪状态的线程被线程调度程序选中，就可以获得 CPU 时间，进入运行状态，该线程就开始运行 run()方法。

控制线程的结束稍微复杂一点。如果线程的 run()方法是一个确定次数的循环，则循环结束后，线程运行就结束了，线程对象即进入死亡状态。如果 run()方法是一个不确定循环，早期的方法是调用线程对象的 stop()方法，然而由于该方法可能导致线程死锁，因此从 1.1 版开始不推荐使用该方法结束线程。一般是通过设置一个标志变量在程序中改变标志变量的值实现结束线程。请看下面的例子：

【文件 15.9】ThreadStop.java

```java
import java.util.*;
class Timer implements Runnable{
    boolean flag=true;
    public void run(){
        while(flag){
            System.out.print("\r\t"+new Date()+"...");
        try{
            Thread.sleep(1000);
        }catch(InterruptedException e){}
     }
     System.out.println("\n"+Thread.currentThread().getName()+" Stop");

    }
    public void stopRun(){
        flag = false;
    }
}

public class ThreadStop{
    public static void main(String args[]){
        Timer timer = new Timer();
        Thread thread = new Thread(timer);
        thread.setName("Timer");
        thread.start();
        for(int i=0;i<100;i++){
            System.out.print("\r"+i);
            try{
                Thread.sleep(100);
            }catch(InterruptedException e){}
        }
        timer.stopRun();
    }
}
```

该程序在 Timer 类中定义了一个布尔变量 flag，同时定义了一个 stopRun()方法，在其中将该变量设置为 false。在主程序中通过调用该方法来改变该变量的值，使得 run()方法的 while 循环条件不满足，从而实现结束线程的运行。

注意：在 Thread 类中除了 stop()方法被标注为不推荐（deprecated）使用外，suspend()方法和 resume()方法也被标明不推荐使用，这两个方法原来用作线程的挂起和恢复。

15.4.2　线程阻塞条件

处于运行状态的线程除了可以进入死亡状态外，还可能进入就绪状态和阻塞状态。下面分别讨论这两种情况。

1．运行状态到就绪状态

处于运行状态的线程如果调用了 yield()方法，那么它将放弃 CPU 时间，使当前正在运行的线程进入就绪状态。这时有几种可能的情况：如果没有其他的线程处于就绪状态等待运行，该线程就会立即继续运行；如果有等待的线程，此时线程回到就绪状态与其他线程竞争 CPU 时间，当有比该线程优先级高的线程时，高优先级的线程进入运行状态，当没有比该线程优先级高的线程但有同优先级的线程时，则由线程调度程序来决定哪个线程进入运行状态，因此线程调用 yield()方法只能将 CPU 时间让给具有同优先级的或高优先级的线程，而不能让给低优先级的线程。

一般来说，在调用线程的 yield()方法时，可以使耗时的线程暂停执行一段时间，使其他线程有执行的机会。

2．运行状态到阻塞状态

有多种原因可使当前运行的线程进入阻塞状态。进入阻塞状态的线程在相应的事件结束或条件满足时就进入就绪状态。使线程进入阻塞状态可能有多种原因：

（1）线程调用了 sleep()方法，线程进入睡眠状态，此时该线程停止执行一段时间。当时间到时，该线程回到就绪状态，与其他线程竞争 CPU 时间。

Thread 类中定义了一个 interrupt()方法。一个处于睡眠中的线程若调用了 interrupt()方法，则该线程立即结束睡眠进入就绪状态。

（2）如果一个线程的运行需要进行 I/O 操作，比如从键盘接收数据，这时程序可能需要等待用户的输入，这时如果该线程一直占用 CPU，其他线程就得不到运行。这种情况称为 I/O 阻塞。这时该线程就会离开运行状态而进入阻塞状态。Java 语言的所有 I/O 方法都具有这种行为。

（3）有时要求当前线程的执行在另一个线程执行结束后再继续执行，这时可以调用 join()方法实现，join()方法有下面三种格式：

- public void join()：throws InterruptedException，使当前线程暂停执行，等待调用该方法的线程结束后再执行当前线程。
- public void join(long millis)：throws InterruptedException，最多等待 millis 毫秒后，当前线

程继续执行。

- public void join(long millis, int nanos)：throws InterruptedException，*可以指定多少毫秒、多少纳秒后继续执行当前线程。*

上述方法使当前线程暂停执行，进入阻塞状态，当调用线程结束或指定的时间过后，当前线程线程进入就绪状态，例如执行下面的代码：

```
t.join();
```

将使当前线程进入阻塞状态，当线程 t 执行结束后，当前线程才能继续执行。

（4）线程调用了 wait()方法，等待某个条件变量，此时该线程进入阻塞状态，直到被通知（调用了 notify()或 notifyAll()方法）结束等待后，线程回到就绪状态。

（5）如果线程不能获得对象锁，就会进入就绪状态。

15.5　线程的同步与共享

前面程序中的线程都是独立、异步执行的。但在很多情况下，多个线程需要共享数据资源，这就涉及线程的同步与资源共享的问题。

15.5.1　资源冲突

下面的例子说明多个线程共享资源，如果不加以控制就可能会产生冲突。

【文件 15.10】CounterTest.java

```
class Num{
    private int x=0;
    private int y=0;
    void increase(){
        x++;
        y++;
    }
    void testEqual(){
        System.out.println(x+","+y+":"+(x==y));
    }
}

class Counter extends Thread{
    private Num num;
    Counter(Num num){
        this.num=num;
    }
    public void run(){
        while(true){
```

```
            num.increase();
        }
    }
}

public class CounterTest{
    public static void main(String[] args){
        Num num = new Num();
        Thread count1 = new Counter(num);
        Thread count2 = new Counter(num);
        count1.start();
        count2.start();
        for(int i=0;i<100;i++){
            num.testEqual();
            try{
                Thread.sleep(100);
            }catch(InterruptedException e){ }
        }
    }
}
```

上述程序在 CounterTest 类的 main()方法中创建了两个线程类 Counter 的对象 count1 和 count2，这两个对象共享一个 Num 类的对象 num。两个线程对象开始运行后，都调用同一个对象 num 的 increase()方法来增加 num 对象的 x 和 y 值。在 main()方法的 for()循环中输出 num 对象的 x 和 y 值。程序输出结果中，有些 x、y 的值相等，大部分 x、y 的值不相等。

出现上述情况的原因是：两个线程对象同时操作一个 num 对象的同一段代码，通常将这段代码段称为临界区（critical sections）。在线程执行时，可能一个线程执行了 x++语句而尚未执行 y++语句，系统调度另一个线程对象执行 x++和 y++，这时在主线程中调用 testEqual()方法输出 x、y 的值不相等。

15.5.2　对象锁的实现

上述程序（文件 15.10）的运行结果说明了多个线程访问同一个对象出现了冲突。为了保证运行结果正确（x、y 的值总相等），可以使用 Java 语言的 synchronized 关键字，用该关键字修饰方法。用 synchronized 关键字修饰的方法称为同步方法，Java 平台为每个具有 synchronized 代码段的对象关联一个对象锁（object lock）。这样任何线程在访问对象的同步方法时，首先必须获得对象锁，然后才能进入 synchronized 方法，这时其他线程就不能再同时访问该对象的同步方法了（包括其他的同步方法）。

通常有两种方法实现对象锁：

（1）在方法的声明中使用 synchronized 关键字，表明该方法为同步方法。

对于上面的程序，我们可以在定义 Num 类的 increase()和 testEqual()方法时在它们的前面加上 synchronized 关键字，例如：

```
synchronized void increase(){
    x++;
    y++;
}
synchronized void testEqual(){
    System.out.println(x+","+y+":"+(x==y)+":"+(x<y));
}
```

一个方法使用 synchronized 关键字修饰后，当一个线程调用该方法时，必须先获得对象锁，只有在获得对象锁以后才能进入 synchronized 方法。一个时刻对象锁只能被一个线程持有。如果对象锁正在被一个线程持有，其他线程就不能获得该对象锁，而必须等待持有该对象锁的线程释放锁。

如果类的方法使用了 synchronized 关键字修饰，则该类对象是线程安全的，否则是线程不安全的。

如果只为 increase()方法添加 synchronized 关键字，那么结果还会出现 x、y 值不相等的情况。

（2）前面实现对象锁是在方法前加上 synchronized 关键字，这对于我们自己定义的类很容易实现。如果使用类库中的类或别人定义的类，在调用一个没有使用 synchronized 关键字修饰的方法时，想要获得对象锁，可以使用下面的格式：

```
synchronized(object){
    //方法调用
}
```

假如 Num 类的 increase()方法没有使用 synchronized 关键字，那么我们在定义 Counter 类的 run()方法时，可以按如下方法使用 synchronized 为部分代码加锁。

```
public void run(){
    while(true){
        synchronized (num){
            num.increase();
        }
    }
}
```

同时，在 main()方法中调用 testEqual()方法也用 synchronized 关键字修饰，这样得到的结果相同。

```
synchronized(num){
    num.testEqual();
}
```

对象锁的获得和释放是由 Java 运行时系统自动完成的。

每个类也可以有类锁。类锁控制对类的 synchronized static 代码的访问。请看下面的例子：

```
public class X{
    static int x, y;
    static synchronized void foo(){
```

```
        x++;
        y++;
    }
}
```

当 foo()方法被调用时（如使用 X.foo()），调用线程必须获得 X 类的类锁。

15.5.3　线程间的同步控制

在多线程的程序中，除了要防止资源冲突外，有时还要保证线程同步。下面通过生产者-消费者模型来说明线程的同步与资源共享的问题。

假设有一个生产者（Producer）、一个消费者（Consumer）。生产者产生 0~9 的整数，将它们存储在仓库（CubbyHole）的对象中并打印出来；消费者从仓库中取出这些整数并打印出来。同时要求生产者产生一个数字，消费者取得一个数字，这就涉及两个线程的同步问题。

这个问题可以通过两个线程实现生产者和消费者，它们共享 CubbyHole 一个对象。如果不加控制就得不到预期的结果。

1．不同步的设计

首先我们设计用于存储数据的类，该类的定义如下：

【文件 15.11】CubbyHole.jva

```java
class CubbyHole{
    private int content ;
    public synchronized void put(int value){
        content = value;
    }
    public synchronized int get(){
        return content ;
    }
}
```

CubbyHole 类使用一个私有成员变量 content 来存放整数，put()方法和 get()方法用来设置变量 content 的值。CubbyHole 对象为共享资源，所以用 synchronized 关键字修饰。当 put()方法或 get()方法被调用时，线程即获得了对象锁，从而可以避免资源冲突。

这样当 Producer 对象调用 put()方法时，锁定该对象，这时 Consumer 对象就不能调用 get()方法了。当 put()方法返回时，Producer 对象释放 CubbyHole 的锁。类似地，当 Consumer 对象调用 CubbyHole 的 get()方法时，也会锁定该对象，防止 Producer 对象调用 put()方法。

接下来我们看 Producer 和 Consumer 的定义。

【文件 15.12】Producer.java

```java
public class Producer extends Thread {
    private CubbyHole cubbyhole;
    private int number;
    public Producer(CubbyHole c, int number) {
```

```
        cubbyhole = c;
        this.number = number;
    }
    public void run() {
        for (int i = 0; i < 10; i++) {
            cubbyhole.put(i);
            System.out.println("Producer #" + this.number + " put: " + i);
            try {
                sleep((int)(Math.random() * 100));
            } catch (InterruptedException e) { }
        }
    }
}
```

Producer 类中定义了一个 CubbyHole 类型的成员变量 cubbyhole（用来存储产生的整数）和一个成员变量 number（用来记录线程号）。这两个变量通过构造方法传递得到。在该类的 run()方法中，通过一个循环产生 10 个整数，每次产生一个整数，调用 cubbyhole 对象的 put()方法将其存入该对象中，同时输出该数。

【文件 15.13】Consumer.java

```
public class Consumer extends Thread {
    private CubbyHole cubbyhole;
    private int number;
    public Consumer(CubbyHole c, int number) {
        cubbyhole = c;
        this.number = number;
    }
    public void run() {
        int value = 0;
        for (int i = 0; i < 10; i++) {
            value = cubbyhole.get();
            System.out.println("Consumer #" + this.number + " got: " + value);
        }
    }
}
```

在 Consumer 类的 run()方法中也有一个循环，每次调用 cubbyhole 的 get()方法返回当前存储的整数，然后输出。

在该程序的main()方法中创建一个CubbyHole对象c、一个Producer对象p1、一个Consumer对象 c1，然后启动两个线程。

【文件 15.14】ProducerConsumerTest.java

```
public class ProducerConsumerTest {
    public static void main(String[] args) {
        CubbyHole c = new CubbyHole();
        Producer p1 = new Producer(c, 1);
        Consumer c1 = new Consumer(c, 1);
        p1.start();
```

```
        c1.start();
    }
}
```

在该程序对 CubbyHole 类的设计中，尽管使用 synchronized 关键字实现了对象锁，但是还不够。程序运行可能出现下面的两种情况：

（1）如果生产者的速度比消费者快，那么在消费者来不及取前一个数据之前，生产者又产生了新的数据，于是消费者很可能会跳过前一个数据，这样就会产生下面的结果：

```
Consumer: 3
Producer: 4
Producer: 5
Consumer: 5
…
```

（2）反之，如果消费者比生产者快，消费者可能两次取同一个数据，可能产生下面的结果：

```
Producer: 4
Consumer: 4
Consumer: 4
Producer: 5
```

2. 监视器模型

为了避免上述情况发生，就必须使生产者线程向 CubbyHole 对象中存储数据与消费者线程从 CubbyHole 对象中取得的数据同步起来。为了达到这一目的，在程序中可以采用监视器（monitor）模型，同时通过调用对象的 wait()方法和 notify()方法实现同步。

下面是修改后的 CubbyHole 类的定义。

【文件 15.15】CubbyHole2.java

```java
class CubbyHole2{
    private int content ;
    private boolean available=false;

    public synchronized void put(int value){
        while(available==true){
            try{
                wait();
            }catch(InterruptedException e){}
        }
        content =value;
        available=true;
        notifyAll();
    }
    public synchronized int get(){
        while(available==false){
            try{
                wait();
            }catch(InterruptedException e){}
```

```
        }
        available=false;
        notifyAll();
        return content;
    }
}
```

这里有一个 boolean 型的私有成员变量 available，用来指示内容是否可取。当 available 为 true 时，表示数据已经产生还没被取走；当 available 为 false 时，表示数据已被取走还没有存放新的数据。

当生产者线程进入 put()方法时，首先检查 available 的值：若其为 false，则可执行 put()方法；若其为 true，则说明数据还没有被取走，该线程必须等待，因此在 put()方法中调用 CubbyHole 对象的 wait()方法等待。调用对象的 wait()方法使线程进入等待状态，同时释放对象锁，直到另一个线程对象调用了 notify()或 notifyAll()方法，该线程才可恢复运行。

类似地，当消费者线程进入 get()方法时，也是先检查 available 的值：若其为 true，则可执行 get()方法；若其为 false，则说明还没有数据，该线程必须等待，因此在 get()方法中调用 CubbyHole 对象的 wait()方法等待。调用对象的 wait()方法使线程进入等待状态，同时释放对象锁。

上述过程就是监视器模型，其中 CubbyHole2 对象为监视器。通过监视器模型可以保证生产者线程和消费者线程同步，结果正确。

程序的运行结果如下：

```
Producer:3
Consumer:3
Producer:4
Consumer:4
```

特别注意：wait()、notify()和 notifyAll()方法是 Object 类定义的方法，并且这些方法只能用在 synchronized 代码段中。它们的定义格式如下：

```
public final void wait()
public final void wait(long timeout)
public final void wait(long timeout, int nanos)
```

当前线程必须具有对象监视器的锁，当调用该方法时线程释放监视器的锁。调用这些方法使当前线程进入等待（阻塞）状态，直到另一个线程调用了该对象的 notify()方法或 notifyAll()方法，该线程重新进入运行状态，恢复执行。

timeout 和 nanos 为等待的时间的毫秒和纳秒，当时间到或其他对象调用了该对象的 notify()方法或 notifyAll()方法时，该线程重新进入运行状态，恢复执行。

wait()的声明抛出了 InterruptedException，因此程序中必须捕获或声明抛出该异常。

```
public final void notify()
public final void notifyAll()
```

唤醒处于等待该对象锁的一个或所有的线程继续执行，通常使用 notifyAll()方法。

在生产者/消费者的例子中，CubbyHole 类的 put 和 get 方法就是临界区。当生产者修改它时，消费者不能访问 CubbyHole2 对象；当消费者取得值时，生产者也不能修改它。

15.6　线程组

所有 Java 线程都属于某个线程组（thread group）。线程组提供了一个将多个线程组成一个线程组对象来管理的机制，如可以通过一个方法调用来启动线程组中的所有线程。

15.6.1　创建线程组

线程组是由 java.lang 包中的 ThreadGroup 类实现的。它的构造方法如下：

```
public ThreadGroup(String name)
public ThreadGroup(ThreadGroup parent, String name)
```

name 为线程组名，parent 为线程组的父线程组，若无该参数则新建线程组的父线程组为当前运行的线程的线程组。

当一个线程被创建时，运行时系统都将其放入一个线程组。创建线程时可以明确指定新建线程属于哪个线程组，若没有明确指定则放入默认线程组中。一旦线程被指定属于哪个线程组，便不能改变，不能删除。

15.6.2　默认线程组

如果在创建线程时没有在构造方法中指定所属线程组，那么运行时系统会自动将该线程放入当时创建该线程时其所属的线程组中。那么这个所属线程组究竟是什么呢？

当 Java 应用程序启动时，Java 运行时系统创建一个名 main 的 ThreadGroup 对象。除非另外指定，否则所有新建线程都属于 main 线程组的成员。

在一个线程组内可以创建多个线程，也可以创建其他线程组。一个程序中的线程组和线程构成一个树形结构，如图 15-5 所示。

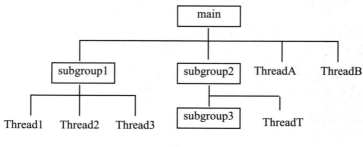

图 15-5

创建属于某个线程组的线程可以通过下面的构造方法实现：

```
public Thread(ThreadGroup group, Runnable target)
public Thread(ThreadGroup group, String name)
public Thread(ThreadGroup group, Runnable target, String name)
```

如下面代码创建的 myThread 线程属于 myThreadGroup 线程组。

```
ThreadGroup myGroup = new ThreadGroup("My Group of Threads");
Thread myThread = new Thread(myGroup, "a thread for my group");
```

为了得到线程所属的线程组，可以调用 Thread 的 getThreadGroup()方法，该方法返回 ThreadGroup 对象。可以通过下面的方法获得线程所属的线程组名。

```
myThread.getThreadGroup().getName()
```

一旦得到了线程组对象，就可以查询线程组的有关信息，如线程组中其他线程，也可仅通过调用一个方法就实现修改线程组中的线程，如挂起、恢复或停止线程。

15.6.3 线程组操作方法

线程组类提供了有关方法对线程组进行操作。

- public final String getName()：返回线程组名。
- public final ThreadGroup getParent()：返回线程组的父线程组对象。
- public final void setMaxPriority(int pri)：设置线程组的最大优先级。线程组中的线程不能超过该优先级。
- public final int getMaxPriority()：返回线程组的最大优先级。
- public boolean isDestroyed()：测试该线程组对象是否已被销毁。
- public int activeCount()：返回该线程组中活动线程的估计数。
- public int activeGroupCount()：返回该线程组中活动线程组的估计数。
- public final void destroy()：销毁该线程组及其子线程组对象。当前线程组的所有线程必须已经停止。

15.7 本章总结

Java 语言支持多线程的程序设计。线程是进程中一个单个的顺序控制流，多线程是指单个程序内可以同时运行多个线程。

在 Java 程序中，创建多线程的程序有两种方法：一种是继承 Thread 类并覆盖其 run()方法，另一种是实现 Runnable 接口并实现其 run()方法。

线程从创建、运行到结束总是处于五个状态之一：新建状态、就绪状态、运行状态、阻塞状态及死亡状态。Java 的每个线程都有一个优先级，当有多个线程处于就绪状态时，线程调度程序根据线程的优先级调度线程运行。

线程都是独立的、异步执行的，但在很多情况下多个线程需要共享数据资源，这就涉及线程的同步与资源共享的问题。

所有 Java 线程都属于某个线程组。线程组提供了一个将多个线程组成一个线程组对象来管理的机制，如可以通过一个方法调用来启动线程组中的所有线程。

15.8　课后练习

1. 简述 Java 中开发一个线程有哪几种方式，以及如何实现。
2. 下列说法中错误的一项是（　　）。

    A. 一个线程是一个 Thread 类的实例

    B. 线程从传递给 Runnable 实例 run()方法开始执行

    C. 线程操作的数据来自 Runnable 实例

    D. 新建的线程调用 start()方法就能立即进入运行状态

3. 下列关于 Thread 类提供的线程控制方法的说法中错误的一项是（　　）。

    A. 在线程 A 中执行线程 B 的 join()方法，则线程 A 等待直到 B 执行完成

    B. 线程 A 通过调用 interrupt()方法来中断其阻塞状态

    C. 若线程 A 调用方法 isAlive()返回值为 false，则说明 A 正在执行中

    D. currentThread()方法返回当前线程的引用

4. 下面的（　　）关键字可以对对象进行加锁，从而使得对对象的访问是排他的。

    A. sirialize   B. transient

    C. synchronized   D. static

5. 简述 sleep 和 wait 的区别。

第16章

Java 集合

Java 平台提供了一个全新的集合框架。"集合框架"主要由一组用来操作对象的接口组成。不同接口拥有自己的实现类。简易的集合类的体系结构如图 16-1 所示。

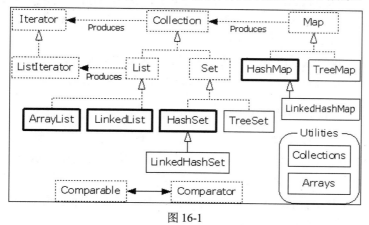

图 16-1

一般情况下，将接口分为以下三部分来讲解：

- Set 接口：继承 Collection，但不允许重复，使用自己内部的一个排列机制。
- List 接口：继承 Collection，允许重复，以安插时的次序来放置元素，不会重新排列。
- Map 接口：一组成对的键-值对象，即所持有的是 key-value pairs。Map 中不能有重复的 key，拥有自己的内部排列机制。

16.1 Collection 接口

java.util.Connection 是 List、Set 的父类，在 Collection 中定义了一些通用的操作。

（1）单元素添加、删除操作。

- boolean add(Object o)：将对象添加给集合。
- boolean remove(Object o)：如果集合中有与 o 相匹配的对象，则删除对象 o。

（2）查询操作。

- int size()：返回当前集合中元素的数量。
- boolean isEmpty()：判断集合中是否有任何元素。
- boolean contains(Object o)：查找集合中是否含有对象 o。
- Iterator iterator()：返回一个迭代器，用来访问集合中的各个元素。

（3）组操作：作用于元素组或整个集合。

- boolean containsAll(Collection c)：查找集合中是否含有集合 c 中的所有元素。
- boolean addAll(Collection c)：将集合 c 中所有元素添加给该集合。
- void clear()：删除集合中的所有元素。
- void removeAll(Collection c)：从集合中删除集合 c 中的所有元素。
- void retainAll(Collection c)：从集合中删除集合 c 中不包含的元素。

（4）Collection 转换为 Object 数组。

- Object[] toArray() ：返回一个内含集合所有元素的 array。
- Object[] toArray(Object[] a) ：返回一个内含集合所有元素的 array。运行期返回的 array 和参数 a 的类型相同，需要转换为正确类型。

此外，你还可以把集合转换成其他任何对象数组。但是，你不能直接把集合转换成基本数据类型的数组，因为集合必须持有对象。

Collection 不提供 get()方法。如果要遍历 Collectin 中的元素，就必须用 Iterator。

16.1.1 AbstractCollection 抽象类

AbstractCollection 类提供具体"集合框架"类的基本功能。虽然我们可以自行实现 Collection 接口的所有方法，但是除了 iterator()和 size()方法在恰当的子类中实现以外，其他方法都由 AbstractCollection 类来提供实现。如果子类不覆盖某些方法，可选的 add()之类的方法将抛出异常。

16.1.2　Iterator 接口

Collection 接口的 iterator()方法返回一个 Iterator。Iterator 接口方法能以迭代方式逐个访问集合中的各个元素，并安全地从 Collection 中除去适当的元素。

（1）boolean hasNext()：判断是否存在另一个可访问的元素。

（2）Object next()：返回要访问的下一个元素。如果到达集合结尾，则抛出 NoSuchElementException 异常。

（3）void remove()：删除上次访问返回的对象。本方法必须紧跟在一个元素的访问后执行。如果上次访问后集合已被修改，那么方法将抛出 IllegalStateException 异常。

在 Iterator 中删除操作对底层 Collection 也有影响。迭代器是故障快速修复（fail-fast）的。这意味着，当另一个线程修改底层集合的时候，如果你正在用 Iterator 遍历集合，那么 Iterator 就会抛出 ConcurrentModificationException（另一种 RuntimeException 异常）异常并立刻失败。

16.2　List 接口

List 接口继承了 Collection 接口，以定义一个允许重复项的有序集合。该接口不但能够对列表的一部分进行处理，还添加了面向位置的操作。

（1）面向位置的操作包括插入某个元素或 Collection 的功能，还包括获取、除去或更改元素的功能。在 List 中搜索元素可以从列表的头部或尾部开始，如果找到元素，就将报告元素所在的位置。

- void add(int index, Object element)：在指定位置 index 上添加元素 element。
- boolean addAll(int index, Collection c)：将集合 c 的所有元素添加到指定位置 index。
- Object get(int index)：返回 List 中指定位置的元素。
- int indexOf(Object o)：返回第一个出现元素 o 的位置，否则返回−1。
- int lastIndexOf(Object o)：返回最后一个出现元素 o 的位置，否则返回−1。
- Object remove(int index)：删除指定位置上的元素。
- Object set(int index, Object element)：用元素 element 取代位置 index 上的元素，并且返回旧的元素。

（2）List 接口不但以位置序列迭代地遍历整个列表，还能处理集合的子集。

- ListIterator listIterator()：返回一个列表迭代器，用来访问列表中的元素。
- ListIterator listIterator(int index)：返回一个列表迭代器，用来从指定位置 index 开始访问列表中的元素。
- List subList(int fromIndex, int toIndex)：返回从指定位置 fromIndex（包含）到 toIndex（不

包含）范围中各个元素的列表视图。

对子列表的更改（如 add()、remove()和 set()调用）对底层 List 也有影响。

16.2.1 ListIterator 接口

ListIterator 接口继承 Iterator 接口以支持添加或更改底层集合中的元素，还支持双向访问。ListIterator 没有当前位置，光标位于调用 previous 和 next 方法返回的值之间。一个长度为 n 的列表有 n+1 个有效索引值。

- void add(Object o)：将对象 o 添加到当前位置的前面。
- void set(Object o)：用对象 o 替代 next 或 previous 方法访问的上一个元素。如果上次调用后列表结构被修改了，那么将抛出 IllegalStateException 异常。
- boolean hasPrevious()：判断向后迭代时是否有元素可访问。
- Object previous()：返回上一个对象。
- int nextIndex()：返回下次调用 next 方法时将返回的元素的索引。
- int previousIndex()：返回下次调用 previous 方法时将返回的元素的索引。

正常情况下，不用 ListIterator 改变某次遍历集合元素的方向——向前或者向后。虽然在技术上可以实现，但是 previous()后立刻调用 next()，返回的是同一个元素。把调用 next()和 previous()的顺序颠倒一下，结果相同。

我们还需要稍微再解释一下 add()操作。添加一个元素会导致新元素立刻被添加到隐式光标的前面。因此，添加元素后调用 previous()会返回新元素，调用 next()则不起作用，返回添加操作之前的下一个元素。

【文件 16.1】ArrayListDemo1.java

```
ArrayList  arraylist = new ArrayList();
Arraylist.add("234");
//1
for(object obj :  arraylist ) ...{
    obj.ToString();
}
  // 2
for(int   i=0,size= arraylist.size();i<size;i++){
    arraylist.get(i);
}
// 3
for(Iterator iter = arraylist.iterator(); iter.hasNext(); ){
    iter.next();
}
```

16.2.2　AbstractList 和 AbstractSequentialList 抽象类

有两个抽象的 List 实现类：AbstractList 和 AbstractSequentialList。像 AbstractSet 类一样，它们覆盖了 equals() 和 hashCode() 方法，以确保两个相等的集合返回相同的哈希码。若两个列表大小相等且包含顺序相同的相同元素，则这两个列表相等。这里的 hashCode() 实现在 List 接口定义中指定，而在这里实现。

除了 equals()和 hashCode()，AbstractList 和 AbstractSequentialList 实现了其余 List 方法的一部分。因为数据的随机访问和顺序访问是分别实现的，使得具体列表实现的创建更为容易。需要定义的一套方法取决于希望支持的行为。你永远不必亲自提供的是 iterator 方法的实现。

16.2.3　LinkedList 类和 ArrayList 类

在集合框架中有两种常规的 List 实现：ArrayList 和 LinkedList。使用两种 List 实现的哪一种取决于特定的需要。如果要支持随机访问，而不必在除尾部的任何位置插入或除去元素，那么 ArrayList 提供了可选的集合。如果要频繁地从列表的中间位置添加和除去元素，并且只要顺序地访问列表元素，那么 LinkedList 实现更好。

1. LinkedList 类

LinkedList 类添加了一些处理列表两端元素的方法。

- void addFirst(Object o)：将对象 o 添加到列表的开头。
- void addLast(Object o)：将对象 o 添加到列表的结尾。
- Object getFirst()：返回列表开头的元素。
- Object getLast()：返回列表结尾的元素。
- Object removeFirst()：删除并且返回列表开头的元素。
- Object removeLast()：删除并且返回列表结尾的元素。
- LinkedList()：构建一个空的链接列表。
- LinkedList(Collection c)：构建一个链接列表，并且添加集合 c 的所有元素。使用这些新方法，你就可以轻松地把 LinkedList 当作一个堆栈、队列或其他面向端点的数据结构。

2. ArrayList 类

ArrayList 类封装了一个动态再分配的 Object[]数组。每个 ArrayList 对象有一个 capacity。这个 capacity 表示存储列表中元素的数组的容量。当元素添加到 ArrayList 时，它的 capacity 在常量时间内自动增加。

在向一个 ArrayList 对象添加大量元素的程序中，可使用 ensureCapacity 方法增加 capacity。这可以减少增加重分配的数量。

- void ensureCapacity(int minCapacity)：将 ArrayList 对象容量增加 minCapacity。
- void trimToSize()：整理 ArrayList 对象容量为列表当前大小。程序可使用这个操作减少 ArrayList 对象存储空间。

16.3 Set 接口

Set 接口继承 Collection 接口，而且不允许集合中存在重复项，每个具体的 Set 实现类依赖添加的对象的 equals()方法来检查独一性。Set 接口没有引入新方法，所以 Set 就是一个 Collection，只不过其行为不同。

16.3.1 Hash 表

Hash 表是一种数据结构，用来查找对象。Hash 表为每个对象计算出一个整数，称为 Hash Code（哈希码）。Hash 表是一个链接式列表的阵列。每个列表称为一个 buckets（哈希表元）。对象位置的计算方式为 index = HashCode % buckets。注意：HashCode 为对象哈希码，buckets 为哈希表元总数。

当你添加元素时，有时会遇到填充了元素的哈希表元，这种情况称为 Hash Collisions（哈希冲突）。这时，你必须判断该元素是否已经存在于哈希表中。

如果哈希码是合理地随机分布的，并且哈希表元的数量足够大，那么哈希冲突的数量就会减少。同时，你也可以通过设定一个初始的哈希表元数量，来更好地控制哈希表的运行。初始哈希表元的数量为：buckets = size×150% + 1，其中 size 为预期元素的数量。

如果哈希表中的元素放得太满，就必须进行 rehashing（再哈希）。再哈希使哈希表元数增倍，并将原有的对象重新导入新的哈希表元中，而原始的哈希表元被删除。load factor（加载因子）决定何时要对哈希表进行再哈希。在 Java 编程语言中，加载因子的默认值为 0.75，默认哈希表元为 101。

16.3.2 Comparable 接口和 Comparator 接口

在"集合框架"中有两种比较接口：Comparable 接口和 Comparator 接口。String 和 Integer 等 Java 内建类可以实现 Comparable 接口，以提供一定的排序方式，但是这样只能实现该接口一次。对于那些没有实现 Comparable 接口的类或者自定义的类，你可以通过 Comparator 接口来定义比较方式。

1. Comparable 接口

在 java.lang 包中，Comparable 接口适用于一个类有自然顺序的时候。假定对象集合是同一类型，该接口允许你把集合排序成自然顺序。

- int compareTo(Object o)：比较当前实例对象与对象 o。如果位于对象 o 之前，就返回负值；如果两个对象在排序中的位置相同，则返回 0；如果位于对象 o 后面，则返回正值。

在 Java 2 SDK 版本 1.4 中有 24 个类实现 Comparable 接口。表 16-1 展示了 10 种基本类型的自然排序。虽然一些类共享同一种自然排序，但是只有相互可比的类才能排序。

表 16-1　10 种基本类型的自然排序

类	排序
BigDecimal,BigInteger,Byte, Double, Float,Integer,Long,Short	按数字大小排序
Character	按 Unicode 值的数字大小排序
String	按字符串中字符 Unicode 值排序

利用 Comparable 接口创建你自己的类的排序顺序，只是实现 compareTo()方法的问题。通常就是依赖几个数据成员的自然排序。同时类也应该覆盖 equals()和 hashCode()，以确保两个相等的对象返回同一个哈希码。

2. Comparator 接口

若一个类不能用于实现 java.lang.Comparable，或者你不喜欢默认的 Comparable 行为并想提供自己的排序顺序（可能多种排序方式），你可以实现 Comparator 接口，从而定义一个比较器。

- int compare(Object o1, Object o2)：对两个对象 o1 和 o2 进行比较。如果 o1 位于 o2 的前面，则返回负值；如果在排序顺序中认为 o1 和 o2 是相同的，就返回 0；如果 o1 位于 o2 的后面，则返回正值。与 Comparable 相似，0 返回值不表示元素相等。一个 0 返回值只是表示两个对象排在同一位置。由 Comparator 用户决定如何处理。如果两个不相等的元素比较的结果为零，首先应该确信那就是你要的结果，然后记录行为。

- boolean equals(Object obj)：指示对象 obj 是否和比较器相等。该方法覆写 Object 的 equals()方法，检查的是 Comparator 实现的等同性，不是处于比较状态下的对象。

下面举例说明该接口的使用。这里以商品集合的价格排序为例，首先定义一个商品类 Product.java。

【文件 16.2】Product.java

```
package chap16;
    /**
    * 商品类
    * @author chidianwei
    * 2019 年 5 月 25 日
    */
    public class Product {
        private String name;
        private int amount;
        private double price;
        //重写 equals 方法来界定自己判断相等的方法
        @Override
        public boolean equals(Object obj) {
            // TODO Auto-generated method stub
```

```
            Product p=(Product)obj;
            if(this.name.equals(p.getName()))
                return true;
            else return false;
        }
        @Override
        public int hashCode() {
            // TODO Auto-generated method stub
            return this.name.hashCode();
        }

        public Product(String name, int amount, double price) {
            this.name = name;
            this.amount = amount;
            this.price = price;
        }
        public String getName() {
            return name;
        }
        public void setName(String name) {
            this.name = name;
        }
        public int getAmount() {
            return amount;
        }
        public void setAmount(int amount) {
            this.amount = amount;
        }
        public double getPrice() {
            return price;
        }
        public void setPrice(double price) {
            this.price = price;
        }
}
```

接下来定义测试类，初始化商品集合，然后调用 Collections 的 sort 方法对集合进行排序。这里 sort 方法的第二个参数为 Comparator 类型，我们需要给出一个该接口的具体实现类，里面比较方法界定排序规则，即按照价格排序。具体代码如下所示。

【文件 16.3】ComparatorDemo.java

```
public class ComparatorDemo {
    public static void main(String[] args) {
        // TODO Auto-generated method stub
        List ps=new ArrayList();
        ps.add(new Product("apple", 100, 2.5));
        ps.add(new Product("pear", 200, 2));
        ps.add(new Product("banana", 1000, 5.5));
        //对商品进行排序
//      Collections.sort(ps);
```

```
        Collections.sort(ps,new Comparator() {
            @Override
            public int compare(Object o1, Object o2) {
                // TODO Auto-generated method stub
                Product p1=(Product)o1;
                Product p2=(Product)o2;
                return new Double(p1.getPrice()).compareTo(new
Double(p2.getPrice()));
            }
        });//两个参数，第一个为待排序的集合，第二个为参数裁判
        for(Object obj :ps){
            Product p=(Product)obj;
            System.out.println(p.getName()+"---"+p.getAmount()+"----"+p.getPric
            e());
        }
    }
}
```

16.3.3　SortedSet 接口

"集合框架"提供了一个特殊的 Set 接口 SortedSet，它保持元素的有序顺序。SortedSet 接口为集的视图（子集）和它的两端（头和尾）提供了访问方法。当你处理列表的子集时，更改视图会反映到源集。此外，更改源集也会反映在子集上。发生这种情况的原因在于视图由两端的元素而不是下标元素指定，所以如果你想要一个特殊的高端元素（toElement）在子集中，就必须找到下一个元素。

添加到 SortedSet 实现类的元素必须实现 Comparable 接口，否则你必须给它的构造函数提供一个 Comparator 接口的实现。TreeSet 类是它的唯一一份实现。

集必须包含唯一的项，如果添加元素时比较两个元素导致了 0 返回值（通过 Comparable 的 compareTo()方法或 Comparator 的 compare()方法），那么新元素就没有添加进去。如果两个元素不相等，接下来就应该修改比较方法，让比较方法和 equals() 的效果一致。

- Comparator comparator()：返回对元素进行排序时使用的比较器，如果使用 Comparable 接口的 compareTo()方法对元素进行比较，则返回 null。
- Object first()：返回有序集合中第一个（最低）元素。
- Object last()：返回有序集合中最后一个（最高）元素。
- SortedSet subSet(Object fromElement, Object toElement)：返回从 fromElement（包括）至 toElement（不包括）范围内元素的 SortedSet 视图（子集）。
- SortedSet headSet(Object toElement)：返回 SortedSet 的一个视图，其内各元素皆小于 toElement。
- SortedSet tailSet(Object fromElement)：返回 SortedSet 的一个视图，其内各元素皆大于或等于 fromElement。

16.3.4 AbstractSet 抽象类

AbstractSet 类覆盖了 Object 类的 equals()和 hashCode()方法，以确保两个相等的集返回相同的哈希码。若两个集大小相等且包含相同元素，则这两个集相等。按照定义，集的哈希码是集中元素哈希码的总和。因此，不论集的内部顺序如何，两个相等的集都会有相同的哈希码。

16.3.5 HashSet 类和 TreeSet 类

"集合框架"支持 Set 接口两种普通的实现：HashSet 和 TreeSet（TreeSet 实现 SortedSet 接口）。在更多情况下，你会使用 HashSet 存储重复自由的集合。考虑到效率，添加到 HashSet 的对象需要采用恰当分配哈希码的方式来实现 hashCode()方法。虽然大多数系统类覆盖了 Object 中默认的 hashCode()和 equals()实现，但是创建你自己的要添加到 HashSet 的类时，一定要覆盖 hashCode()和 equals()。

当你要从集合中以有序的方式插入和抽取元素时，TreeSet 实现会有用处。为了能顺利进行，添加到 TreeSet 的元素必须是可排序的。

1. HashSet 类

不能保存重复的元素，不排序。

HashSet 类的构造函数如下：

- HashSet()：构建一个空的哈希集。
- HashSet(Collection c)：构建一个哈希集，并且添加集合 c 中的所有元素。
- HashSet(int initialCapacity)：构建一个拥有特定容量的空哈希集。
- HashSet(int initialCapacity, float loadFactor)：构建一个拥有特定容量和加载因子的空哈希集。LoadFactor 是 0.0 至 1.0 之间的一个数。

以下是 HashSet 的代码举例。HashSet 本身是 Collection 接口的一个子类，自然也有相关的操作方法。

【文件 16.4】SetDemo1.java

```java
public class SetDemo1 {
    public static void main(String[] args) {
        //创建一个集合
        Set<String> set=new HashSet<String>();
        set.add("zhangsan");
        set.add("zhangsan");
        set.add("zhangsan");
        set.add("lisi");
        set.add("wangwu");
        System.out.println(set);
        System.out.println(set.size());
```

```
        //删除元素
        set.remove("lisi");
        System.out.println(set);
        //遍历方式
        for(String s:set){
            System.out.println(s);
        }
    }
```

以上代码对 Set 集合添加常用数据类型 String，并调用了集合的删除、添加等操作，这与 List 集合没有区别。当然，Set 集合也可以存储自定义类型。

【文件 16.5】SetDemo2.java

```
public class SetDemo2 {
    public static void main(String[] args) {
        //创建一个集合
        Set<Product> set=new HashSet<Product>();
        set.add(new Product("apple", 100, 1.5));
        set.add(new Product("apple", 100, 1.5));
        set.add(new Product("apple", 100, 1.5));
        set.add(new Product("apple", 100, 1.5));
        int count = set.size();
        System.out.println(count);
    }
}
```

2. TreeSet 类

不能保存重复的元素，默认按升序排序，或按指定的 Comparator 排序。

- TreeSet()：构建一个空的树集。
- TreeSet(Collection c)：构建一个树集，并且添加集合 c 中的所有元素。
- TreeSet(Comparator c)：构建一个树集，并且使用特定的比较器对其元素进行排序。Comparator 比较器没有任何数据，它只是比较方法的存放器。这种对象有时称为函数对象。函数对象通常在"运行过程中"被定义为匿名内部类的一个实例。
- TreeSet(SortedSet s)：构建一个树集，添加有序集合 s 中的所有元素，并且使用与有序集合 s 相同的比较器排序。

3. LinkedHashSet 类

LinkedHashSet 扩展 HashSet。如果想跟踪添加给 HashSet 的元素的顺序，LinkedHashSet 实现会有帮助。LinkedHashSet 的迭代器按照元素的插入顺序来访问各个元素。它提供了一个可以快速访问各个元素的有序集合。同时，它也增加了实现的代价，因为哈希表元中的各个元素是通过双重链接式列表链接在一起的。

- LinkedHashSet()：构建一个空的链接式哈希集。
- LinkedHashSet(Collection c)：构建一个链接式哈希集，并且添加集合 c 中所有的元素。
- LinkedHashSet(int initialCapacity)：构建一个拥有特定容量的空链接式哈希集。

- LinkedHashSet(int initialCapacity, float loadFactor)：构建一个拥有特定容量和加载因子的空链接式哈希集。LoadFactor 是 0.0 至 1.0 之间的一个数。

为优化 HashSet 空间的使用，你可以调优初始容量和负载因子。TreeSet 不包含调优选项，因为树总是平衡的。

16.4　Map 接口

Map 接口不是 Collection 接口的继承。Map 接口用于维护键-值对（key-value pairs）。该接口描述了从不重复的键到值的映射。

（1）添加、删除操作。

- Object put(Object key, Object value)：将互相关联的一个关键字与一个值放入该映像。如果该关键字已经存在，那么与此关键字相关的新值将取代旧值。方法返回关键字的旧值，如果关键字原先并不存在，则返回 null。
- Object remove(Object key)：从映像中删除与 key 相关的映射。
- void putAll(Map t)：将来自特定映像的所有元素添加给该映像。
- void clear()：从映像中删除所有映射。

键和值都可以为 null。但是，你不能把 Map 作为一个键或值添加给自身。

（2）查询操作。

- Object get(Object key)：获得与关键字 key 相关的值，并且返回与关键字相关的对象，如果没有在该映像中找到该关键字，则返回 null。
- boolean containsKey(Object key)：判断映像中是否存在关键字。
- boolean containsValue(Object value)：判断映像中是否存在值。
- int size()：返回当前映像中映射的数量。
- boolean isEmpty()：判断映像中是否有任何映射。

（3）视图操作：处理映像中键-值对组。

- Set keySet()：返回映像中所有关键字的视图集。因为映射中键的集合必须是唯一的，所以用 Set 支持。你还可以从视图中删除元素，同时关键字和它相关的值将从源映像中被删除，但是不能添加元素。
- Collection values()：返回映像中所有值的视图集。因为映射中值的集合不是唯一的，所以用 Collection 支持。你还可以从视图中删除元素，同时值和它的关键字将从源映像中被删除，但是不能添加元素。

```
Map map = new HashMap();
for (Iterator iter = map.keySet().iterator(); iter.hasNext();) {
    Object key = iter.next();
```

```
      Object val = map.get(key);
}
```

- Set entrySet()：返回 Map.Entry 对象的视图集，即映像中的关键字-值对。因为映射是唯一的，所以用 Set 支持。你还可以从视图中删除元素，同时这些元素将从源映像中被删除，但是不能添加元素。

【文件 16.6】MapDemo1.java

```
Map map = new HashMap();
for (Iterator iter = map.entrySet().iterator(); iter.hasNext();) {
   Map.Entry entry = (Map.Entry) iter.next();
   Object key = entry.getKey();
   Object val = entry.getValue();
}
```

16.4.1　Map.Entry 接口

Map 的 entrySet()方法返回一个实现 Map.Entry 接口的对象集合。集合中每个对象都是底层 Map 中一个特定的键-值对。

通过这个集合的迭代器，你可以获得每一个条目（唯一获取方式）的键或值并对值进行更改。当条目通过迭代器返回后，除非是迭代器自身的 remove()方法或者迭代器返回的条目的 setValue()方法，其余对源 Map 外部的修改都会导致此条目集变得无效，同时产生条目行为未定义。

- Object getKey()：返回条目的关键字。
- Object getValue()：返回条目的值。
- Object setValue(Object value)：将相关映像中的值改为 value，并且返回旧值。

16.4.2　SortedMap 接口

"集合框架"提供了一个特殊的 Map 接口：SortedMap，用来保持键的有序顺序。

SortedMap 接口为映像的视图（子集），包括两个端点都提供了访问方法。除了排序是作用于映射的键以外，处理 SortedMap 和处理 SortedSet 一样。

添加到 SortedMap 实现类的元素必须实现 Comparable 接口，否则你必须给它的构造函数提供一个 Comparator 接口的实现。TreeMap 类是唯一的一份实现。

"对于映射来说，每个键只能对应一个值，如果在添加一个键-值对时比较两个键产生了 0 返回值（通过 Comparable 的 compareTo()方法或通过 Comparator 的 compare()方法），那么原始键对应值被新的值替代。如果两个元素不相等，就应该修改比较方法，让比较方法和 equals() 的效果一致。"

- Comparator comparator()：返回对关键字进行排序时使用的比较器，如果使用 Comparable 接口的 compareTo()方法对关键字进行比较，则返回 null。

- Object firstKey()：返回映像中第一个（最低）关键字。
- Object lastKey()：返回映像中最后一个（最高）关键字。
- SortedMap subMap(Object fromKey, Object toKey)：返回从 fromKey（包括）至 toKey（不包括）范围内元素的 SortedMap 视图（子集）。
- SortedMap headMap(Object toKey)：返回 SortedMap 的一个视图，其内各元素的 key 皆小于 toKey。
- SortedSet tailMap(Object fromKey)：返回 SortedMap 的一个视图，其内各元素的 key 皆大于或等于 fromKey。

16.4.3　AbstractMap 抽象类

和其他抽象集合实现相似，AbstractMap 类覆盖了 equals() 和 hashCode() 方法，以确保两个相等映射返回相同的哈希码。如果两个映射大小相等、包含同样的键且每个键在这两个映射中对应的值都相同，则这两个映射相等。映射的哈希码是映射元素哈希码的总和，其中每个元素是 Map.Entry 接口的一个实现。因此，不论映射内部顺序如何，两个相等映射都会报告相同的哈希码。

16.4.4　HashMap 类和 TreeMap 类

"集合框架"提供两种常规的 Map 实现：HashMap 和 TreeMap（TreeMap 实现 SortedMap 接口）。在 Map 中插入、删除和定位元素，HashMap 是最好的选择。如果要按自然顺序或自定义顺序遍历键，那么 TreeMap 会更好。使用 HashMap 要求添加的键类明确定义了 hashCode() 和 equals() 的实现。

这个 TreeMap 没有调优选项，因为该树总处于平衡状态。

1. HashMap 类

为了优化 HashMap 空间的使用，你可以调优初始容量和负载因子。

- HashMap()：构建一个空的哈希映像。
- HashMap(Map m)：构建一个哈希映像，并且添加映像 m 的所有映射。
- HashMap(int initialCapacity)：构建一个拥有特定容量的空的哈希映像。
- HashMap(int initialCapacity, float loadFactor)：构建一个拥有特定容量和加载因子的空的哈希映像。

这里使用 HashMap 的第一个构造方法创建集合，创建一张电视剧演员表，每一个键值对分别对应演员和扮演的角色名字，最后根据添加的演员表遍历显示所有记录。

【文件 16.7】MapDemo2.java

```
public class MapDemo2 {
```

```
public static void main(String[] args) {
    // 创建一个集合存储演员表
    Map<String,String> map=new HashMap();
    //存储元素
    map.put("令狐冲", "李亚鹏");
    map.put("任盈盈", "许晴");
    //显示集合尺寸
    System.out.println(map.size());//4
    //循环遍历 1
    //获取 key 组成的集合
    Set<String> keys = map.keySet();
    System.out.println("--------------笑傲江湖演员表-----------------");
    for(String key:keys){
        System.out.println(key+"------------------------"+map.get(key));
    }
    //循环遍历 2
    for(Map.Entry<String, String> kv:map.entrySet()){
        System.out.println(kv.getKey()+"------------------"+kv.getValue());
    }
}
}
```

2. TreeMap 类

TreeMap 没有调优选项，因为该树总处于平衡状态。

- TreeMap()：构建一个空的映像树。
- TreeMap(Map m)：构建一个映像树，并且添加映像 m 中的所有元素。
- TreeMap(Comparator c)：构建一个映像树，并且使用特定的比较器对关键字进行排序。
- TreeMap(SortedMap s)：构建一个映像树，添加映像树 s 中的所有映射，并且使用与有序映像 s 相同的比较器排序。

16.4.5　LinkedHashMap 类

LinkedHashMap 扩展 HashMap，以插入顺序将关键字-值对添加进链接哈希映像中。像 LinkedHashSet 一样，LinkedHashMap 内部也采用双重链接式列表。

- LinkedHashMap()：构建一个空链接哈希映像。
- LinkedHashMap(Map m)：构建一个链接哈希映像，并且添加映像 m 中的所有映射。
- LinkedHashMap(int initialCapacity)：构建一个拥有特定容量的空的链接哈希映像。
- LinkedHashMap(int initialCapacity, float loadFactor)：构建一个拥有特定容量和加载因子的空的链接哈希映像。
- LinkedHashMap(int initialCapacity, float loadFactor, boolean accessOrder)：构建一个拥有特定容量、加载因子和访问顺序排序的空的链接哈希映像。该映像本身的特性对于实现高速缓存的"删除最近最少使用"的原则很有用。例如，你可以希望将最常访问的映射保存在内存中，并且从数据库中读取不经常访问的对象。当你在表中找不到某个映射，并且该表中的映射已经放得非常满时，你可以让迭代器进入该表，将它枚举的开头几个映射删除掉。这些是最近最少使用的映射。

- protected boolean removeEldestEntry(Map.Entry eldest)：如果你想删除最老的映射，则覆盖该方法，以便返回 true。当某个映射已经添加给映像之后，便调用该方法。它的默认实现方法返回 false，表示默认条件下老的映射没有被删除。但是你可以重新定义本方法，以便有选择地在最老的映射符合某个条件或者映像超过了某个大小时返回 true。

16.4.6　WeakHashMap 类

WeakHashMap 是 Map 的一个特殊实现，使用 WeakReference（弱引用）来存放哈希表关键字。使用这种方式时，当映射的键在 WeakHashMap 外部不再被引用时，垃圾收集器会将它回收，但它将把到达该对象的弱引用纳入一个队列。WeakHashMap 的运行将定期检查该队列，以便找出新到达的弱引用。当一个弱引用到达该队列时，就表示关键字不再被任何人使用，并且它已经被收集起来。然后 WeakHashMap 便删除相关的映射。

- WeakHashMap()：构建一个空弱哈希映像。
- WeakHashMap(Map t)：构建一个弱哈希映像，并且添加映像 t 中所有的映射。
- WeakHashMap(int initialCapacity)：构建一个拥有特定容量的空的弱哈希映像。
- WeakHashMap(int initialCapacity, float loadFactor)：构建一个拥有特定容量和加载因子的空的弱哈希映像。

16.5　本章总结

集合类分为 List、Set、Map，然后每个集合又分为许多实现类。List 可以保存重复的元素，并按添加的顺序展示元素。经常被使用到的实现类为 ArrayList。Set 不能保存重复的元素，且不排序，它的两个子类是 HashSet、TreeSet。Map 保存 key-value 形式的数据，其中 key 值不能重复，但是 value 可以重复。集合类的主要功能就是进行数据封装。所以，学会灵活使用集合框架就可以在程序中灵活地进行数据传递。

16.6　课后练习

1. 简述 List、Set、Map 三者的特点及主要实现类。
2. 说明 ArrayList 与 Vector 的区别。
3. 说明 LinkedList 与 ArrayList 的区别。
4. 说明 HashMap 与 HashSet 的区别。

第17章

Java IO 流

I/O（Input/Output，输入输出）是 Java 中处理读取数据和写数据的简称。在 Java 中，I/O 分为两种：一种为字节流，一种为字符流。Java 中的输入输出操作类位于 java.io 包中。

字节流：表示以字节为单位从 stream 中读取或往 stream 中写入信息，即 io 包中的 inputstream 类和 outputstream 类的派生类，通常用来读取二进制数据，如图像和声音。

字符流：以 Unicode 字符为导向的 stream，表示以 Unicode 字符为单位从 stream 中读取或往 stream 中写入信息。

17.1　输入/输出字节流

输入字节流通过字节的方式从文件中向程序读取数据。所有的字节输入流都是 java.io.InputStream 的子类。它的体系结构如图 17-1 所示。

输出字节流以向外写字节的方式输出数据。所有字节输出流都是 java.io.OuputStream 的子类。它的结构如图 17-2 所示。

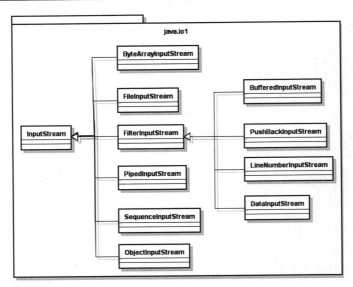

图 17-1

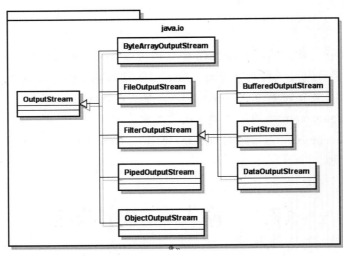

图 17-2

17.1.1 InputStream 类

InputStream 类为抽象类，不能创建对象，可以通过子类来实例化。InputStream 是输入字节数据用的类，所以 InputStream 类提供了 3 种重载的 read 方法。InputStream 类中的常用方法如下：

- public abstract int read( )：读取一个字节的数据，返回值是高位补 0 的 int 类型值。
- public int read(byte b[ ])：读取 b.length 个字节的数据到 b 数组中，返回值是读取的字节数。该方法实际上是调用下一个方法实现的。
- public int read(byte b[ ], int off, int len)：从输入流中最多读取 len 个字节的数据，存放

到偏移量为 off 的 b 数组中。

- public int available( )：返回输入流中可以读取的字节数。注意：若输入阻塞，则当前线程将被挂起；如果 InputStream 对象调用这个方法，就只会返回 0，这个方法必须由继承 InputStream 类的子类对象调用才有用。
- public long skip(long n)：忽略输入流中的 n 个字节，返回值是实际忽略的字节数，跳过一些字节来读取。
- public int close( )：在使用完毕后，必须对我们打开的流进行关闭。

17.1.2 OutputStream 类

OutputStream 提供了 3 个 write 方法来做数据的输出，和 InputStream 是相对应的。

- public void write(byte b[ ])：将参数 b 中的字节写到输出流。
- public void write(byte b[ ], int off, int len)：将参数 b 从偏移量 off 开始的 len 个字节写到输出流。
- public abstract void write(int b)：先将 int 转换为 byte 类型，再把低字节写入输出流中。
- public void flush( )：将数据缓冲区中的数据全部输出，并清空缓冲区。
- public void close( )：关闭输出流并释放与流相关的系统资源。

注　意
（1）上述的方法都有可能引起异常。 （2）InputStream 和 OutputStream 都是抽象类，不能创建这种类型的对象。

17.1.3 FileInputStream 类

FileInputStream 类是 InputStream 类的子类，用来处理以文件作为数据输入源的数据流。使用方法：

（1）方式 1：

```
File fin=new File("d:/abc.txt");
FileInputStream  in=new FileInputStream(fin);
```

（2）方式 2：

```
FileInputStream  in=new     FileInputStream("d: /abc.txt");
```

（3）方式 3：

构造函数将 FileDescriptor()对象作为其参数。

```
FileDescriptor() fd=new FileDescriptor();
FileInputStream f2=new FileInputStream(fd);
```

从文件输入流读取内容的示例：

【文件 17.1】DemoIn.java

```java
public class DemoIn {
    public static void main(String[] args) throws Exception {
        InputStream in = new FileInputStream("d:/a.txt");
        byte[] bs = new byte[1024];
        int len = 0;
        while ((len = in.read(bs)) != -1) {
            String str = new String(bs, 0, len);
            System.err.print(str);
        }
        in.close();
    }
}
```

17.1.4　FileOutputStream 类

FileOutputStream 类用来处理以文件作为数据输出目的的数据流，可以是一个表示文件名的字符串，也可以是 File 或 FileDescriptor 对象。

创建一个文件流对象有几种方法：

（1）方式 1：

```java
File f=new File("d:/abc.txt");
FileOutputStream  out=new FileOutputStream (f);
```

（2）方式 2：

```java
FileOutputStream out=new  FileOutputStream("d:/abc.txt");
```

（3）方式 3：构造函数将 FileDescriptor()对象作为其参数。

```java
FileDescriptor() fd=new FileDescriptor();
FileOutputStream f2=new FileOutputStream(fd);
```

（4）方式 4：构造函数将文件名作为其第一个参数，将布尔值是否向文件最后追加数据作为第二个参数。

```java
FileOutputStream f=new FileOutputStream("d:/abc.txt",true);
```

> **注　意**
>
> （1）向文件中写数据时，若文件已经存在，则覆盖存在的文件。
> （2）当读/写操作结束时，应调用 close 方法关闭流。

向文件输出流写字符串"Hello"的示例：

【文件 17.2】DemoOut.java

```java
public class DemoOut {
    public static void main(String[] args) throws Exception {
        OutputStream out = new FileOutputStream("d:/a.txt");
```

```
        out.write("Hello".getBytes());
        out.write("你好\r\n".getBytes());
        out.close();
    }
}
```

17.1.5　其他输入/输出字节流

输入输出字节流众多，在此就不一一介绍了，下面简要地说明一些，若同时配合 API 学习，则会获取较好的结果。

1. 输入字节流

- ByteArrayInputStream：把内存中的一个缓冲区作为 InputStream 使用，从内存数组中读取数据字节。
- ObjectInputStream：对象输入流。从文件中把对象读出来重新建立。对象必须实现 Serializable 接口。对象中的 transient 和 static 类型的成员变量不会被读取和写入。
- PipedInputStream：实现了 pipe 的概念，从线程管道中读取数据字节，主要在线程中使用。管道输入流是指一个通信管道的接收端。一个线程通过管道输出流发送数据，另一个线程通过管道输入流读取数据，即可实现两个线程间的通信。
- SequenceInputStream：把多个 InputStream 合并为一个 InputStream，当到达流的末尾时从一个流转到另一个流。SequenceInputStream 类允许应用程序把几个输入流连续地合并起来，并且使它们像单个输入流一样出现。
- BufferedInputStream：缓冲区对数据的访问，以提高效率。
- DataInputStream：从输入流中读取基本数据类型，如 int、float、double，或者一行文本。
- LineNumberInputStream：在翻译行结束符的基础上维护一个计数器，该计数器表明正在读取的是哪一行。
- PushbackInputStream：允许把数据字节向后推到流的首部。

2. 输出字节流

- ByteArrayOutputStream：把信息存入内存中的一个缓冲区中，该类实现一个以字节数组形式写入数据的输出流。
- PipedOutputStream：实现了 pipe 的概念，主要在线程中使用。管道输出流是指一个通信管道的发送端。一个线程通过管道输出流发送数据，另一个线程通过管道输入流读取数据，即可实现两个线程间的通信。
- FilterOutputStream：类似于 FilterInputStream，OutputStream 也提供了过滤器输出流。
- ObjectOutputStream：对象输出流。对象必须实现 Serializable 接口。对象中的 transient 和 static 类型的成员变量不会被读取和写入。

3. 对象的读写

这里使用得比较多的是对象输入输出流，以下案例是基于这个类型的字节流展开的。

对象输出流和对象输入流可以为应用提供对象持久化的功能，分别调用文件输出流和文件输入流来实现。另一种使用对象流的场景是，在不同主机用 socket 流在远程通信系统中传递数据。

（1）ObjectInputStream

对象输入流用来恢复之前序列化存储的对象，可以确保每次从流中读取的对象能匹配 Java 虚拟机中已经存在的类，根据需求使用标准机制加载类。另外，只有支持 Serializable 或者 Externalizable 接口的类可以从流中读取出来。对象输入流继承了 InputStream 中字节的读取方法，还有一些常用的方法：

- boolean readBoolean()：读出布尔类型数据。
- byte readByte()：读取一个 8 比特字节。
- char readChar()：读取一个 16 比特的字符。
- double readDouble()：读取一个 64 比特的 double 类型数据。
- float readFloat()：读取一个 32 比特的 float 类型数据。
- void readFully(byte[] buf)：将流中所有的字节读取到 buf 字节数组中。
- void readFully(byte[] buf, int off, int len)：从流中读取 len 个字节数据到 buf 中，第一个字节存放在 buf[off]中，第二个字节存放在 buf[off+1]中，以此类推。
- int readInt()：读取一个 32 比特的 int 类型数据。
- long readLong()：读取一个 64 比特的 long 类型数据。
- Object readObject()：从流中读取一个对象数据，包括对象所属的类、该类的签名、类中非瞬态和非静态的字段值以及所有非超类型的字段值。
- short readShort()：读取一个 16 比特的 short 类型数据。
- int readUnsignedByte()：读取一个非负的 8 比特字节，转换为 int 类型返回。
- int readUnsignedShort()：读取非负的 16 比特的 short 类型数据，转换为 int 类型返回。
- String readUTF()：读取一个按 UTF-8 编码的 String 类型的数据。

（2）ObjectOutputStream

对象输出流是用来持久化对象的，可以将对象数据写入到文件，如果是网络流，则可以将对象传输给其他用户进行通信。只有支持 Serializable 接口的对象支持写入到流，每个序列化对象被编码，包括类的名称和类的签名，以及类的对象中的字段值、arrays 变量、以及从初始化对象引用的任何其他对象的闭包。

对象输出流继承了 OutputStream 中字节写的方法，常用的方法还有以下几种：

- void writeBoolean(boolean val)：写一个布尔类型数据。
- void writeByte(int val)：写一个 8 比特的字节数据，int 类型只截取第 8 位。
- void writeBytes(String str)：将一个字符串数据当作一个字节序列写入流中。
- void writeChar(int val)：写入一个 16 比特的字符数据，参数为 int，只截取低 16 位。
- void writeChars(String str)：将一个字符串数据当作一个字符序列写入。
- void writeDouble(double val)：写入一个 64 比特的 double 类型数据。

- void writeFloat(float val)：写入一个 32 比特的 float 类型数据。
- void writeLong(long val)：写入一个 64 比特的 long 类型数据。
- void writeObject(Object obj)：将一个对象写入到流中，包括类的名称和类的签名、类的对象中的字段值、arrays 变量，以及从初始化对象引用的任何其他对象的闭包。
- void writeShort(int val)：将一个 16 比特的 short 类型数据写入到流中。
- void writeUTF(String str)：将一个按 UTF-8 编码的字符串数据写入到流中。

（3）例子

定义了一个 Person 类，用来测试读写对象，然后建立两个 Java 项目：一个用来写对象，一个用来读对象。两个 Java 项目都应该包括 Person 对象的定义，同时要保证两个工程中 Person 的包名和类名一致，具体代码如下：

【文件 17.3】Person.java

```java
package model;
import java.io.Serializable;
import java.util.Date;
public class Person implements Serializable{
    public String name;
    public int year;
    public Date birth;
    public String getName() {
        return name;
    }
    public void setName(String name) {
        this.name = name;
    }
    public int getYear() {
        return year;
    }
    public void setYear(int year) {
        this.year = year;
    }
    public Date getBirth() {
        return birth;
    }
    public void setBirth(Date birth) {
        this.birth = birth;
    }

    /*
     *重写 toString 函数，返回内容包括名字、年龄和生日
     */
    public String toString(){
        return name.toString() + " " + year + " " + birth.toString();
    }
}
```

以下是写文件的代码，对序列化对象写入文件。

【文件 17.4】ObjectTest1.java

```java
import java.io.FileOutputStream;
import java.io.IOException;
import java.io.ObjectOutputStream;
import java.util.Date;
import model.Person;
public class ObjectTest {
    public static void main(String[] args) throws IOException{
        //定义一个文件输出流，用来写文件
        FileOutputStream fos = new FileOutputStream("G:\\person.obj");
        //用文件输出流构造对象输出流
        ObjectOutputStream oos = new ObjectOutputStream(fos);
        Person p1 = new Person();              //定义两个对象
        Person p2 = new Person();
        p1.setName("福国");
        p1.setYear(23);
        p1.setBirth(new Date(95,6,12));
        p2.setName("zhangbin");
        p2.setYear(24);
        p2.setBirth(new Date(94,1,2));
        oos.writeObject(p1);                   //将两个对象写入文件
        oos.writeObject(p2);
        oos.close();
        fos.close();
    }
}
```

以下是读文件的代码，将对象从文件中读取出来。

【文件 17.5】ObjectTest1.java

```java
import java.io.FileInputStream;
import java.io.IOException;
import java.io.ObjectInputStream;
import model.Person;
public class ObjectTest1 {
    public static void main(String[] args) throws IOException,
    ClassNotFoundException{
        //构造文件输入流
        FileInputStream fis = new FileInputStream("G:\\person.obj");
        //用文件输出流初始化对象输入流
        ObjectInputStream ois = new ObjectInputStream(fis);

        Person p1 = (Person)ois.readObject();        //依次读出对象
        Person p2 = (Person)ois.readObject();
        System.out.println("p1 的内容为:"+p1.toString());
        System.out.println("p2 的内容为:"+p2.toString());
    }
}
```

17.2 输入/输出字符流

输入输出字符流以字符为单位，可用于读写字符，如文本文件。java.io.Reader 是所有字符输入流的父类，java.io.Writer 是所有字符输出流的父类。Reader 的体系结构如图 17-3 所示。Writer 类的体系结构如图 17-4 所示。

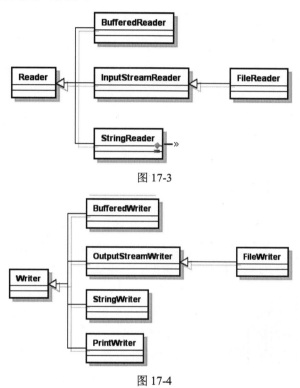

图 17-3

图 17-4

17.2.1 字符输入流 Reader

字符输入流体系是对字节输入流体系的升级，在子类的功能上基本和字节输入流体系中的子类一一对应，但是字符输入流的内部设计方式有所不同，执行效率要比字节输入流体系高一些。在遇到类似功能的类时，可以优先选择字符输入流体系中的类，从而提高程序的执行效率。

Reader 体系中的类和 InputStream 体系中的类在功能上是一致的，最大的区别是 Reader 体系中的类读取数据的单位是字符（char），也就是每次最少读入一个字符（两个字节）的数据。在 Reader 体系中，读数据的方法都是以字符作为基本单位的。

Reader 类的一些方法说明如下：

- int read()：读取单个字符。
- int read(char[] cbuf)：将字符读入数组。
- abstract void close()：关闭该流并释放与之关联的所有资源。

使用 FileReader 读取字符流的示例：

【文件 17.6】DemoIn2.java

```java
public class DemoIn2 {
    public static void main(String[] args) throws Exception {
        FileReader reader = new FileReader("D:/a.txt");
        char[] cs = new char[1024];
        int len=0;
        while((len=reader.read(cs))!=-1){
            String str = new String(cs,0,len);
            System.err.print(str);
        }
        reader.close();
    }
}
```

17.2.2 字符输出流 Writer

字符输出流体系是对字节输出流体系的升级，在子类的功能实现上基本和字节输出流保持一一对应。由于该体系中的类设计的比较晚，因此该体系中的类执行的效率要比字节输出流中对应的类效率高一些。在遇到类似功能的类时，可以优先选择该体系中的类，从而提高程序的执行效率。

Writer 体系中的类和 OutputStream 体系中的类在功能上是一致的，最大的区别就是 Writer 体系中的类写入数据的单位是字符（char），也就是每次最少写入一个字符（两个字节）的数据。在 Writer 体系中，写数据的方法都是以字符作为基本操作单位的。

Writer 类的部分方法说明如下：

- abstract void close()：关闭此流，但要先刷新它。
- abstract void flush()：刷新该流的缓冲。
- void write(char[] cbuf)：写入字符数组。
- abstract void write(char[] cbuf, int off, int len)：写入字符数组的某一部分。
- void write(int c)：写入单个字符。
- void write(String str)：写入字符串。
- void write(String str, int off, int len)：写入字符串的某一部分。
- Writer append(char c)：将指定字符添加到此 writer。
- Writer append(CharSequence csq)：将指定字符序列添加到此 writer。
- Writer append(CharSequence csq, int start, int end)：将指定字符序列的子序列添加到此 writer.Appendable。

以下示例将使用 Writer 向文件中写数据：

【文件 17.7】DemoOut2.java

```java
public class DemoOut2 {
    public static void main(String[] args) throws Exception {
        Writer writer = new FileWriter("d:/a.txt");
        writer.append("Hello");
        writer.write("你好\r\n");
        writer.close();
    }
}
```

17.2.3 转换输入/输出流

InputStreamReader 和 OutputStreamWriter 是转换流，用于将 Stream 转换成 Reader 或是 Writer，且在转换的过程中可以设置编码类型。

1. InputStreamReader 类

InputStreamReader 将字节流转换为字符流，是字节流通向字符流的桥梁。如果不指定字符集编码，那么该解码过程将使用平台默认的字符编码，如 GBK。

（1）构造方法

```java
//构造一个默认编码集的 InputStreamReader 类
InputStreamReader isr = new InputStreamReader(InputStream in);
//构造一个指定编码集的 InputStreamReader 类
InputStreamReader isr = new InputStreamReader(InputStream in,String charsetName);
```

其中，参数 in 对象通过 InputStream in = System.in;（读取键盘上的数据）或者 InputStream in = new FileInputStream(String fileName);（读取文件中的数据）获得。从中可以看出 FileInputStream 为 InputStream 的子类。

（2）主要方法

```java
int read();//读取单个字符
int read(char []cbuf);//将读取到的字符存到数组中，返回读取的字符数
```

在实际的开发中，我们都会再将 InputStreamReader 包装成 BufferedReader，例如：

```java
BufferedReader reader = new BufferedReader(new InputStreamReader(new
FileInputStream("d:/a.txt")));
```

2. OutputStreamWriter 类

OutputStreamWriter 将字节流转换为字符流，是字节流通向字符流的桥梁。如果不指定字符集编码，那么该解码过程将使用平台默认的字符编码，如 GBK。

（1）构造方法

```
//构造一个默认编码集的 OutputStreamWriter 类
new OutputStreamWriter(OutputStream out);
//构造一个指定编码集的 OutputStreamWriter 类
new OutputStreamWriter(OutputStream out,String charsetName);
```

其中，参数 out 对象通过 InputStream out = System.out;（打印到控制台上）获得。

（2）主要方法

```
void write(int c);//将单个字符写入
viod write(String str,int off,int len);//将字符串某部分写入
void flush();//将该流中的缓冲数据刷到目的地中
```

在开发中，我们经常会将 OutputStream 转换成字符流输出数据，例如：

```
BufferedWriter w =
new BufferedWriter(new OutputStreamWriter(new
    FileOutputStream("d:/a.txt"),"UTF-8"));
```

17.3 File 类

为了便于代表文件的概念以及存储一些对文件的基本操作，java.io 包中提供了一个专门处理文件的类——File 类。

在 File 类中包含了大部分对文件操作的功能方法，该类的对象可以代表一个具体的文件或文件夹，所以以前曾有人建议将该类的类名修改成 FilePath，因为该类也可以代表一个文件夹，更准确地说是可以代表一个文件路径。

下面介绍一下 File 类的基本使用方法。

17.3.1 File 对象代表文件路径

File 类的对象可以代表一个具体的文件路径，既可以使用绝对路径，也可以使用相对路径。下面是创建的文件对象示例。

（1）public File(String pathname)

该示例中使用一个文件路径表示一个 File 类的对象，例如：

```
File f1 = new File("d://test//1.txt");
File f2 = new File("1.txt");
File f3 = new File("e://abc");
```

这里的 f1 和 f2 对象分别代表一个文件，其中 f1 是绝对路径、f2 是相对路径；f3 则代表一个文件夹（文件夹也是文件路径的一种）。

（2）public File(String parent, String child)

也可以使用父路径和子路径结合，实现代表文件路径，例如：

```
File f4 = new File("d://test//","1.txt");
```

这样代表的文件路径是 d:/test/1.txt。

17.3.2　File 类的常用方法

File 类中包含了很多获得文件或文件夹属性的方法，使用起来比较方便。下面将介绍几种常见的方法：

（1）createNewFile 方法：public boolean createNewFile() throws IOException

该方法的作用是创建指定的文件。该方法只能用于创建文件，不能用于创建文件夹，且文件路径中包含的文件夹必须存在。

（2）delete 方法：public boolean delete()

该方法的作用是删除当前文件或文件夹。如果删除的是文件夹，则该文件夹必须为空。如果需要删除一个非空的文件夹，则需要首先删除该文件夹内部的每个文件和文件夹，需要书写一定的逻辑代码来实现。

（3）exists 方法：public boolean exists()

该方法的作用是判断当前文件或文件夹是否存在。

（4）getAbsolutePath 方法：public String getAbsolutePath()

该方法的作用是获得当前文件或文件夹的绝对路径。例如，c:/test/1.t 将返回 c:/test/1.t。

（5）getName 方法：public String getName()

该方法的作用是获得当前文件或文件夹的名称。例如，c:/test/1.t 将返回 1.t。

（6）getParent 方法：public String getParent()

该方法的作用是获得当前路径中的父路径。例如，c:/test/1.t 将返回 c:/test。

（7）isDirectory 方法：public boolean isDirectory()

该方法的作用是判断当前 File 对象是否是目录。

（8）isFile 方法：public boolean isFile()

该方法的作用是判断当前 File 对象是否是文件。

（9）length 方法：public long length()

该方法的作用是返回文件存储时占用的字节数。该数值获得的是文件的实际大小，而不是文件在存储时占用的空间数。

（10）list 方法：public String[] list()

该方法的作用是返回当前文件夹下所有的文件名和文件夹名称。注意：该名称不是绝对路径。

（11）listFiles 方法：public File[] listFiles()

该方法的作用是返回当前文件夹下所有的文件对象。

（12）mkdir 方法：public boolean mkdir()

该方法的作用是创建当前文件的文件夹，而不创建该路径中的其他文件夹。假设 d 盘下只有一个 test 文件夹，则创建 d:/test/abc 文件夹成功、创建 d:/a/b 文件夹失败，因为该路径中 d:/a 文件夹不存在。如果创建成功就返回 true，否则返回 false。

（13）mkdirs 方法：public boolean mkdirs()

该方法的作用是创建文件夹。如果当前路径中包含的父目录不存在，就会自动根据需要创建。

（14）renameTo 方法：public boolean renameTo(File dest)

该方法的作用是修改文件名。在修改文件名时不能改变文件路径，如果该路径下已有该文件，就会修改失败。

（15）setReadOnly 方法：public boolean setReadOnly()

该方法的作用是设置当前文件或文件夹为只读。

以下是一个使用 File 类 API 的例子，可以照着练习一遍。

【文件 17.8】FileDemo.java

```java
import java.io.File;
import java.io.IOException;
public class FileDemo {
    public static void main(String[] args) {
        //创建一个文件对象
        File f=new File("aa.txt");
        try {
            f.createNewFile();//创建文件
        } catch (IOException e) {
            // TODO Auto-generated catch block
            e.printStackTrace();
        }//创建一个文件
        //看一些文件属性
        System.out.println(f.getName());
        System.out.println(f.getAbsolutePath());//绝对路径
        System.out.println(f.getPath());//文件在创建的时候使用的路径
        System.out.println(f.isFile());//判断当前文件 f 是否是一个文件
        //删除文件
        //f.delete();
        File[] files = f.listFiles();//表示当前 f 下面还有多少文件或者文件夹
        for (File file : files) {//显示所有文件名称
```

```
            if(file.isFile()){
                System.out.println(file.getName());
            }
        }
    }
}
```

17.4　IO 流使用的注意事项

17.4.1　类的选取

对于初次接触 IO 技术的初学者来说，IO 类体系博大精深，类的数量比较庞大，在实际使用时经常会无所适从，不知道该使用哪类进行编程。下面介绍一些关于 IO 类选择的技巧。

（1）选择合适的实体流

①按照连接的数据源种类进行选择：读写文件应该使用文件流，如 FileInputStream/FileOutputStream、FileReader/FileWriter；读写字节数组应该使用字节数组流等，如 ByteArrayInputStream/ByteArrayOutputStream。

②选择合适方向的流。例如，进行读操作时应该使用输入流，进行写操作时应该使用输出流。

③选择字节流或字符流。除了读写二进制文件或字节流中没有对应的流之外，一般都优先选择字符流。

（2）选择合适的装饰流

在选择 IO 类时，实体流是必需的，装饰流是可选的。另外，在选择流时实体流只能选择一个，而装饰流可以选择多个。

①选择符合要求功能的流。例如，需要缓冲流的话就选择 BufferedReader/BufferedWriter 等。有时也可能只是为了使用某个装饰流内部提供的方法。

②选择合适方向的流，和实体流选择中的第二步一致。

当选择了多个装饰流以后，可以使用流之间的多层嵌套实现要求的功能。注意，流的嵌套之间没有顺序。

17.4.2　中文问题

JDK 在设计时对国际化支持比较好，在实际实现时支持很多字符集，因此在进行特定字符集的处理时需要特别小心。

在进行中文处理时，只需要注意一个原则就可以了：将中文字符转换为 byte 数组时，使用的字符集要和把 byte 数组转换为中文字符串时的字符集保持一致。

如果不想手动实现字符串和 byte 数组的转换，也可以使用 DataInputStream 和 DataOutputStream 中的 readUTF 和 writeUTF 实现读写字符串，还可以使用 InputStreamReader/OutputStreamWriter 读写字符串。

17.5　本章总结

关于 IO 类的掌握，需要在实际开发过程中多使用，从而更深入地体会 IO 类设计的初衷，并掌握 IO 类的使用。

IO 类是 Java 中进行网络编程的基础，所以掌握 IO 类的使用也是学习网络编程必需的一个基础。

17.6　课后练习

1. 简述 Java IO 和 Java NIO 的区别。
2. 以下哪些类是 FileOutputStream 的正确构造形式？（　　　）
    A．FileOutputStream(String path,boolean bo);
    B．FileOutputStream(String path);
    C．FileOutputStream(boolean boo);
    D．FileOutputStream(File file);
3. 以下关于 File 类说法正确的是（　　　）。
    A．一个 File 对象代表了操作系统中的一个文件或者文件夹
    B．可以使用 File 对象创建和删除一个文件
    C．可以使用 File 对象创建和删除一个文件夹
    D．当一个 File 对象被垃圾回收时，系统上对应的文件或文件夹也被删除
4. 有以下代码：

```
import java.io.*;
 class Address{
    private String addressName;
    private String zipCode;
    //构造方法…
    //get/set 方法…
 }
 class Worker implements Serializable{
    private String name;
    private int age;
```

```
    private Address address;
    //构造方法…
    //get/set 方法…
}
public class TestSerializable {
    public static void main(String args[]) throws Exception{
    Address addr = new Address("Beijing", "100000");
    Worker w = new Worker("Tom", 18, addr);
        ObjectOutputStream oout = new ObjectOutputStream(
                new FileOutputStream("d:/someFile") );
        oout.writeObject(w);
        oout.close();
}
}
```

下列说法正确的是（　　）。

    A．该程序编译出错

    B．编译正常，运行时异常

    C．编译正常，运行时也正常

5．实现文件从一个目录到另一个目录的备份，使用字节输入流和字节输出流实现。

第 18 章

Java 网络编程

网络编程中有两个主要的问题：一个是如何准确地定位网络上一台或多台主机，另一个是找到主机后如何可靠高效地进行数据传输。在 TCP/IP 协议中，IP 层主要负责网络主机的定位、数据传输的路由，由 IP 地址可以唯一确定 Internet 上的一台主机；TCP 层提供面向应用的可靠（TCP）的或非可靠（UDP）的数据传输机制，是网络编程的主要对象，一般不需要关心 IP 层是如何处理数据的。目前编程模型有两种：一种是 C/S，即基于 Client+Server 的；另一种是 B/S，即基于 Browser+Server 的。目前流行的是 B/S 框架。本章使用 Socket 开发的应用程序是基于 C/S 的。

18.1　两类传输协议：TCP 和 UDP

TCP（Transfer Control Protocol）是一种面向连接的保证可靠传输的协议。通过 TCP 协议传输，得到的是一个顺序的、无差错的数据流。发送方和接收方成对的两个 socket 之间必须建立连接，以便在 TCP 的基础上进行通信，当一个 socket（通常都是 server socket）等待建立连接时，另一个 socket 可以要求进行连接，一旦这两个 socket 连接起来，它们就可以进行双向数据传输，都可以进行发送或接收操作。

UDP（User Datagram Protocol）是一种无连接的协议，每个数据报都是一个独立的信息，包括完整的源地址或目的地址，它在网络上以任何可能的路径传往目的地，因此能否到达目的地、到达目的地的时间以及内容的正确性都是不能被保证的。

18.1.1　两者之间的比较

（1）UDP

- 每个数据报中都给出了完整的地址信息，因此无需要建立发送方和接收方的连接。
- UDP 传输数据时是有大小限制的，每个被传输的数据报必须限定在 64KB 之内。
- UDP 是一个不可靠的协议，发送方所发送的数据报并不一定以相同的次序到达接收方。

（2）TCP

- 面向连接的协议，在 Socket 之间进行数据传输之前必然要建立连接，所以在 TCP 中需要连接时间。
- TCP 传输数据无大小限制，一旦连接建立起来，双方的 Socket 就可以按统一的格式传输大的数据。
- TCP 是一个可靠的协议，它确保接收方完全正确地获取发送方所发送的全部数据。

18.1.2　应用

（1）TCP 在网络通信上有极强的生命力，例如远程连接（Telnet）和文件传输（FTP）都需要不定长度的数据被可靠地传输。但是可靠的传输是要付出代价的，对数据内容正确性的检验，必然占用计算机的处理时间和网络的带宽，因此 TCP 传输的效率不如 UDP 高。

（2）UDP 操作简单，而且仅需要较少的监护，因此通常用于局域网高可靠性的分散系统中的 Client/Server 应用程序。例如，视频会议系统并不要求音频/视频数据绝对正确，只要保证连贯性就可以了，这种情况下显然使用 UDP 更合理一些。

18.2　基于 Socket 的 Java 网络编程

18.2.1　什么是 Socket

网络上的两个程序通过一个双向的通信连接实现数据的交换，这个双向链路的一端称为一个 Socket。Socket 通常用来实现客户方和服务方的连接。Socket 是 TCP/IP 协议的中一个十分流行的编程界面，一个 Socket 由一个 IP 地址和一个端口号唯一确定。

Socket 所支持的协议种类不光只有 TCP/IP 一种，两者之间没有的必然联系。在 Java 环境下，Socket 编程主要指基于 TCP/IP 协议的网络编程。

18.2.2　Socket 的通信过程

Server 端 Listen（监听）某个端口是否有连接请求，Client 端向 Server 端发出 Connect（连接）请求，Server 端向 Client 端发回 Accept（接受）消息。一个连接就建立起来了。Server 端和 Client 端都可以通过 Send、Write 等方法与对方通信。

对于一个功能齐全的 Socket，其工作过程包含以下四个基本步骤：

（1）创建 Socket。
（2）打开连接到 Socket 的输入/输出流。
（3）按照一定的协议对 Socket 进行读/写操作。
（4）关闭 Socket。

18.2.3　创建 Socket

Java 在 java.net 包中提供了两个类——Socket 和 ServerSocket，分别用来表示双向连接的客户端和服务端。这是两个封装得非常好的类，使用很方便。其构造方法如下：

```
Socket(InetAddress address, int port);
Socket(InetAddress address, int port, boolean stream);
Socket(String host, int prot);
Socket(String host, int prot, boolean stream);
Socket(SocketImpl impl);
Socket(String host, int port, InetAddress localAddr, int localPort);
Socket(InetAddress address, int port, InetAddress localAddr, int localPort);
ServerSocket(int port);
ServerSocket(int port, int backlog);
ServerSocket(int port, int backlog, InetAddress bindAddr);
```

其中，address、host 和 port 分别是双向连接中另一方的 IP 地址、主机名和端口号；stream 指明 socket 是流还是数据报；localPort 表示本地主机的端口号；localAddr 和 bindAddr 是本地机器的地址（ServerSocket 的主机地址）；impl 是 socket 的父类，既可以用来创建 serverSocket，又可以用来创建 Socket。count 表示服务端所能支持的最大连接数。

```
Socket client = new Socket("127.0.0.1", 80);
ServerSocket server = new ServerSocket(80);
```

在选择端口时一定要小心：每一个端口提供一种特定的服务，只有给出正确的端口，才能获得相应的服务。0~1023 的端口号是系统保留的，例如 HTTP 服务的端口号为 80、Telnet 服务的端口号为 21、FTP 服务的端口号为 23，所以我们在选择端口号时最好选择一个大于 1023 的数，以防止发生冲突。

在创建 Socket 时如果发生错误就会产生 IOException 异常，在程序中必须事先对之做出处理，所以在创建 Socket 或 ServerSocket 时必须捕获或抛出异常。

18.3　简单的 Client/Server 程序

1. 客户端程序

【文件 18.1】TalkClient.java

```java
import java.io.*;
import java.net.*;
public class TalkClient {
    public static void main(String[] args) throws IOException{
        try{
            Socket socket=new Socket("127.0.0.1",4700);
            //向本机的 4700 端口发出客户请求
            BufferedReader sin=new BufferedReader(new
        InputStreamReader(System.in));
            //由系统标准输入设备构造 BufferedReader 对象
            PrintWriter os=new PrintWriter(socket.getOutputStream());
            //由 Socket 对象得到输出流，并构造 PrintWriter 对象
            BufferedReader is=new BufferedReader(new
        InputStreamReader(socket.getInputStream()));
            //由 Socket 对象得到输入流，并构造相应的 BufferedReader 对象
            String readline;
            readline=sin.readLine(); //从系统标准输入读入一个字符串
            while(!readline.equals("bye")){
                //若从标准输入读入的字符串为 "bye"则停止循环
                os.println(readline);
                //将从系统标准输入读入的字符串输出到 Server
                os.flush();
                //刷新输出流，使 Server 马上收到该字符串
                System.out.println("Client:"+readline);
                //在系统标准输出上打印读入的字符串
                System.out.println("Server:"+is.readLine());
                //从 Server 读入一个字符串，并打印到标准输出上
                readline=sin.readLine(); //从系统标准输入读入一个字符串
            } //继续循环
            os.close(); //关闭 Socket 输出流
            is.close(); //关闭 Socket 输入流
            socket.close(); //关闭 Socket
        }catch(Exception e) {
            System.out.println("can not listen to:"+e);//出错，打印出错信息
        }
    }
}
```

2. 服务器端程序

【文件 18.2】TalkServer.java

```java
import java.io.*;
import java.net.*;
import java.applet.Applet;
public class TalkServer{
    public static void main(String[] args) throws IOException{
        try{
            ServerSocket server=null;
            try{
                server=new ServerSocket(4700);
                //创建一个 ServerSocket，在端口 4700 监听客户请求
            }catch(Exception e) {
                    System.out.println("can not listen to:"+e);
                    //出错，打印出错信息
            }
            Socket socket=null;
            try{
                socket=server.accept();
                //使用 accept()阻塞等待客户请求，
                //有客户请求到来则产生一个 Socket 对象，并继续执行
            }catch(Exception e) {
                System.out.println("Error."+e);
                //出错，打印出错信息
            }
            String line;
            BufferedReader is=new BufferedReader(new
    InputStreamReader(socket.getInputStream()));
            //由 Socket 对象得到输入流，并构造相应的 BufferedReader 对象
            PrintWriter os=new PrintWriter(socket.getOutputStream());
            //由 Socket 对象得到输出流，并构造 PrintWriter 对象
            BufferedReader sin=new BufferedReader(new
    InputStreamReader(System.in));
            //由系统标准输入设备构造 BufferedReader 对象
            System.out.println("Client:"+is.readLine());
            //在标准输出上打印从客户端读入的字符串
            line=sin.readLine();
            //从标准输入读入一字符串
            while(!line.equals("bye")){
            //如果该字符串为 "bye"，则停止循环
                os.println(line);
                //向客户端输出该字符串
                os.flush();
                //刷新输出流，使 Client 马上收到该字符串
                System.out.println("Server:"+line);
                //在系统标准输出上打印读入的字符串
                System.out.println("Client:"+is.readLine());
                //从 Client 读入一个字符串，并打印到标准输出上
                line=sin.readLine();
```

```
                    //从系统标准输入读入一个字符串
        } //继续循环
        os.close(); //关闭 Socket 输出流
        is.close(); //关闭 Socket 输入流
        socket.close(); //关闭 Socket
        server.close(); //关闭 ServerSocket
    }catch(Exception e) {//出错，打印出错信息
        System.out.println("Error."+e);
    }
  }
}
```

18.4　支持多客户的 Client/Server 程序

前面的 Client/Server 程序只能实现 Server 和一个客户的对话,而在实际应用中往往是在服务器上运行一个永久的程序,它可以接收来自多个客户端的请求,提供相应的服务。为了实现在服务器方给多个客户提供服务的功能,需要对上面的程序进行改造,利用多线程实现多客户机制。服务器总是在指定的端口上监听是否有客户请求,一旦监听到客户请求,服务器就会启动一个专门的服务线程来响应该客户的请求,而服务器本身在启动完线程之后会马上再进入监听状态,等待下一个客户的到来。

```
ServerSocket serverSocket=null;
boolean listening=true;
try{
    serverSocket=new ServerSocket(4700);
    //创建一个 ServerSocket，在端口 4700 监听客户请求
    }catch(IOException e) {    }
while(listening){ //永远循环监听
    new ServerThread(serverSocket.accept(),clientnum).start();
        //监听到客户请求，根据得到的 Socket 对象和客户计数创建服务线程，并启动之
        clientnum++; //增加客户计数
    }
serverSocket.close(); //关闭 ServerSocket
```

设计 ServerThread 类:

```
public class ServerThread extends Thread{
    Socket socket=null; //保存与本线程相关的 Socket 对象
    int clientnum; //保存本进程的客户计数
    public ServerThread(Socket socket,int num) { //构造函数
        this.socket=socket; //初始化 socket 变量
        clientnum=num+1; //初始化 clientnum 变量
    }
    public void run() { //线程主体
        try{//在这里实现数据的接收和发送
```

```
    }
}
```

18.5　Datagram 通信

在 TCP/IP 协议的传输层除了 TCP 协议之外还有一个 UDP 协议。相比而言，UDP 的应用不如 TCP 广泛，比如几个标准的应用层协议 HTTP、FTP、SMTP 使用的都是 TCP 协议，但是 UDP 协议可以应用在需要很强的实时交互性的场合，如网络游戏、视频会议等。

18.5.1　什么是 Datagram

Datagram（数据报）就跟日常生活中的邮件系统一样，是不能保证可靠地寄到的，而面向链接的 TCP 就好比电话，双方能肯定对方接收了信息。

- TCP：可靠，传输大小无限制，但是需要连接建立时间，差错控制开销大。
- UDP：不可靠，差错控制开销较小，传输大小限制在 64KB 以下，不需要建立连接。

18.5.2　Datagram 的使用

java.net 包中提供了 DatagramSocket 和 DatagramPacket 两个类，以支持数据报通信。其中，DatagramSocket 用于在程序之间建立传送数据报的通信连接，DatagramPacket 用来表示一个数据报。

（1）DatagramSocket 的构造方法

```
DatagramSocket();
DatagramSocket(int prot);
DatagramSocket(int port, InetAddress laddr) ;
```

其中，port 指明 socket 所使用的端口号，如果未指明，则把 socket 连接到本地主机上一个可用的端口；laddr 指明一个可用的本地地址。给出端口号时要保证不发生端口冲突，否则会生成 SocketException 例外。注意：上述的构造方法都声明抛出非运行时例外 SocketException，程序中必须进行处理，或者捕获，或者声明抛弃。

用数据报方式编写 Client/Server 程序时，无论在客户方还是在服务器方，首先要建立一个 DatagramSocket 对象，用来接收或发送数据报，然后使用 DatagramPacket 类对象作为传输数据的载体。

（2）DatagramPacket 的构造方法

```
DatagramPacket (byte buf[],int length);
DatagramPacket(byte buf[], int length, InetAddress addr, int port);
DatagramPacket(byte[] buf, int offset, int length);
```

```
DatagramPacket(byte[] buf, int offset, int length, InetAddress address, int port);
```

其中，buf 存放数据报数据；length 为数据报中数据的长度；addr 和 port 指明目的地址；offset 指明数据报的位移量。

在接收数据前，应该采用上面的第一种方法生成一个 DatagramPacket 对象，给出接收数据的缓冲区及其长度。然后调用 DatagramSocket 的方法 receive()等待数据报的到来。receive() 将一直等待，直到收到一个数据报为止。

```
DatagramPacket packet=new DatagramPacket(buf, 256);
Socket.receive (packet);
```

发送数据前，要先生成一个新的 DatagramPacket 对象，这时要使用上面的第二种构造方法，在给出存放发送数据的缓冲区的同时，还要给出完整的目的地址，包括 IP 地址和端口号。发送数据通过 DatagramSocket 的方法 send()实现，send()根据数据报的目的地址来寻径，以传递数据报。

```
DatagramPacket packet=new DatagramPacket(buf, length, address, port);
Socket.send(packet);
```

在构造数据报时，要给出 InetAddress 类参数。类 InetAddress 在 java.net 包中定义，用来表示一个 Internet 地址。我们可以通过它提供的类方法 getByName()，从一个表示主机名的字符串获取该主机的 IP 地址，然后获取相应的地址信息。

18.5.3　用 Datagram 进行广播通信

DatagramSocket 只允许数据报发送一个目的地址。java.net 包中提供了一个类 MulticastSocket，允许数据报以广播方式发送到该端口的所有客户。MulticastSocket 用在客户端，监听服务器广播来的数据。

（1）客户方程序

【文件 18.3】MulticastClient .java

```
import java.io.*;
import java.net.*;
import java.util.*;
public class MulticastClient {
    public static void main(String args[]) throws IOException
    {
        MulticastSocket socket=new MulticastSocket(4446);
        //创建 4446 端口的广播套接字
        InetAddress address=InetAddress.getByName("230.0.0.1");
        //得到 230.0.0.1 的地址信息
        socket.joinGroup(address);
        //使用 joinGroup()将广播套接字绑定到地址上
        DatagramPacket packet;
        for(int i=0;i<5;i++) {
```

```
        byte[] buf=new byte[256];
        //创建缓冲区
        packet=new DatagramPacket(buf,buf.length);
        //创建接收数据报
          socket.receive(packet); //接收
          String received=new String(packet.getData());
          //由接收到的数据报得到字节数组，
          //并由此构造一个 String 对象
          System.out.println("Quote of theMoment:"+received);
          //打印得到的字符串
      } //循环 5 次
      socket.leaveGroup(address);
      //把广播套接字从地址上解除绑定
      socket.close(); //关闭广播套接字
    }
}
```

（2）服务器方程序

【文件 18.4】MulticastServer.java

```
public class MulticastServer{
    public static void main(String args[]) throws java.io.IOException
    {
        new MulticastServerThread().start();
            //启动一个服务器线程
    }
}
```

（3）广播程序

【文件 18.5】MulticastServerThread.java

```
import java.io.*;
import java.net.*;
import java.util.*;
public class MulticastServerThread extends QuoteServerThread
//从 QuoteServerThread 继承得到新的服务器线程类 MulticastServerThread
{
    private long FIVE_SECOND=5000; //定义常量，5 秒钟
    public MulticastServerThread(String name) throws IOException
    {
        super("MulticastServerThread");
        //调用父类，也就是 QuoteServerThread 的构造函数
    }
    public void run() //重写父类的线程主体
    {
        while(moreQuotes) {
        //根据标志变量判断是否继续循环
        try{
            byte[] buf=new byte[256];
            //创建缓冲区
```

```
        String dString=null;
        if(in==null) dString=new Date().toString();
        //如果初始化的时候打开文件失败了,
        //则使用日期作为要传送的字符串
        else dString=getNextQuote();
        //否则调用成员函数从文件中读出字符串
        buf=dString.getByte();
        //把 String 转换成字节数组, 以便传送
        InetAddress group=InetAddress.getByName("230.0.0.1");
        //得到 230.0.0.1 的地址信息
        DatagramPacket packet=new DatagramPacket(buf,buf.length,group,4446);
        //根据缓冲区、广播地址和端口号创建 DatagramPacket 对象
        socket.send(packet); //发送该 Packet
        try{
            sleep((long)(Math.random()*FIVE_SECONDS));
            //随机等待一段时间, 0～5 秒之间
        }catch(InterruptedException e) { } //异常处理
        }catch(IOException e){ //异常处理
            e.printStackTrace( ); //打印错误栈
            moreQuotes=false; //置结束循环标志
        }
    }
    socket.close( ); //关闭广播套接口
  }
}
```

18.6　URL 编程

　　URL（Uniform Resource Locator），一致资源定位器表示 Internet 上某一资源的地址。通过 URL，我们可以访问 Internet 上的各种网络资源，比如最常见的 WWW、FTP 站点。浏览器通过解析给定的 URL，可以在网络上查找相应的文件或其他资源。

　　URL 是最为直观的一种网络定位方法。URL 符合人们的语言习惯，容易记忆，所以应用十分广泛。在目前使用最为广泛的 TCP/IP 中，对于 URL 中主机名的解析也是协议的一个标准，即所谓的域名解析服务。使用 URL 进行网络编程，不需要对协议本身有太多的了解，功能也比较弱，相对而言比较简单，所以在这里我们先介绍在 Java 中如何使用 URL 进行网络编程来引导读者入门。

18.6.1　URL 的组成

　　URL 的组成形式为 protocol://resourceName。其中，协议名（protocol）指明获取资源所使用的传输协议，如 http、ftp、gopher、file 等；资源名（resourceName）应该是资源的完整地址，包括主机名、端口号、文件名或文件内部的一个引用。例如：

- http://www.sun.com/（协议名://主机名）
- http://home.netscape.com/home/welcome.html（协议名://机器名＋文件名）
- http://www.gamelan.com:80/Gamelan/network.html#BOTTOM（协议名://机器名＋端口号＋文件名＋内部引用）

其中，端口号是和 Socket 编程相关的一个概念，前面已经介绍过；内部引用是 HTML 中的标记，有兴趣的读者可以参考有关 HTML 的书籍。

18.6.2　创建一个 URL

为了表示 URL， java.net 中实现了类 URL。我们可以通过下面的构造方法来初始化一个 URL 对象：

（1）public URL (String spec);
通过一个表示 URL 地址的字符串构造一个 URL 对象。

```
URL urlBase=new URL("http://www. 263.net/")
```

（2）public URL(URL context, String spec);
通过基 URL 和相对 URL 构造一个 URL 对象。

```
URL net263=new URL ("http://www.263.net/");
URL index263=new URL(net263, "index.html")
```

（3）public URL(String protocol, String host, String file);
示例：

```
new URL("http", "www.gamelan.com", "/pages/Gamelan.net. html");
```

（4）public URL(String protocol, String host, int port, String file);
示例：

```
URL gamelan=new URL("http", "www.gamelan.com", 80, "Pages/Gamelan.network.html");
```

注意：类 URL 的构造方法都声明抛弃非运行时例外（MalformedURLException），因此在生成 URL 对象时我们必须对这一例外进行处理，通常是用 try-catch 语句进行捕获，格式如下：

```
try{
   URL myURL= new URL(…)
}catch (MalformedURLException e){
   ...
   //exception handler code here
   ...
}
```

18.6.3　解析一个 URL

一个 URL 对象生成后，其属性是不能被改变的，但是我们可以通过类 URL 所提供的方法来获取这些属性：

- public String getProtocol()：获取该 URL 的协议名。
- public String getHost()：获取该 URL 的主机名。
- public int getPort()：获取该 URL 的端口号，如果没有设置端口，返回–1。
- public String getFile()：获取该 URL 的文件名。
- public String getRef()：获取该 URL 在文件中的相对位置。
- public String getQuery()：获取该 URL 的查询信息。
- public String getPath()：获取该 URL 的路径。
- public String getAuthority()：获取该 URL 的权限信息。
- public String getUserInfo()：获得使用者的信息。
- public String getRef()：获得该 URL 的锚。

在下面的例子中，我们生成一个 URL 对象，并获取它的各个属性。

【文件 18.6】UrlDemo1.java

```java
import java.net.*;
import java.io.*;
public class ParseURL{
    public static void main (String [] args) throws Exception{
        URL Aurl=new URL("http://java.sun.com:80/docs/books/");
        URL tuto=new URL(Aurl,"tutorial.intro.html#DOWNLOADING");
        System.out.println("protocol="+ tuto.getProtocol());
        System.out.println("host ="+ tuto.getHost());
        System.out.println("filename="+ tuto.getFile());
        System.out.println("port="+ tuto.getPort());
        System.out.println("ref="+tuto.getRef());
        System.out.println("query="+tuto.getQuery());
        System.out.println("path="+tuto.getPath());
        System.out.println("UserInfo="+tuto.getUserInfo());
        System.out.println("Authority="+tuto.getAuthority());
    }
}
```

执行结果为：

```
protocol=http host =java.sun.com filename=/docs/books/tutorial.intro.html
port=80
ref=DOWNLOADING
query=null
path=/docs/books/tutorial.intro.html
UserInfo=null
Authority=java.sun.com:80
```

18.6.4 从 URL 读取 WWW 网络资源

当我们得到一个 URL 对象后，就可以通过它读取指定的 WWW 资源。这时我们将使用 URL 的方法 openStream()，其定义为：

```
InputStream openStream();
```

方法 openStream()与指定的 URL 建立连接并返回 InputStream 类的对象，以便从这一连接中读取数据。

【文件 18.7】URLReader.java

```
public class URLReader {
    public static void main(String[] args) throws Exception {
        //声明抛出所有例外
        URL url= new URL("http://www.oracle.com");
        //构建一个 URL 对象
        BufferedReader in = new BufferedReader(new
    InputStreamReader(url.openStream()));
        //使用 openStream 得到一个输入流，并由此构造一个 BufferedReader 对象
        String inputLine;
        while ((inputLine = in.readLine()) != null)
        //从输入流不断地读数据，直到读完为止
            System.out.println(inputLine); //把读入的数据打印到屏幕上
        in.close(); //关闭输入流
    }
}
```

18.6.5 通过 URLConnection 连接 WWW

通过 URL 的方法 openStream()，我们只能从网络上读取数据，如果还想输出数据，例如向服务器端的 CGI（Common Gateway Interface，公共网关接口）程序发送一些数据，就必须先与 URL 建立连接，然后才能对其进行读写，这时需要用到类 URLConnection。CGI 是用户浏览器和服务器端的应用程序进行连接的接口，有关 CGI 的程序设计，请读者参考相关书籍。

类 URLConnection 也在 java.net 包中定义，表示 Java 程序和 URL 在网络上的通信连接。当与一个 URL 建立连接时，首先要在一个 URL 对象上通过方法 openConnection()生成对应的 URLConnection 对象。例如，下面的程序段首先生成一个指向地址 http://www.oracle.com/index.shtml 的对象，然后用 openConnection()打开该 URL 对象上的一个连接，返回一个 URLConnection 对象。如果连接过程失败，就将产生 IOException：

```
try{
    URL netchinaren = new URL ("http://www.oracle.com/index.shtml");
    URLConnectonn tc = netchinaren.openConnection();
}catch(MalformedURLException e){ //创建 URL()对象失败
    ...
```

```
}catch (IOException e){ //openConnection()失败
    ...
}
```

类 URLConnection 提供了很多方法来设置或获取连接参数，程序设计时最常使用的是 getInputStream()和 getOutputStream()，其定义为：

```
InputSteram getInputSteram();
OutputSteram getOutputStream();
```

通过返回的输入/输出流，我们可以与远程对象进行通信，例如：

```
URL url =new URL ("http://www.oracle.com/index.shtml");
//创建一个 URL 对象
URLConnectin con=url.openConnection();
//由 URL 对象获取 URLConnection 对象
DataInputStream dis=new DataInputStream (con.getInputSteram());
//由 URLConnection 获取输入流，并构造 DataInputStream 对象
PrintStream ps=new PrintSteam(con.getOutupSteam());
//由 URLConnection 获取输出流，并构造 PrintStream 对象
String line=dis.readLine(); //从服务器读入一行
ps.println("client…"); //向服务器写出字符串 "client…"
```

实际上，类 URL 的方法 openSteam()是通过 URLConnection 来实现的，等价于"openConnection().getInputStream();"。

下面给出一段完整的代码，它可以读取一个网页上的所有 HTML 并显示到控制台。

【文件 18.8】UrlDemo3.java

```
public static void main(String[] args) throws Exception {
    URL url = new URL("http://www.baidu.com");
    HttpURLConnection con = (HttpURLConnection) url.openConnection();
    con.setConnectTimeout(3000);
    con.setRequestMethod("GET");
    con.setDoInput(true);
    con.connect();
    int code = con.getResponseCode();
    if (code == 200) {
        InputStream in = con.getInputStream();
        byte[] bs = new byte[1024 * 4];
        int len = 0;
        while ((len = in.read(bs)) != -1) {
            String str = new String(bs, 0, len);
            System.err.print(str);
        }
        in.close();
    }
    con.disconnect();
}
```

18.7　本章总结

Socket 编程可以说是所有服务器基本的实现手段。它需要一个端口号和一个完整的 IP 地址。ServerSocket 表示服务器，Socket 表示客户端，它们都是基于 TCP/IP 协议的。DataGrampacket 和 DataGramsocket 则是 UDP 编程。

URL 可以表示一个完整的网络地址，并可以通过 UrlConnection 实现与服务器的会话，比如向服务器提交数据或是获取服务器返回的数据。

18.8　课后练习

1. 简述 TCP 和 UDP 协议。
2. 下面对端口的概述哪一个是错误的？（　　　）

    A．端口是应用程序的逻辑标识　　　　　　B．端口是有范围限制的

    C．端口的值可以任意　　　　　　　　　　D．0~1024 之间的端口不建议使用

3. 在 Java 中，用哪一个类来表示 TCP 协议的服务器 Socket 对象？（　　　）

    A．Socket　　　　　　　　　　　　　　　B．InputStream

    C．ServerSocket　　　　　　　　　　　　D．OutputStream

4. 使用 Socket 套接字编程时，为了向对方发送数据，需要使用哪个方法获取流对象？（　　）

    A．getInetAddress()　　　　　　　　　　B．getLocalPort()

    C．getOutputStream()　　　　　　　　　D．getInputStream()

5. 下列选项中哪一个是 TCP 协议编程中会使用到的 Socket 对象？（　　　）

    A．DatagramSocket　　　　　　　　　　B．ClientScoket

    C．ServerScoket　　　　　　　　　　　　D．PacketSocket

6. 下面哪个类是 UDP 传输的数据包类？（　　　）

    A．DatagramSocket　　　　　　　　　　B．DatagramPacket

    C．Data　　　　　　　　　　　　　　　D．Package

第19章

Java 图形界面编程

早先程序使用最简单的输入输出方式是，用户用键盘输入数据，程序将信息输出在屏幕上。现代程序要求使用图形用户界面（Graphical User Interface，GUI），界面中有菜单、按钮等，用户通过鼠标选择菜单中的选项、按钮、命令程序功能模块。本章将学习如何用 Java 语言编写 GUI，以及如何通过 GUI 实现输入和输出。

19.1 AWT 和 Swing

AWT（Abstract Window Toolkit）是指抽象窗口工具包。Swing 可以看作 AWT 的改良版，而不是代替品，它是对 AWT 的提高和扩展。所以，在写 GUI 程序时，Swing 和 AWT 都有作用。它们共存于 Java 基础类（Java Foundation Class，JFC）中。

尽管 AWT 和 Swing 都提供了构造图形界面元素的类，但它们的重要方面有所不同：AWT依赖于主平台绘制用户界面组件；Swing 有自己的机制，在主平台提供的窗口中绘制和管理界面组件。Swing 与 AWT 之间最明显的区别是界面组件的外观：AWT 在不同平台上运行相同的程序，界面的外观和风格可能会有一些差异；一个基于 Swing 的应用程序可能在任何平台上出现相同的外观和风格。

Swing 中的类继承自 AWT，有些 Swing 类直接扩展 AWT 中对应的类，例如 JApplet、JDialog、JFrame 和 JWindow。

现在多用 Swing 来设计 GUI。使用 Swing 设计图形界面时，主要引入两个包：

- javax.swing 包：包含 Swing 的基本类。
- java.awt.event 包：包含与处理事件相关的接口和类。

Swing 很丰富，我们不可能在本章中给出全面介绍，但本章所介绍的有关 Swing 的知识足以让读者编写出完整的 GUI 程序。

19.2   组件和容器

组件（component）是图形界面的基本元素，可以供用户直接操作，例如按钮。容器（Container）是图形界面的复合元素，可以包含组件，例如面板。

Java 语言为每种组件都预定义类，程序通过它们或它们的子类构成各种组件对象。例如，Swing 中预定义的按钮类 JButton 是一种类，程序创建的 JButton 对象或 JButton 子类的对象就是按钮。Java 语言也为每种容器预定义类，程序通过它们或它们的子类创建各种容器对象。例如，Swing 中预定义的窗口类 JFrame 是一种容器类，程序创建的 JFrame 或 JFrame 子类的对象就是窗口。

为了统一管理组件和容器，为所有组件类定义超类，把组件的共有操作都定义在 Component 类中。同样，为所有容器类定义超类 Container 类，把容器的共有操作都定义在 Container 类中。例如，Container 类中定义了 add()方法，大多数容器都可以用 add()方法向容器添加组件。

Component、Container 和 Graphics 类是 AWT 库中的关键类。为了能有层次地构造复杂的图形界面，容器被当作特殊的组件，可以把容器放入另一个容器中。例如，把若干按钮和文本框分别放在两个面板中，再把这两个面板和另一些按钮放入窗口中。这种有层次地构造界面的方法能以增量的方式构造复杂的用户界面。

19.3   事件驱动程序设计基础

19.3.1   事件、监视器和监视器注册

图形界面上的事件是指在某个组件上发生的用户操作。例如，用户单击了界面上的某个按钮，就说在这个按钮上发生了事件，这个按钮对象就是事件的激发者。对事件做监视的对象称为监视器，监视器提供响应事件的处理方法。为了让监视器与事件对象关联起来，需要对事件对象做监视器注册，告诉系统事件对象的监视器。

以程序响应按钮事件为例，程序要创建按钮对象，并把它添加到界面中、为按钮做监视器注册，还要有响应按钮事件的方法。当"单击按钮"事件发生时，系统就调用已为这个按钮注册的事件处理方法，完成处理按钮事件的工作。

19.3.2　实现事件处理的途径

Java 语言编写事件处理程序主要有两种方案：一种是程序重设 handleEvent(Event evt)，采用这个方案的程序工作量稍大一些；另一种方案是程序实现一些系统设定的接口。Java 按事件类型提供多种接口，作为监视器对象的类需要实现相应的接口，即实现响应事件的方法。当事件发生时，系统内设的 handleEvent(Event evt) 方法，就自动调用监视器的类实现的响应事件的方法。

java.awt.event 包中用来检测并对事件做出反应的模型包括以下三个组成元素：

- 源对象：事件"发生"这个组件上，它与一组"侦听"该事件的对象保持着联系。
- 监视器对象：一个实现预定义的接口的类的一个对象，该对象的类要提供对发生的事件做处理的方法。
- 事件对象：它包含描述当事件发生时从源传递给监视器的特定事件的信息。

一个事件驱动程序要做的工作除创建源对象和监视器对象之外，还必须安排监视器了解源对象，或向源对象注册监视器。每个源对象都有一个已注册的监视器列表，提供一个方法能向该列表添加监视器对象。只有在源对象注册了监视器之后，系统才会将源对象上发生的事件通知监视器对象。

19.3.3　事件类型和监视器接口

在 Java 语言中，为了便于系统管理事件，也为了便于程序做监视器注册，系统将事件分类，称为事件类型。系统为每个事件类型提供一个接口。要作为监视器对象的类必须实现相应的接口，提供接口规定的响应事件的方法。

以程序响应按钮事件为例，JButton 类对象 button 可以是一个事件的激发者。当用户点击界面中与 button 对应的按钮时，button 对象就会产生一个 ActionEvent 类型的事件。如果监视器对象是 obj，对象 obj 的类是 Obj，则类 Obj 必须实现 AWT 中的 ActionListener 接口，实现监视按钮事件的 actionPerformed 方法。button 对象必须用 addActionListener 方法注册它的监视器 obj。

程序运行时，当用户点击 button 对象对应的按钮时，系统就将一个 ActionEvent 对象从事件激发对象传递到监视器。ActionEvent 对象包含的信息包括事件发生在哪一个按钮，以及有关该事件的其他信息。

有一定代表性的事件类型和产生这些事件的部分 Swing 组件如表 19-1 所示。实际事件发生时，通常会产生一系列的事件。例如，用户单击按钮，会产生 ChangeEvent 事件，提示光标到了按钮上，接着又是一个 ChangeEvent 事件，表示鼠标被按下，然后是 ActionEvent 事件，表示鼠标已松开，但光标依旧在按钮上，最后是 ChangeEvent 事件，表示光标已离开按钮。应用程序通常只处理按下按钮的完整动作的单个 ActionEvent 事件。

表 19-1　组件和事件类型

事件类型	组件	描述
ActionEvent	JButton,JCheckBox	点击、选项或选择
	JComboBox,JMenuItem	
	JRadioButton	
ChangeEvent	JSlider	调整一个可移动元素的位置
AdjustmentEvent	JScrollBar	调整滑块位置
ItemEvent	JComboBox,JCheckBox	从一组可选方案中选择一个项目
	JRadioButton	
	JRadioButtonMenuItem	
	JCheckBoxMenuItem	
ListSelectionEvent	JList	选项事件
KeyEvent	JComponent 及其派生类	操纵鼠标或键盘
MouseEvent		
CareEvent	JTextArea,JTextField	选择和编辑文本
WindowEvent	Window 及其派生类 JFrame	对窗口打开、关闭和图标化

　　每个事件类型都有一个相应的监视器接口，每个接口的方法如表 19-2 所示。实现监视器接口的类必须实现所有定义在接口中的方法。

表 19-2　JFrame 类的部分常用方法

方法	意义
JFrame()	构造方法，创建一个 JFrame 对象
JFrame(String title)	创建一个以 title 为标题的 JFrame 对象
add()	从父类继承的方法，向窗口添加窗口元素
void addWindowListener(WindowListener ear)	注册监视器，监听由 JFrame 对象击发的事件
Container getContentPane()	返回 JFrame 对象的内容面板
void setBackground(Color c)	设置背景色为 c
void setForeground(Color c)	设置前景色为 c
void setSize(int w,int h)	设置窗口的宽为 w、高为 h
vid setTitle(String title)	设置窗口中的标题
void setVisible(boolean b)	设置窗口的可见性，true 为可见，false 为不可见

19.4　界面组件

GUI 界面组件包含窗口等其他众多组件。

19.4.1　窗口

窗口是 GUI 编程的基础，小应用程序或图形界面的应用程序的可视组件都放在窗口中。在 GUI 中，窗口是用户屏幕的一部分，是屏幕中的一个小屏幕。有以下三种窗口：

- Applet 窗口：Applet 类管理这个窗口，当应用程序启动时，由系统创建和处理。
- 框架窗口（JFrame）：这是通常意义上的窗口，它支持窗口周边的框架、标题栏，以及最小化、最大化和关闭按钮。
- 无边框窗口（JWindow）：没有标题栏，没有框架，只是一个空的矩形。

用 Swing 中的 JFrame 类或它的子类创建的对象就是 JFrame 窗口。JFrame 类的主要构造方法是：

- JFrame()：创建无标题的窗口对象。
- JFrame(String s)：创建一个标题名是字符串 s 的窗口对象。

JFrame 类还有他常用方法，具体如下：

- setBounds(int x,int y,int width,int height)：参数 x 和 y 指定窗口出现在屏幕的位置，参数 width 和 height 指定窗口的宽度和高度，单位是像素。
- setSize(int width,int height)：设置窗口的大小，参数 width 和 height 指定窗口的宽度和高度，单位是像素。
- setBackground(Color c)：以参数 c 设置窗口的背景颜色。
- setVisible(boolean b)：参数 b 设置窗口是可见还是不可见。JFrame 默认是不可见的。
- pack()：用紧凑方式显示窗口。如果不使用该方法，窗口初始出现时可能看不到窗口中的组件，当用户调整窗口的大小时，可能才会看到这些组件。
- setTitle(String name)：以参数 name 设置窗口的名字。
- getTitle()：获取窗口的名字。
- setResiable(boolean m)：设置当前窗口是否可调整大小（默认可调整大小）。

19.4.2　容器

Swing 里的容器都可以添加组件，除了 JPanel 及其子类（JApplet）之外，其他的 Swing 容器不允许把组件直接加入。其他容器添加组件有两种方法：

（1）一种是先用 getContentPane()方法获得内容面板，再将组件加入，例如：

```
jframe.getContentPane().add(button);
```

该代码的意义是获得容器的内容面板，并将按钮 button 添加到这个内容面板中。

（2）另一种是先建立一个 JPanel 对象的中间容器，把组件添加到这个容器中，再用 setContentPane()把这个容器置为内容面板。例如：

```
JPanel contentPane = new JPanel();
...
jframe.setContentPane(contentPane);
```

以上代码把 contentPane 设置成内容面板。

以下示例是一个用 JFrame 类创建窗口的 Java 应用程序，窗口中只有一个按钮。

【文件 19.1】SwingDemo.java

```
import javax.swing.*;
public class SwingDemo{
    public static void main(String args[]){
        JFrame mw = new JFrame("我的第一个窗口");
        mw.setSize(250,200);
        JButton button = new JButton("我是一个按钮");
        mw.getContentPane().add(button);
        mw.setVisible(true);
    }
}
```

用 Swing 编写 GUI 程序时，通常不直接用 JFrame 创建窗口对象，而是用 JFrame 派生的子类创建窗口对象，在子类中可以加入窗口的特定要求和特别的内容等。

例如，定义 JFrame 派生的子类 MyWindowDemo 创建 JFrame 窗口。类 MyWindowDemo 的构造方法有五个参数：窗口的标题名，加放窗口的组件，窗口的背景颜色以及窗口的高度和宽度。在主方法中，利用类 MyWindowDemo 创建两个类似的窗口。

【文件 19.2】Example1.java

```
import javax.swing.*;
import java.awt.*;
import java.awt.event.*;
public class Example1{
    public static MyWindowDemo mw1;
    public static MyWindowDemo mw2;
    public static void main(String args[]){
        JButton static butt1 = new JButton("我是一个按钮");
        String name1 = "我的第一个窗口";
        String name2 = "我的第二个窗口";
        mw1 = new MyWindowDemo(name1,butt1,Color.blue,350,450);
        mw1.setVisible(true);
        JButton butt2 = new JButton("我是另一个按钮");
        mw2 = new MyWindowDemo(name2,butt2,Color.magenta,300,400);
        mw2.setVisible(true);
```

```
        }
    }
class MyWindowDemo extends JFrame{
    public MyWindowDemo(String name,JButton button,Color c,int w,int h){
        super();
        setTitle(name);
        setSize(w,h);
        Container con = getContentPane();
        con.add(button);
        con.setBackground(c);
    }
}
```

显示颜色由 java.awt 包的 Color 类管理。在 Color 类中预定义了一些常用的颜色，参见
JavaAPI。

JFrame 类的部分常用方法如表 19-3 所示。

表 19-3　JFrame 类的部分常用方法

方法	意义
JFrame()	构造方法，创建一个 JFrame 对象
JFrame(String title)	创建一个以 title 为标题的 JFrame 对象
add()	从父类继承的方法，向窗口添加窗口元素
void addWindowListener(WindowListener ear)	注册监视器，监听由 JFrame 对象击发的事件
Container getContentPane()	返回 JFrame 对象的内容面板
void setBackground(Color c)	设置背景色为 c
void setForeground(Color c)	设置前景色为 c
void setSize(int w,int h)	设置窗口的宽为 w、高为 h
vid setTitle(String title)	设置窗口中的标题
void setVisible(boolean b)	设置窗口的可见性，true 为可见，false 为不可见

19.4.3　标签

标签（JLabel）是最简单的 Swing 组件。标签对象的作用是对位于其后的界面组件做说明。
可以设置标签的属性，即前景色，背景色、字体等，但不能动态地编辑标签中的文本。

程序关于标签的基本内容有以下几个方面：

（1）声明一个标签名。

（2）创建一个标签对象。

（3）将标签对象加入到某个容器。

JLabel 类的主要构造方法是：

● JLabel ()：构造一个无显示文字的标签。

● JLabel (String s)：构造一个显示文字为 s 的标签。

- JLabel(String s, int align)：构造一个显示文字为 s 的标签。align 为显示文字的水平方式，有以下三种：

  - 左对齐：JLabel.LEFT。
  - 中心对齐：JLabel.CENTER。
  - 右对齐：JLabel.RIGHT。

JLabel 类的其他常用方法是：

- setText(String s)：设置标签显示文字。
- getText()：获取标签显示文字。
- setBackground(Color c)：设置标签的背景颜色，默认背景颜色是容器的背景颜色。
- setForeground(Color c)：设置标签上的文字颜色，默认颜色是黑色。

19.4.4 按钮

按钮（JButton）在界面设计中用于激发动作事件。按钮可显示文本，当按钮被激活时，能激发动作事件。

JButton 的常用构造方法有：

- JButton()：创建一个没有标题的按钮对象。
- JButton(String s)：创建一个标题为 s 的按钮对象。

JButton 类的其他常用方法有：

- setLabel(String s)：设置按钮的标题文字。
- getLabel()：获取按钮的标题文字。
- setMnemonic(char mnemonic)：设置热键。
- setToolTipText(String s)：设置提示文字。
- setEnabled(boolean b)：设置是否响应事件。
- setRolloverEnabled(boolean b)：设置是否可滚动。
- addActionListener(ActionListener aL)：向按钮添加动作监视器。
- removeActionListener(ActionListener aL)：移动按钮的监视器。

按钮处理动作事件的基本内容有以下几个方面：

（1）与按钮动作事件相关的接口是 ActionListener，给出实现该接口的类的定义。

（2）声明一个按钮名。

（3）创建一个按钮对象。

（4）将按钮对象加入某个容器。

（5）为需要控制的按钮对象注册监视器，对在这个按钮上产生的事件实施监听。如果是按钮对象所在的类实现监视接口，注册监视器的代码形式是：

```
addActionListener(new ActionListener(){
```

```
public void actionPerformed(ActionEvent e){...}
});
```

在处理事件的方法中，用获取事件源信息的方法获得事件源信息，并判断和完成相应处理。获得事件源的方法有：方法 getSource()获得事件源对象；方法 getActionCommand()获得事件源按钮的文字信息。

19.4.5　JPanel

面板是一种通用容器，有两种：一种是普通面板（JPanel），一种是滚动面板（JScrollPane）。JPanel 的作用是实现界面的层次结构，在它上面放入一些组件，也可以在上面绘画，将放有组件和画的 JPanel 再放入另一个容器里。JPanel 的默认布局为 FlowLayout。

面板处理程序的基本内容有以下几个方面：

（1）通过继承声明 JPanel 类的子类，子类中有一些组件，并在构造方法中将组件加入面板。

（2）声明 JPanel 子类对象。

（3）创建 JPanel 子类对象。

（4）将 JPanel 子类对象加入到某个容器。

JPanel 类的常用构造方法有：

- JPanel()：创建一个 JPanel 对象。
- JPanel(LayoutManager layout)：创建 JPanel 对象时指定布局 layout。

JPanel 对象添加组件的方法有以下两种：

- Add（组件）：添加组件。
- Add（字符串，组件）：当面板采用 GardLayout 布局时，字符串是引用添加组件的代号。

下面的小应用程序有两个 JPanel 子类对象和一个按钮。每个 JPanel 子类对象又有两个按钮和一个标签。

【文件 19.3】ExampleJPanel.java

```
import java.applet.*;
import javax.swing.*;
class MyPanel extends JPanel{
    JButton button1,button2;
    JLabel Label;
    MyPanel(String s1,String s2,String s3){
        //Panel 对象被初始化为有两个按钮和一个文本框
        button1=new JButton(s1);
        button2=new JButton(s2);
        Label=new JLabel(s3);
        add(button1);add(button2);add(Label);
```

```
    }
}
public class Example extends Applet{
    MyPanel panel1,panel2;
    JButton Button;
    public void init(){
        panel1=new MyPanel("确定","取消","标签,我们在面板 1 中");
        panel2=new MyPanel("确定","取消","标签,我们在面板 2 中");
        Button=new JButton("我是不在面板中的按钮");
        add(panel1);add(panel2);add(Button);
        setSize(300,200);
    }
}
```

19.4.6　JScrollPane

当一个容器内放置了许多组件,而容器的显示区域不足以同时显示所有组件时,如果让容器带滚动条,通过移动滚动条的滑块,容器中位置上的组件就能看到。滚动面板 JScrollPane 能实现这样的要求,它是带有滚动条的面板。JScrollPane 是 Container 类的子类,也是一种容器,不过只能添加一个组件。JScrollPane 的一般用法是先将一些组件添加到一个 JPanel 中,然后把这个 JPanel 添加到 JScrollPane 中。这样,从界面上看,在滚动面板上好像也有多个组件。在 Swing 中,JTextArea、JList、JTable 等组件都没有自带滚动条,都需要将它们放置于滚动面板,利用滚动面板的滚动条浏览组件中的内容。

JScrollPane 类的构造方法有以下两种:

- JScrollPane():先创建 JScrollPane 对象,然后用方法 setViewportView(Component com)为滚动面板对象放置组件对象。
- JScrollPane(Component com):创建 JScrollPane 对象,参数 com 是要放置于 JScrollPane 对象的组件对象。为 JScrollPane 对象指定了显示对象之后,再用 add()方法将 JScrollPane 对象放置于窗口中。

JScrollPane 对象设置滚动条的方法是:

- setHorizontalScrollBarPolicy(int policy),其中 policy 取下列值之一:
  - ➢ JScrollPane.HORIZONTAL_SCROLLBAR_ALWAYS
  - ➢ JScrollPane.HORIZONTAL_SCROLLBAR_AS_NEED
  - ➢ JScrollPane.HORIZONTAL_SCROLLBAR_NEVER
- setVerticalScrollBarPolicy(int policy),其中 policy 取下列值之一:
  - ➢ JScrollPane.VERTICAL_SCROLLBAR_ALWAYS
  - ➢ JScrollPane.VERTICAL_SCROLLBAR_AS_NEED
  - ➢ JScrollPane.VERTICAL_SCROLLBAR_NEVER

以下代码将文本区放置于滚动面板,滑动面板的滚动条能浏览文本区:

```
JTextArea textA = new JTextArea(20,30);
JScrollPane jsp = new JScrollPane(TextA);
getContentPane().add(jsp);//将含文本区的滚动面板加入当前窗口中
```

19.4.7　文本框

在图形界面中，文本框和文本区是用于信息输入输出的组件。

文本框（JTextField）是界面中用于输入和输出一行文本的框。JTextField 类用来建立文本框。与文本框相关的接口是 ActionListener。

文本框处理程序的基本内容有以下几个方面：

（1）声明一个文本框名。

（2）建立一个文本框对象。

（3）将文本框对象加入某个容器。

（4）对需要控制的文本框对象注册监视器，监听文本框的输入结束（输入回车键）事件。

（5）一个处理文本框事件的方法，完成对截获事件进行判断和处理。

JTextField 类的主要构造方法有以下几种：

- JTextField()：文本框的字符长度为 1。
- JTextField(int columns)：文本框初始值为空字符串，文本框的字符长度设为 columns。
- JTextField(String text)：文本框初始值为 text 的字符串。
- JTextField(String text,int columns)：文本框初始值为 text，文本框的字符长度为 columns。

JTextField 类还有一些其他方法：

- setFont(Font f)：设置字体。
- setText(String text)：在文本框中设置文本。
- getText()：获取文本框中的文本。
- setEditable(boolean)：指定文本框的可编辑性，默认为 true，可编辑。
- setHorizontalAlignment(int alignment)：设置文本对齐方式，包括 JTextField.LEFT、JTextField.CENTER 和 JTextField.RIGHT。
- requestFocus()：设置焦点。
- addActionListener(ActionListener)：为文本框设置动作监视器，指定 ActionListener 对象接收该文本框上发生的输入结束动作事件。
- removeActionListener(ActionListener)：移去文本框监视器。
- getColumns()：返回文本框的列数。
- getMinimumSize()：返回文本框所需的最小尺寸。
- getMinimumSize(int)：返回文本框在指定的字符数下所需的最小尺寸。
- getPreferredSize()：返回文本框希望具有的尺寸。
- getPreferredSize(int)：返回文本框在指定字符数下希望具有的尺寸。

密码框（JPasswordField）是一个单行的输入组件，与 JTextField 基本类似。密码框多了一个屏蔽功能，就是在输入时都会以一个别的指定的字符（一般是*字符）输出。除了前面介绍的文本框的方法外，还有一些密码框常用的方法：

- getEchoChar()：返回密码的回显字符。
- setEchoChar(char)：设置密码框的回显字符。

19.4.8　文本区

文本区（JTextArea）是窗体中一个放置文本的区域。文本区与文本框的主要区别是文本区可存放多行文本。javax.swing 包中的 JTextArea 类用来建立文本区。JTextArea 组件没有事件。

文本区处理程序的基本内容有以下几个方面：

（1）声明一个文本区名。

（2）建立一个文本区对象。

（3）将文本区对象加入某个容器。

JTextArea 类的主要构造方法如下：

- JTextArea()：以默认的列数和行数创建一个文本区对象。
- JTextArea(String s)：以 s 为初始值创建一个文本区对象。
- JTextArea(Strings ,int x,int y)：以 s 为初始值、行数为 x、列数为 y 创建一个文本区对象。
- JTextArea(int x,int y)：以行数为 x、列数为 y 创建一个文本区对象。

JTextArea 类还有一些常用方法，具体如下：

- setText(String s)：设置显示文本，同时清除原有文本。
- getText()：获取文本区的文本。
- insert(String s,int x)：在指定的位置插入指定的文本。
- replace(String s,int x,int y)：用给定的文本替换从 x 位置开始到 y 位置结束的文本。
- append(String s)：在文本区追加文本。
- getCarePosition()：获取文本区中活动光标的位置。
- setCarePosition(int n)：设置活动光标的位置。
- setLineWrap(boolean b)：设置自动换行，默认情况下不自动换行。

以下代码创建一个文本区，并设置能自动换行：

```
JTextArea textA = new JTextArea("我是一个文本区",10,15);
textA.setLineWrap(true);//设置自动换行
```

当文本区中的内容较多，不能在文本区全部显示时，可给文本区配上滚动条。给文本区设置滚动条可用以下代码：

```
JTextArea ta = new JTextArea();
JScrollPane jsp = new JScrollPane(ta);//给文本区添加滚动条
```

在 GUI 中，常用文本框和文本区实现数据的输入和输出。如果采用文本区输入，通常另设一个数据输入完成按钮。当数据输入结束时，点击这个按钮。事件处理程序利用 getText() 方法，从文本区中读取字符串信息。对于采用文本框作为输入的情况，最后输入的回车符可以激发输入完成事件，通常不用另设按钮。事件处理程序可以利用单词分析器分析出一个个数，再利用字符串转换数值方法获得输入的数值。对于输出，程序先将数值转换成字符串，然后通过 setText() 方法将数据输出到文本框或文本区。

下面的小应用程序设置一个文本区、一个文本框和两个按钮。用户在文本区中输入整数序列，单击求和按钮，程序对文本区中的整数序列进行求和，并在文本框中输出和。单击第二个按钮，清除文本区和文本框中的内容，参考代码如下：

【文件 19.4】Example.java

```java
import java.util.*;
import java.applet.*;
import java.awt.*;
import javax.swing.*;
import java.awt.event.*;
public class Example extends Applet implements ActionListener{
    JTextArea textA;JTextField textF;JButton b1,b2;
    public void init(){
        setSize(250,150);
        textA=new JTextArea("",5,10);
        textA.setBackground(Color.cyan);
        textF=new JTextField("",10);
        textF.setBackground(Color.pink);
        b1=new JButton("求 和"); b2=new JButton("重新开始");
        textF.setEditable(false);
        b1.addActionListener(this); b2.addActionListener(this);
        add(textA); add(textF); add(b1);add(b2);
    }
    public void actionPerformed(ActionEvent e){
        if(e.getSource()==b1){
            String s=textA.getText();
            StringTokenizer tokens=new StringTokenizer(s);
            //使用默认的分隔符集合：空格、换行、Tab 符和回车作分隔符
            int n=tokens.countTokens(),sum=0,i;
            for(i=0;i<=n-1;i++){
                String temp=tokens.nextToken();//从文本区取下一个数据
                sum+=Integer.parseInt(temp);
            }
            textF.setText(""+sum);
        }
        else if(e.getSource()==b2){
            textA.setText(null);
            textF.setText(null);
        }
    }
}
```

19.4.9　选择框

选择框、单选框和单选按钮都是选择组件。选择组件有两种状态，一种是选中（on），另一种是未选中（off），它们提供一种简单的 on/off 选择功能，让用户在一组选择项目中选择。

选择框（JCheckBox）的形状是一个小方框，被选中则在框中打勾。当在一个容器中有多个选择框，同时可以有多个选择框被选中时，这样的选择框称为复选框。与选择框相关的接口是 ItemListener，事件类是 ItemEvent。

JCheckBox 类常用的构造方法有以下 3 个：

- JCheckBox()：用空标题构造选择框。
- JCheckBox(String s)：用给定的标题 s 构造选择框。
- JCheckBox(String s, boolean b)：用给定的标题 s 构造选择框，参数 b 设置选中与否的初始状态。

JCheckBox 类还有一些常用方法，具体如下：

- getState()：获取选择框的状态。
- setState(boolean b)：设置选择框的状态。
- getLabel()：获取选择框的标题。
- setLabel(String s)：设置选择框的标题。
- isSelected()：获取选择框是否被选中的状态。
- itemStateChanged(ItemEvent e)：处理选择框事件的接口方法。
- getItemSelectable()：获取可选项，获取事件源。
- addItemListener(ItemListener l)：为选择框设定监视器。
- removeItemListener(ItemListener l)：移去选择框的监视器。

以下示例声明一个面板子类，其中有 3 个选择框。

```
class Panel1 extends JPanel{
    JCheckBox box1,box2,box3;
    Panel1(){
        box1 = new JCheckBox("足球");
        box2 = new JCheckBox("排球");
        box2 = new JCheckBox("篮球");
    }
}
```

19.4.10　单选框

当在一个容器中放入多个选择框，且没有 ButtonGroup 对象将它们分组时，可以同时选中多个选择框。如果使用 ButtonGroup 对象将选择框分组，同一时刻组内的多个选择框只允许有一个被选中，就称同一组内的选择框为单选框。单选框分组的方法是先创建 ButtonGroup 对象，然后将同组的选择框添加到同一个 ButtonGroup 对象中。

19.4.11　单选按钮

单选按钮（JRadioButton）的功能与单选框相似。使用单选按钮的方法是将一些单选按钮用 ButtonGroup 对象分组，使同一组的单选按钮只能有一个被选中。单选按钮与单选框的差异是显示的样式不同，单选按钮是一个圆形的按钮，单选框是一个小方框。

JRadioButton 类的常用构造方法有以下几个：

- JRadioButton()：用空标题构造单选按钮。
- JRadioButton(String s)：用给定的标题 s 构造单选按钮。
- JRadioButton(String s,boolean b)：用给定的标题 s 构造单选按钮，参数 b 设置选中与否的初始状态。

需要使用 ButtonGroup 将单选按钮分组，方法是先创建对象，然后将同组的单选按钮添加到同一个 ButtonGroup 对象中。

用户对选择框或单选按钮做出选择后，程序应对这个选择做出必要的响应，程序为此要处理选择项目事件。选择项目处理程序的基本内容有：

（1）监视选择项目对象的类要实现接口 ItemListener。

（2）程序要声明和建立选择对象。

（3）为选择对象注册监视器。

（4）编写处理选择项目事件的接口方法 itemStateChanged(ItemEvent e)，在该方法内用 getItemSelectable()方法获取事件源，并做相应处理。

19.4.12　列表

列表和组合框也是一类供用户选择的界面组件，用于在一组选择项目中选择。组合框还可以输入新的选择。

列表（JList）在界面中表现为列表框，是 JList 类或它的子类的对象。程序可以在列表框中加入多个文本选择项条目。列表事件的事件源有两种：

（1）鼠标双击某个选项：双击选项是动作事件，与该事件相关的接口是 ActionListener，注册监视器的方法是 addActionListener()，接口方法是 actionPerformed(ActionEvent e)。

（2）鼠标单击某个选项：单击选项是选项事件，与选项事件相关的接口是 ListSelectionListener，注册监视器的方法是 addListSelectionListener，接口方法是 valueChanged(ListSelectionEvent e)。

JList 类的常用构造方法有以下两种：

- JList()：建立一个列表。

- JList(String list[])：建立列表，list 是字符串数组，数组元素是列表的选择条目。

JList 类的常用方法有以下几种：

- getSelectedIndex()：获取选项的索引，返回最小的选择单元索引；只选择了列表中单个项时，返回该选择。
- getSelectedValue()：获取选项的值。
- getSelectedIndices()：返回所选的全部索引的数组（按升序排列）。
- getSelectedValues()：返回所有选择值的数组，根据其列表中的索引顺序按升序排序。
- getItemCount()：获取列表中的条数。
- setVisibleRowCount(int n)：设置列表可见行数。
- setSelectionMode(int seleMode)：设置列表选择模型。选择模型有单选和多选两种。
  - ➢ 单选：ListSelectionModel.SINGLE_SELECTION。
  - ➢ 多选：ListSelectionModel.MULTIPLE.INTERVAL_SELECTION。
- remove(int n)：从列表的选项菜单中删除指定索引的选项。
- removeAll()：删除列表中的全部选项。

列表可以添加滚动条，方法是先创建列表，再创建一个 JScrollPane 滚动面板对象，在创建滚动面板对象时指定列表。以下代码示意为列表 list2 添加滚动条：

```
JScrollPane jsp = new JScrollPane(list2);
```

19.4.13　组合框

组合框（JComboBox）是文本框和列表的组合，可以在文本框中输入选项，也可以单击下拉按钮从显示的列表中进行选择。

组合框的常用构造方法如下：

- JComboBox()：建立一个没有选项的 JComboBox 对象。
- JComboBox(JComboBoxModel aModel)：用数据模型建立一个 JComboBox 对象。
- JComboBox(Object[]items)：利用数组对象建立一个 JComboBox 对象。

组合框的其他常用方法有以下几个：

- addItem(Object obj)：向组合框加选项。
- getItemCount()：获取组合框的条目总数。
- removeItem(Object ob)：删除指定选项。
- removeItemAt(int index)：删除指定索引的选项。
- insertItemAt(Object ob,int index)：在指定的索引处插入选项。
- getSelectedIndex()：获取所选项的索引值（从 0 开始）。
- getSelectedItem()：获得所选项的内容。
- setEditable(boolean b)：设为可编辑。组合框的默认状态是不可编辑的，需要调用本方法设定为可编辑才能响应选择输入事件。

在 JComboBox 对象上发生的事件分为两类：一是用户选定项目，事件响应程序获取用户所选的项目；二是用户输入项目后按回车键，事件响应程序读取用户的输入。第一类事件的接口是 ItemListener；第二类事件是输入事件，接口是 ActionListener。

19.4.14　菜单条、菜单和菜单项

在 Java 中，有两种类型的菜单：下拉式菜单和弹出式菜单。本小节只讨论下拉式菜单编程方法。菜单与 JComboBox 和 JCheckBox 不同，它们在界面中是一直可见的。菜单与 JComboBox 的相同之处是每次只可选择一个项目。

在下拉式菜单或弹出式菜单中选择一个选项就会产生一个 ActionEvent 事件。该事件被发送给那个选项的监视器，事件的意义由监视器解释。

1. 菜单条

菜单条（JMenuBar）通常出现在 JFrame 的顶部，一个菜单条显示多个下拉式菜单的名字。可以用两种方式来激活下拉式菜单：一种是按下鼠标的按钮，并保持按下状态，移动鼠标，直至释放鼠标完成选择，高亮度显示的菜单项即为所选择的；另一种方式是当光标位于菜单条中的菜单名上时，点击鼠标，这时菜单会展开，且高亮度显示菜单项。

类 JMenuBar 的实例就是菜单条。例如，以下代码创建菜单条对象 menubar：

```
JMenuBar menubar = new JMenuBar();
```

在窗口中增设菜单条，必须使用 JFrame 类中的 setJMenuBar()方法。例如：

```
setJMenuBar(menubar);
```

类 JMenuBar 的常用方法有：

- add(JMenu m)：将菜单 m 加入菜单条中。
- countJMenus()：获得菜单条中的菜单条数。
- getJMenu(int p)：取得菜单条中的菜单。
- remove(JMenu m)：删除菜单条中的菜单 m。

2. 菜单

一个菜单条可以放多个菜单（JMenu），每个菜单可以有许多菜单项（JMenuItem）。例如，Eclipse 环境的菜单条有 File、Edit、Source、Refactor 等菜单，每个菜单又有许多菜单项。例如，File 菜单有 New、Open File、Close、Close All 等菜单项。

向窗口增设菜单的方法是：先创建一个菜单条对象，再创建若干菜单对象，把这些菜单对象放在菜单条里，按要求为每个菜单对象添加菜单项。

由类 JMenu 创建的对象就是菜单。类 JMenu 的常用方法如下：

- JMenu()：建立一个空标题的菜单。
- JMenu(String s)：建立一个标题为 s 的菜单。

- add(JMenuItem item)：向菜单增加由参数 item 指定的菜单选项。
- add(JMenu menu)：向菜单增加由参数 menu 指定的菜单，实现在菜单中嵌入子菜单。
- addSeparator()：在菜单选项之间画一条分隔线。
- getItem(int n)：得到指定索引处的菜单项。
- getItemCount()：得到菜单项数目。
- insert(JMenuItem item,int n)：在菜单的位置 n 处插入菜单项 item。
- remove(int n)：删除菜单位置 n 的菜单项
- removeAll()：删除菜单的所有菜单项。

3. 菜单项

类 JMenuItem 的实例就是菜单项。类 JMenuItem 的常用方法如下：

- JMenuItem()：构造无标题的菜单项。
- JMenuItem(String s)：构造有标题的菜单项。
- setEnabled(boolean b)：设置当前菜单项是否可被选择。
- isEnabled()：返回当前菜单项是否可被用户选择。
- getLabel()：得到菜单项的名称。
- setLabel()：设置菜单项的名称。
- addActionListener(ActionListener e)：为菜单项设置监视器。监视器接受点击某个菜单的动作事件。

4. 处理菜单事件

菜单的事件源是用鼠标点击某个菜单项。处理该事件的接口是 ActionListener，要实现的接口方法是 actionPerformed(ActionEvent e)，获得事件源的方法是 getSource()。

5. 嵌入子菜单

菜单中的菜单项可以是一个完整的菜单，由于菜单项又可以是另一个完整的菜单，因此可以构造一个层次状的菜单结构，即菜单嵌套。

例如，将上述程序中的有关代码改成如下形式：

```
Menu menu1,menu2,item4;
MenuItem item3,item5,item6,item41,item42;
```

再插入以下代码创建 item41 和 item42 菜单项，并把它们加入 item4 菜单中：

```
item41= new MenuItem("东方红");
item42 = new MenuItem("牡丹");
item4.add(item41);
item4.add(item42);
```

点击 item4 菜单时，刚会打开两个菜单项。

6. 设置菜单项的快捷键

可以用 MenuShortcut 类为菜单项设置快捷键，构造方法是 MenuShortcut(int key)。其中，

key 可以取值 KeyEvent.VK_A~KenEvent.VK_Z，也可以取 'a'~'z' 键码值。菜单项使用 setShortcut(MenuShortcut k)方法来设置快捷键。例如，以下代码设置字母 e 为快捷键：

```
class Herwindow extends Frame implements ActionListener{
    MenuBar menbar;
    Menu menu;
    MenuItem item;
    MenuShortcut shortcut = new MenuShortcut(KeyEvent.VK_E);
    ...
    item.setShortcut(shortcut);
    ...
}
```

7. 选择框菜单项

菜单也可以包含具有持久的选择状态的选项，这种特殊的菜单可由 JCheckBoxMenuItem 类来定义。JCheckBoxMenuItem 对象跟选择框一样，也能表示一个选项被选中与否，还可以作为一个菜单项加到下拉菜单中。点击 JCheckBoxMenuItem 菜单时，就会在它的左边出现对勾符号或清除对勾符号。例如，在 MenuWindow 中将代码

```
addItem(menu1,"跑步",this);addItem(menu1,"跳绳",this);
```

改写成以下代码，就会将两个普通菜单项"跑步"和"跳绳"改成两个选择框菜单项：

```
JCheckBoxMenuItem item1 = new JCheckBoxMenuItem("跑步");
JCheckBoxMenuItem item2 = new JCheckBoxMenuItem("跳绳");
item1.setActionCommand("跑步");
item1.addActionListener(this);
menu1.add(item1);
item2.setActionCommand("跳绳");
item2.addActionListener(this);
menu1.add(item2);
```

19.5　布　　局

在界面设计中，一个容器要放置许多组件。为了美观，可以设置组件安排在容器中的不同位置，这就是布局设计。java.awt 中定义了多种布局类，每种布局类对应一种布局的策略，常用的有以下几种：

- FlowLayout：依次放置组件。
- BoarderLayout：将组件放置在边界上。
- CardLayout：将组件像扑克牌一样叠放，而每次只能显示其中的一个组件。
- GridLayout：将显示区域按行、列划分成一个个相等的格子，组件依次放入这些格子中。
- GridBagLayout：将显示区域划分成许多矩形小单元，每个组件可占用一个或多个小单元。

其中，GridBagLayout 能进行精细的位置控制，也最复杂。本教程暂不讨论这种布局策略，

请读者参考官网的 API 文档。

每个容器都有一个布局管理器,由它来决定如何安排放入容器内的组件。布局管理器是实现 LayoutManager 接口的类。

19.5.1　FlowLayout 布局

FlowLayout 布局(JApplet、JPanel、JScrollPane 的默认布局)是将其中的组件按照加入的先后顺序从左到右排列,一行排满之后就转到下一行继续从左到右排列,每一行中的组件都居中排列。这是一种最简便的布局策略,一般用于组件不多的情况,当组件较多时,容器中的组件就会显得高低不平,各行长短不一。

FlowLayout 是小应用程序和面板默认布局,构造方法有以下几种:

- FlowLayout():生成一个默认的 FlowLayout 布局。默认情况下,组件居中,间隙为 5 个像素。
- FlowLayout(int alignment):设定每行的组件的对齐方式。alignment 取值可以为 FlowLayout.LEFT、FlowLayout.CENTER、FlowLayout.RIGHT。
- FlowLayout(int alignment,int horz, int vert):设定对齐方式,并设定组件的水平间距 horz 和垂直间距 vert,用超类 Container 的方法 setLayout()为容器设定布局。例如,setLayout(new FlowLayout())为容器设定 FlowLayout 布局。将组件加入容器的方法是 add(组件名)。

19.5.2　BorderLayout 布局

BorderLayout 布局(JWindow、JFrame、JDialog 的默认布局)是把容器内的空间简单划分为东(East)、西(West)、南(South)、北(North)、中(Center)五个区域。加入组件时,应该指明把组件放在哪一个区域中。一个位置放一个组件。如果要在某个位置加入多个组件,那么应先将要加入该位置的组件放在另一个容器中,再将这个容器加入这个位置。

BorderLayout 布局的构造方法有以下两种:

- BorderLayout():生成一个默认的 BorderLayout 布局,默认情况下没有间隙。
- BorderLayout(int horz,int vert):设定组件之间的水平间距和垂直间距。

BorderLayout 布局策略的设定方法是 setLayout(new BorderLayout())。将组件加入容器的方法是 add(组件名,位置)。如果加入组件时没有指定位置,则默认为"中"。

19.5.3　GridLayout 布局

GridLayout 布局是把容器划分成若干行和列的网格状,行数和列数由程序控制,组件放在网格的小格子中。GridLayout 布局的特点是组件定位比较精确。由于 GridLayout 布局中每个网格具有相同的形状和大小,因此要求放入容器的组件保持相同的大小。

GridLayout 布局的构造方法有以下几种：

- GridLayout()：生成一个单列的 GridLayout 布局，默认情况下无间隙。
- GridLayout(int row,int col)：设定一个有行 row 和列 col 的 GridLayout 布局。
- GridLayout(int row,int col,int horz,int vert)：设定布局的行数和列数、组件的水平间距和垂直间距。

GridLayout 布局以行为基准，当放置的组件个数超额时自动增加列；反之，组件太少会自动减少列，行数不变，组件按行优先顺序排列（根据组件自动增减列）。GridLayout 布局的每个网格必须填入组件，如果希望某个网格为空白，就可以用一个空白标签（add(new Label())）顶替。

GridLayout 布局要求所有组件的大小保持一致，这可能会使界面外观不够美观。一个补救的办法是让一些小组件合并放在一个容器中，然后把这个容器作为组件再放入到 GridLayout 布局中。这就是前面所说的容器嵌套。例如，容器 A 使用 GridLayout 布局，将容器均分为网格；在容器 B 和 C 中放入若干组件后，再把 B 和 C 分别作为组件添加到容器 A 中。容器 B 和 C 可以设置为 GridLayout 布局，把自己分为若干网格；也可以设置成其他布局。从外观来看，各组件的大小就有了差异。

19.5.4　CardLayout 布局

采用 CardLayout 布局的容器虽可容纳多个组件，但多个组件拥有同一个显示空间，某一时刻只能显示一个组件。就像一叠扑克牌每次只能显示最上面的一张一样，这个显示的组件将占据容器的全部空间。CardLayout 布局的设计步骤如下：

先创建 CardLayout 布局对象，然后使用 setLayout()方法为容器设置布局。最终，调用容器的 add()方法将组件加入容器。CardLayout 布局策略加入组件的方法是：

```
add(组件代号，组件);
```

其中，组件代号是字符串，与组件名无关。

例如，以下代码为一个 JPanel 容器设定 CardLayout 布局：

```
CardLayout myCard = new CardLayout();//创建 CardLayout 布局对象
JPanel p = new JPanel();//创建 Panel 对象
p.setLayout(myCard);
```

用 CardLayout 类提供的方法显示某一组件的方式有以下两种：

（1）使用 show(容器名,组件代号)形式的代码，指定某个容器中的某个组件显示。例如，以下代码指定容器 p 的组件代号 k，并显示这个组件：

```
myCard.show(p,k);
```

（2）按组件加入容器的顺序显示组件。

- first（容器）：myCard.first(p)。

- last（容器）：myCard.last(p)。
- next（容器）：myCard.next(p)。
- previous（容器）：myCard.previous(p)。

在以下小应用程序中，面板容器 p 使用 CardLayout 布局策略设置 10 个标签组件。窗口设有 4 个按钮，分别负责显示 p 的第一个组件、最后一个组件、当前组件的前一个组件和当前组件的后一个组件。

【文件 19.5】Example2.java

```java
import java.applet.*;import java.awt.*;
import java.awt.event.*;import javax.swing.*;
class MyPanel extends JPanel{
    int x;JLabel label1;
    MyPanel(int a){
        x=a;getSize();
        label1=new JLabel("我是第"+x+"个标签");add(label1);
    }
    public Dimension getPreferredSize(){
        return new Dimension(200,50);
    }
}
public class Example2 extends Applet implements ActionListener{
    CardLayout mycard;MyPanel myPanel[];JPanel p;
    private void addButton(JPanel pan,String butName,ActionListener listener){
        JButton aButton=new JButton(butName);
        aButton.addActionListener(listener);
        pan.add(aButton);
    }
    public void init(){
        setLayout(new BorderLayout());//小程序的布局是边界布局
        mycard=new CardLayout();
        this.setSize(400,150);
        p=new JPanel();p.setLayout(mycard);//p 的布局设置为卡片式布局
        myPanel=new MyPanel[10];
        for(int i=0;i<10;i++){
            myPanel[i]=new MyPanel(i+1);
            p.add("A"+i,myPanel[i]);
        }
        JPanel p2=new JPanel();
        addButton(p2,"第一个",this);
        addButton(p2,"最后一个",this);
        addButton(p2,"前一个",this);
        addButton(p2,"后一个",this);
        add(p,"Center"); add(p2,"South");
    }
    public void actionPerformed(ActionEvent e){
        if (e.getActionCommand().equals("第一个"))mycard.first(p);
        else if(e.getActionCommand().equals("最后一个"))mycard.last(p);
        else if(e.getActionCommand().equals("前一个"))mycard.previous(p);
```

```
        else if(e.getActionCommand().equals("后一个"))mycard.next(p);
    }
}
```

19.5.5　null 布局与 setBounds 方法

空布局就是把一个容器的布局设置为 null 布局。空布局采用 setBounds()方法设置组件本身的大小和在容器中的位置：

```
setBounds(int x,int y,int width,int height)
```

组件所占区域是一个矩形，参数 x 和 y 是组件的左上角在容器中的位置坐标；参数 weight 和 height 是组件的宽和高。空布局安置组件的办法分两个步骤：先使用 add()方法为容器添加组件；然后调用 setBounds()方法设置组件在容器中的位置和组件本身的大小。与组件相关的方法还有以下几种：

- getSize().width。
- getSize().height。
- setVgap(ing vgap)。
- setHgap(int hgap)。

19.6　对　话　框

对话框是为了人机对话过程提供交互模式的工具。应用程序通过对话框给用户提供信息，或从用户获得信息。对话框是一个临时窗口，可以在其中放置用于得到用户输入的控件。在 Swing 中，有两个对话框类，分别是 JDialog 类、JOptionPane 类。JDialog 类提供构造并管理通用对话框；JOptionPane 类给一些常见的对话框提供许多便于使用的选项，例如简单的 yes-no 对话框等。

19.6.1　JDialog 类

JDialog 类作为对话框的基类。与一般窗口不同的是对话框依赖其他窗口，当它所依赖的窗口消失或最小化时，对话框也将消失；窗口还原时，对话框又会自动恢复。

对话框分为强制型和非强制两种型。强制型对话框不能中断对话过程，直至对话框结束才能让程序响应对话框以外的事件。非强制型对话框可以中断对话过程，去响应对话框以外的事件。强制型对话框也称有模式对话框，非强制型对话框也称为非模式对话框。

JDialog 对象也是一种容器，因此可以给 JDialog 对话框指派布局管理器，对话框的默认布局为 BoarderLayout 布局，但组件不能直接加到对话框中，对话框也包含一个内容面板，应当把组件加到 JDialog 对象的内容面板中。由于对话框依赖窗口，因此要建立对话框时必须先创建一个窗口。

JDialog 类常用的构造方法有 3 个：

- JDialog()：构造一个初始化不可见的非强制型对话框。
- JDialog(JFramef,String s)：构造一个初始化不可见的非强制型对话框，参数 f 设置对话框所依赖的窗口，参数 s 用于设置标题。通常先声明一个 JDialog 类的子类，然后创建这个子类的一个对象。
- JDialog(JFrame f,String s,boolean b)：构造一个标题为 s、初始化不可见的对话框。参数 f 设置对话框所依赖的窗口，参数 b 决定对话框是强制型还是非强制型。

JDialog 类的其他常用方法有以下几个：

- getTitle()：获取对话框的标题。
- setTitle(String s)：设置对话框的标题。
- setModal(boolean b)：设置对话框的模式。
- setSize()：设置对话框的大小。
- setVisible(boolean b)：显示或隐藏对话框。

以下小应用程序声明一个用户窗口类和对话框类。用户窗口有两个按钮和两个文本框，当点击某个按钮时，对应的对话框被激活。在对话框中输入相应信息，单击对话框的确定按钮。确定按钮的监视方法将对话框中输入的信息传送给用户窗口，并在用户窗口的相应文本框中显示选择信息。

【文件 19.6】Example3.java

```java
import java.applet.*;
import javax.swing.*;
import java.awt.*;
import java.awt.event.*;
class MyWindow extends JFrame implements ActionListener{
    private JButton button1,button2;
    private static int flg=0;
    private static JTextField text1,text2;
    Mywindow(String s){
        super(s);
        Container con = this.getContentPane();
        con.setLayout(new GridLayout(2,2));
        this.setSize(200,100);
        this setLocation(100,100);
        button1 = new JButton("选择水果");
        button2 = new JButton("选择食品");
        button1.addActionListener(this);
        button2.addActionListener(this);
        text1 = new JTextField(20);
        text2 = new JTextField(20);
        con.add(button1);
        con.add(button2);
```

```
        con.add(text1);
        con.add(text2);
        this.setVisible(true);
        this.pack();
    }
    public static void returnName(String s){
        if(flg ==1)
            text1.setText("选择的水果是: "+s);
        else if(flg == 2)
            text2.setText("选择的食品是: "+s);
    }
    public void actionPerformed(ActionEvent e){
        MyDialog dialog;
        if(e.getSource()==button1){
            dialog = new MyDialog(this,"水果");
            dialog.setVisible(true);
            flg =1;
        }
        else if(e.getSource()==button2){
            dialog =new MyDialog(this,"食品");
            dialog.setVisible(true);
            flg=2;
        }
    }
}
class MyDialog extends JDialog implements ActionListener{
    JLabel title;
    JTextField text;
    JButton done;
    Mydialog(JFrame F,String s){
        super(F,s,true);//模态
        Container con = this.getContentPane();
        title = new JLabel("输入"+s+"名称");
        text = new JTextField(10);
        text.setEditable(true);
        con.setLayout(new FlowLayout());
        con.setSize(200,100);
        setModal(false);
        done = new JButton("确定");
        done.addActionListener(this);
        con.setVisible(true);
        this.pack();
    }
    public void actionPerformed(ActionEvent e){
        MyWindow.returnName(text.getText());
        setVisible(false);
        dispose();
    }
}
public class Example extends Applet{
```

```
    MyWindow window;
    MyDialog dialog;
    public void init(){
        window = new MyWindow("带对话框窗口");
    }
}
```

上述例子创建的是强制型对话框，改为非强制型对话框就允许用户在对话过程中暂停，与程序的其他部分进行交互。这样在界面中可以看到部分对话的效果。

将上述例子改为非强制型对话框只要做少量的改动即可，首先是将对话框构造方法中的代码"super(F,s,true);"改为"super(F,s,false);"。

19.6.2　JOptionPane 类

经常遇到非常简单的对话情况。为了简化常见对话框的编程，JOptionPane 类定义了四个简单对话框类型，如表 19-4 所示。JOptionPane 类提供一组静态方法，让用户选用某种类型的对话框。下面的代码是选用确认对话框：

```
int result = JOptionPane.showConfirmDialog(parent,"确实要退出吗", "退出确认",
JOptionPane.YES_NO_CANCEL_OPTION);
```

其中，方法名的中间部分文字 Confirm 是创建对话框的类型，指明选用确认对话框。将文字 Confirm 改为另外三种类型的某一个就成为相应类型的对话框。上述代码的四个参数的意义是：第一个参数指定这个对话框的父窗口；第二个参数是对话框显示的文字；第三个参数是对话框的标题；最后一个参数指明对话框有三个按钮，分别为"是（Y）""否（N）"和"撤销"。方法的返回结果是用户响应了这个对话框后的结果，如表 19-5 所示。

输入对话框以列表或文本框形式请求用户输入选择信息，用户可以从列表中选择选项或从文本框中输入信息。以下是一个从列表中选择运行项目的输入对话框的示意代码：

```
String result = (String)JOptionPane.showInputDialog(parent,
    "请选择一项运动项目", "这是运动项目选择对话框",
    JOptionPane.QUESTION_MESSAGE,null,
    new Object[]{"踢足球", "打篮球", "跑步", "跳绳"}, "跑步");
```

第四个参数是信息类型，如表 19-6 所示。第五个参数在这里没有特别的作用，总是用 null，第六个参数定义了一个供选择的字符串数组，第七个参数是选择的默认值。对话框中还包括"确定"和"撤销"两个按钮。

表 19-4　JOptionPane 对话框类型

类型	说明
输入	通过文本框、列表或其他手段输入，另有"确定"和"撤销"按钮
确认	提出一个问题，待用户确认，另有"是（Y）""否（N）"和"撤销"按钮
信息	显示一条简单的信息，另有"确定"和"撤销"按钮
选项	显示一列供用户选择的选项

表 19-5   由 JOptionPane 对话框返回的结果

返回结果	说明
YES_OPTION	用户点了"是（Y）"按钮
NO_OPTION	用户点了"否（N）"按钮
CANCEL_OPTION	用户点了"撤销"按钮
OK_OPTION	用户点了"确定"按钮
CLOSED_OPTION	用户没点任何按钮，关闭对话框窗口

表 19-6   JOptionPane 对话框的信息类型选项

信息类型	说明
PLAIN_MESSAGE	不包括任何图标
WARNING_MESSAGE	包括一个警告图标
QUESTION_MESSAGE	包括一个问题图标
INFORMATIN_MESSAGE	包括一个信息图标
ERROR_MESSAGE	包括一个出错图标

有时只是想简单地输出一些信息，并不要求用户有反馈，这样的对话框可用以下形式的代码创建：

```
JOptionPane.showMessageDialog(parent, "这是一个 Java 程序",
    "我是输出信息对话框", JOptionPane.PLAIN_MESSAGE);
```

上述代码中前三个参数的意义与前面所述的相同，最后的参数指定信息类型为不包括任何图标，参见表 19-6。

19.7   鼠标事件

鼠标事件的事件源往往与容器相关，当鼠标进入容器、离开容器或者在容器中单击鼠标、拖动鼠标时都会发生鼠标事件。Java 语言为处理鼠标事件提供了两个接口：MouseListener 和 MouseMotionListener。

19.7.1   MouseListener 接口

MouseListener 接口能处理 5 种鼠标事件：按下鼠标，释放鼠标，点击鼠标，鼠标进入，鼠标退出。相应的方法有：

- getX()：获取鼠标的 X 坐标。
- getY()：获取鼠标的 Y 坐标。

- getModifiers()：获取鼠标的左键或右键。
- getClickCount()：获取鼠标被点击的次数。
- getSource()：获取发生鼠标的事件源。
- addMouseListener（监视器）：加放监视器。
- removeMouseListener（监视器）：移去监视器。

要实现 MouseListener 接口的方法有以下几种：

- mousePressed(MouseEvent e)
- mouseReleased(MouseEvent e)
- mouseEntered(MouseEvent e)
- mouseExited(MouseEvent e)
- mouseClicked(MouseEvent e)

以下小应用程序设置了一个文本区，用于记录一系列鼠标事件。当鼠标进入小应用程序窗口时，文本区显示"鼠标进来"；当鼠标离开窗口时，文本区显示"鼠标走开"；当鼠标被按下时，文本区显示"鼠标按下"；当鼠标被双击时，文本区显示"鼠标双击"，并显示鼠标的坐标。程序中还要求显示一个红色的圆，当点击鼠标时，圆的半径会不断变大。

【文件 19.7】Example4.java

```java
import java.applet.*;
import javax.swing.*;
import java.awt.*;
import java.awt.event.*;
class MyPanel extends JPanel{
    public void print(int r){
        Graphics g = getGraphics();
        g.clearRect(0,0,this.getWidth(),this.getHeight());
        g.setColor(Color.red);
        g.fillOval(10,10,r,r);
    }
}
class MyWindow extends JFrame implements MouseListener{
    JTextArea text;
    MyPanel panel;
    int x,y,r =10;
    int mouseFlg=0;
    static String mouseStates[]={"鼠标按下","鼠标松开","鼠标进来","鼠标走开",
    "鼠标双击"};
    MyWindow(String s){
        super(s);
        Container con = this.getContentPane();
        con.setLayout(new GridLayout(2,1));
        this.setSize(200,300);
        this.setLocation(100,100);
        panel = new MyPanel();
        con.add(panel);
```

```
        text = new JTextArea(10,20);
        text.setBackground(Color.blue);
        con.add(text);
        addMouseListener(this);
        this.setVisible(true);
        this.pack();
    }
    public void paint(Graphics g){
        r = r+4;
        if(r>80){
            r=10;
        }
        text.append(mouseStates[mouseFlg]+"了，位置是： " +x+","+y+"\n");
        panel.print(r);
    }
    public void mousePressed(MouseEvent e){
        x = e.getX();
        y = e.getY();
        mouseFlg = 0;
        repaint();
    }
    public void mouseRelease(MouseEvent e){
        x = e.getX();
        y = e.getY();
        mouseFlg = 1;
        repaint();
    }
    public void mouseEntered(MouseEvent e){
        x = e.getX();
        y = e.getY();
        mouseFlg = 2;
        repaint();
    }
    public void mouseExited(MouseEvent e){
        x = e.getX();
        y = e.getY();
        mouseFlg = 3;
        repaint();
    }
    public void mouseClicked(MouseEvent e){
        if(e.getClickCount()==2){
            x = e.getX();
            y = e.getY();
            mouseFlg = 4;
            repaint();
        }
        else{}
    }
}
public class Example4 extends Applet{
```

```
    public void init(){
        MyWindow myWnd = new MyWindow("鼠标事件示意程序");
    }
}
```

任何组件上都可以发生鼠标事件：鼠标进入、鼠标退出、按下鼠标等。例如，在上述程序中添加一个按钮，并给按钮对象添加鼠标监视器，将上述程序中的 init()方法修改成如下形式，即能示意按钮上的所有鼠标事件。

```
JButton button;
public void init(){
    button = new JButton("按钮也能发生鼠标事件");
    r = 10;
    text = new JTextArea(15,20);
    add(button);
    add(text);
    button.addMouseListener(this);
}
```

如果程序希望进一步知道按下或点击的是鼠标左键或右键，鼠标的左键或右键可用 InputEvent 类中的常量 BUTTON1_MASK 和 BUTTON3_MASK 来判定。例如，以下表达式判断是否按下或点击了鼠标右键：

```
    e.getModifiers()==InputEvent. BUTTON3_MASK
```

19.7.2 MouseMotionListener 接口

MouseMotionListener 接口处理拖动鼠标和鼠标移动两种事件。
注册监视器的方法是：

- addMouseMotionListener(监视器)

要实现的接口方法有以下两个：

- mouseDragged(MouseEvent e)
- mouseMoved(MouseEvent e)

以下小程序是一个滚动条与显示窗口同步变化的应用程序。窗口中有一个方块，用鼠标拖运方块，或用鼠标点击窗口，方块改变显示位置，相应水平和垂直滚动条的滑块也会改变它们在滚动条中的位置。反之，移动滚动条的滑块，方块在窗口中的显示位置也会改变。

【文件 19.8】Example5.java

```
import javax.swing.*;
import java.awt.*;
import java.awt.event.*;
class MyWindow extends JFrame{
    public MyWindow(String s){
        super(s);
        Container con = this.getContentPane();
```

```
        con.setLayout(new BorderLayout());
        this.setLocation(100,100);
        JScrollBar xAxis = new JScrollBar(JScrollBar.HORIZONTAL,50,1,0,100);
        jScrollBar yAxis = new jScrollBar(JScrollBar.VERTICAL,50,1,0,100);
        MyListener listener = new MyListener(xAxis,yAxis,238,118);
        Jpanel scrolledCanvas = new JPanel();
        scrolledCanvas.setLayout(new BorderLayout());
        scrolledCanvas.add(listener,BorderLayout.CENTER);
        scrolledCanvas.add(xAix,BorderLayout.SOUTH);
        scrolledCanvas.add(yAix,BorderLayout.EAST);
        con.add(scrolledCanvas,BorderLayout.NORTH);
        this.setVisible(true);
        this.pack();
    }
    public Dimension getPreferredSize(){
        return new Dimension(500,300);
    }
}
class MyListener extends JComponent implements MouseListener,
    MouseMotionListener,AdjustmentListener{
    private int x,y;
    private JScrollBar xScrollBar;
    private JScrollBar yScrollBar;
    private void updateScrollBars(int x,int y){
        int d;
        d = (int)(((float)x/(float)getSize().width)*100.0);
        xScrollBar.setValue(d);
        d = (int)(((float)y/(float)getSize().height)*100.0);
        yScrollBar.setValue(d);
    }
    public MyListener(JScrollBar xaxis,JScrollBar yaxis,int x0,int y0){
        xScrollBar =xaxis;
        yScrollBar =yaxis;
        x = x0;
        y=y0;
        xScrollBar.addAdjustmentListener(this);
        yScrollBar.addAdjustmentListener(this);
        this.addMouseListener(this);
        this.addMouseMotionListener(this);
    }
    public void paint(Graphics g){
        g.setColor(getBackground());
        Dimension size = getSize();
        g.fillRect(0,0,size.width,size.height);
        g.setColor(Color.blue);
        g.fillRect(x,y,50,50);
    }
    public void mouseEntered(MouseEvent e){}
    public void mouseExited(MouseEvent e){}
    public void mouseClicked(MouseEvent e){}
```

```
    public void mouseRelease(MouseEvent e){}
    public void mouseMoved(MouseEvent e){}
    public void mousePressed(MouseEvent e){
        x = e.getX();
        y = e.getY();
        updateScrollBars(x,y);
        repaint();
    }
    public void mouseDragged(MouseEvent e){
        x = e.getX();
        y = e.getY();
        updateScrollBars(x,y);
        repaint();
    }
    public void adjustmentValueChanged(AdjustmentEvent e){
        if(e.getSource()==xScrollBar)
            x=(int)((float)(xScrollBar.getValue()/100.0)*getSize().width);
        else if(e.getSource()==yScrollBar)
            y = (int)((float)(yScrollBar.getValue()/100.0)*getSize().height);
        repaint();
    }
}
public class Example5{
    public static void main(){
        MyWindow myWindow = new MyWindow("滚动条示意程序");
    }
}
```

在上述例子中，如果只要求通过滑动滑块来改变内容的显示位置，可以简单地使用滚动面板 JScrollPane。如果是这样，关于滚动条的创建和控制都可以免去，直接由 JScrollPane 内部实现。参见以下修改后的 MyWindow 的定义：

```
class MyWindow extends JFrame{
    public MyWindow(String s){
        super(s);
        Container con = this.getContentPane();
        con.setLayout(new BorderLayout());
        this.setLocaltion(100,100);
        MyListener listener = new MyListener();
        listener.setPreferredSize(new Dimension(700,700));
        JScrollPane scrolledCanvas = new JScrollPane(listener);
        this.add(scrolledCanvas,BorderLayout.CENTER);
        this.setVisible(true);
        this.pack();
    }

    public Dimension getPreferredSize(){
        return new Dimension(400,400);
    }
}
```

鼠 标 指 针 形 状 也 能 由 程 序 控 制 。 setCursor() 方 法 能 设 置 鼠 标 指 针 形 状 ， 例 如
setCursor(Cursor.getPredefinedCursor(cursor.WAIT_CURSOR))。

19.8　键盘事件

键盘事件的事件源一般与组件相关。当一个组件处于激活状态时，按下、释放或敲击键
盘上的某个键时就会发生键盘事件。键盘事件的接口是 KeyListener，注册键盘事件监视器的
方法是 addKeyListener(监视器)。实现 KeyListener 接口有 3 种方法：

- keyPressed(KeyEvent e)：键盘上某个键被按下。
- keyReleased(KeyEvent e)：键盘上某个键先被按下再释放。
- keyTyped(KeyEvent e)：keyPressed 和 keyReleased 两种方法的组合。

管理键盘事件的类是 KeyEvent，该类提供方法：

- public int getKeyCode()

此方法获得按动的键码，键码表在 KeyEvent 类中定义。

以下小应用程序有一个按钮和一个文本区，按钮作为发生键盘事件的事件源，并对它实
施监视。程序运行时，先点击按钮，让按钮激活。以后输入英文字母时，在正文区显示输入的
字母。字母显示时，字母之间用空格符分隔，且满 10 个字母时换行显示。

【文件 19.9】Example6.java

```
import java.applet.*
import java.awt.*;
import java.awt.event.*;
public class Example6 extends Applet implements KeyListener{
    int count =0;
    Button button = new Button();
    TextArea text = new TextArea(5,20);
    public void init(){
        button.addKeyListener(this);
        add(button);add(text);
    }
    public void keyPressed(KeyEvent e){
        int t = e.getKeyCode();
        if(t>=KeyEvent.VK_A&&t<=KeyEvent.VK_Z){
            text.append((char)t+" ");
            count++;
            if(count%10==0)
                text.append("\n");
        }
    }
    public void keyTyped(KeyEvent e){}
```

```
    public void keyReleased(KeyEvent e){}
}
```

19.9　本章总结

本章主要讲了 Swing 组件及事件。Swing 开发在 Java 中虽然不是重点，但是可以通过 Swing 的学习掌握程序与用户交互的基本思想。学习完本章，应掌握界面的基本开发、布局设置和事件响应，能写出基本的 GUI 应用程序界面。

19.10　课后练习

1．Swing 中有哪些布局管理器？

2．简述 Swing 事件模型的三部分及各自的含义。

3．开发一个计算器，能实现两数的加、减、乘、除，有运算、清除、退出功能，效果如图 19-1 所示。

图 19-1

第20章

Java 反射机制

Java 反射是指在 Java 程序运行状态中，对于任意一个类都可以通过它的 Class 字节码文件得到对应的 Class 类型的对象，从而获取到该类的所有内容，包括所有的属性与方法。当然，也可以调用到它的所有内容。Reflection 是 Java 程序开发语言的特征之一，允许运行中的 Java 程序对自身进行检查，或者说"自审"，并能直接操作程序的内部属性。例如，使用它能获得 Java 类中各成员的名称并显示出来。

Java 的这一能力在实际应用中用得不是很多，但是在其他的程序设计语言中根本就不存在这一特性。例如，Pascal、C 或者 C++中就没有办法在程序中获得函数定义相关的信息。

反射除了显示类的自身信息外，还可以创建对象和执行方法等。

20.1　获取类的方法

java.lang.reflection.Method 表示类的方法。通过 class.getMethod()即可获取某个类的某个方法，或是通过 class.getMethods()返回一个类的所有方法的数组。

找出一个类中定义了什么方法，这是一个非常有价值也非常基础的 reflection 用法，示例代码如下：

【文件 20.1】InformationTest.java

```
import java.lang.reflect.*;
/**
*获取指定类的方法相关信息
*/
class InformationTest
```

```
{
    public static void main(String[] args) throws Exception
    {
        //得到 String 类对象
        Class cls=Class.forName("java.lang.String");
        //得到所有的方法，包括从父类继承过来的方法
        Method []methList=cls.getMethods();
        //下面得到的是 String 类本身声明的方法
        //Method []methList=cls.getDeclaredMethods();
        //遍历所有的方法
        for(Method m:methList){
            //方法名
            System.out.println("方法名="+m.getName());
            //方法声明所在的类
            System.out.println("声明的类="+m.getDeclaringClass());
            //获取所有参数类型的集体
            Class []paramTypes=m.getParameterTypes();
            //遍历参数类型
            for(int i=0;i<paramTypes.length;i++){
                System.out.println("参数 "+i+" = "+paramTypes[i]);
            }
            //获取所有异常的类型
            Class []excepTypes=m.getExceptionTypes();
            //遍历异常类型
            for(int j=0;j<excepTypes.length;j++){
                System.out.println("异常 "+j+" = "+excepTypes[j]);
            }
            //方法的返回类型
            System.out.println("返回类型 ="+m.getReturnType());
        //结束一层循环标志
        System.out.println("---------");
        }
    }
}
```

20.2　获取构造函数信息

java.lang.reflect.Constructor 表示类的构造方法。通过 class.getConstructors()可以获取一个类的所有构造函数。

获取类构造器的用法与上述获取方法的用法类似，示例代码如下：

【文件 20.2】ConstructorTest.java

```
import java.lang.reflect.*;
import java.io.IOException;
/**
*获取指定类的构造器相关信息
```

```
*/
public class ConstructorTest
{
    private int i;
    private double j;
    //默认的构造器
    public ConstructorTest(){
    }
    //重载的构造器
    public ConstructorTest(int i,double j)throws IOException{
        this.i=i;
        this.j=j;
    }
    public static void main(String[] args) throws Exception
    {
        //得到本类的类对象
        Class cls=Class.forName("ConstructorTest");
        //取得所有在本类声明的构造器
        Constructor []cs=cls.getDeclaredConstructors();
        //遍历
        for(Constructor c:cs){
            //构造器名称
            System.out.println("构造器名="+c.getName());
            //构造器声明所在的类
            System.out.println("其声明的类="+c.getDeclaringClass());
            //取得参数的类型集合
            Class []ps=c.getParameterTypes();
            //遍历参数类型
            for(int i=0;i<ps.length;i++){
                System.out.println("参数类型"+i+"="+ps[i]);
            }
            //取得异常的类型集合
            Class []es=c.getExceptionTypes();
            //遍历异常类型
            for(int j=0;j<es.length;j++){
                System.out.println("异常类型"+j+"="+es[j]);
            }
            //结束一层循环标志
            System.out.println("-----------");
        }
    }
}
```

20.3　获取类的字段

java.lang.reflect.Field 表示成员信息，通过 clsss.getFields()可以获取一个类的所有字段（域）信息。找出一个类中定义了哪些数据字段也是可能的，例如：

【文件 20.3】FileldTest.java

```
import java.lang.reflect.*;
/**
*获取指定类的字段相关信息
*/
class FieldTest
{
    //字段 1
    private double d;
    //字段 2
    public static final int i=37;
    //字段 3
    String str="fieldstest";
    public static void main(String[] args) throws Exception
    {
        //获取本类的类对象
        Class c=Class.forName("FieldTest");
        //获取所有声明的的字段，getFields()包括继承来的字段
        Field []fs=c.getDeclaredFields();
        //遍历
        for(int i=0;i<fs.length;i++){
            Field f=fs[i];
            //字段名
            System.out.println("字段名"+(i+1)+"="+f.getName());
            //字段声明所在的类
            System.out.println("该字段所在的类为："+f.getDeclaringClass());
            //字段的类型
            System.out.println("字段"+(i+1)+"的类型："+f.getType());
            //查看修饰符
            int mod=f.getModifiers();
            //为 0 就是默认的包类型
            if(mod==0){
                System.out.println("该字段的修饰符为：默认包修饰符");
            }else{
                //否则就是相应的类型
                System.out.println("该字段的修饰符为："+Modifier.toString(mod));
            }
            System.out.println("---结束第"+(i+1)+"循环---");
        }
    }
}
```

20.4   根据方法的名称来执行方法

java.lang.Method 表示方法，调用 invoke 用于执行指定对象的某个方法，比如执行一个指定了名称的方法。下面的示例演示了这一操作：

【文件 20.4】PerformMethod.java

```java
import java.lang.reflect.*;
/**
*通过反射执行类的方法
*/
class PerformMethod
{
    //声明一个简单的方法，用于测试
    public int add(int a,int b){
    return a+b;
    }
    public static void main(String[] args)throws Exception
    {
        //获取本类的类对象
        Class c=Class.forName("PerformMethod");
        /**
         *声明 add 方法参数类型的集合
         *共有两个参数，都为 Integer.TYPE
         */
        Class []paramTypes=new Class[2];
        paramTypes[0]=Integer.TYPE;
        paramTypes[1]=Integer.TYPE;
        //根据方法名和参数类型集合得到方法
        Method method=c.getMethod("add",paramTypes);
        //声明类的实例
        PerformMethod pm=new PerformMethod();
        //传入参数的集合
        Object []argList=new Object[2];
        //传入 37 和 43
        argList[0]=new Integer(37);
        argList[1]=new Integer(43);
        //执行后的返回值
        Object returnObj=method.invoke(pm,argList);
        //转换类型
        Integer returnVal=(Integer)returnObj;
        //打印结果
        System.out.println("方法执行结果为："+returnVal.intValue());
    }
}
```

20.5　改变字段的值

java.lang.reflect.Field 表示字段，它的 set 方法用于修改指定对象字段的值。下面的例子可以说明这一点：

【文件 20.5】ModifyField.java

```java
import java.lang.reflect.*;
/**
*通过反射改变字段的值
*/
class ModifyField
{
    //声明一个字段
    public double d;
    public static void main(String[] args) throws Exception
    {
        //得到类的类对象
        Class c=Class.forName("ModifyField");
        //根据字段名得到字段对象
        Field f=c.getField("d");
        //创建类的实例
        ModifyField mf=new ModifyField();
        //打印修改前字段的值
        System.out.println("修改 "+f.getName()+" 前的值为: "+mf.d);
        //修改 d 的值为 12.34
        f.setDouble(mf,12.34);
        //打印修改后的值
        System.out.println("修改 "+f.getName()+" 后的值为: "+mf.d);
    }
}
```

　　一般情况下，我们并不能对类的私有字段进行操作，利用反射也不例外，但有的时候（例如要序列化的时候）我们又必须有能力去处理这些字段，这时就需要调用 AccessibleObject 上的 setAccessible()方法来允许这种访问。由于反射类中的 Field、Method 和 Constructor 继承自 AccessibleObject，因此通过在这些类上调用 setAccessible()方法，我们可以实现对这些字段的操作。

20.6　本章总结

　　通过本章的学习，可以使用反射进行基本操作，获取类的方法、字段、构造函数等，并可以利用获取的这些对象来读写属性的值、调用方法、创建对象等。反射是一种具有与 Java 类进行动态交互能力的机制，在 Java 和 Android 开发中，很多情况下会用到反射机制。例如，需要访问隐藏属性或者调用方法改变程序原来的逻辑，这个在开发中很常见，由于一些原因，系统并没有开放一些接口出来，这时利用反射是一个有效的解决方法。另外，后续学习 Java EE 框架会涉及很多注解，包括自定义注解，其包含的信息都是在运行时利用反射机制来获取的。

20.7　课后练习

1. 以下哪些可以获取 Some.class 的字节码？（　　　）

　　A．Class cls = Class.forName("Some");

　　B．Class cls = Some.class;

　　C．Some some = new Some();

　　　　Class cls = some.getClass();

　　D．Class cls = new Some().class;

2. （　　　）是正确调用 methodA 的反射。

```
public class One{
    Private void methodA(){  }
}
```

　　其中，获取 method 代码为：

```
Method method = One.class.getDeclaredMethod("methodA");
```

　　A．method.invoke(new One());

　　B．method.invoke(One.class);

　　C．method.setAccessable(true);　　method.invoke(new One());

　　D．method.setAccessable(true);　　method.invoke();

3. 说明反射的优点和缺点。

第 21 章

Java 常用类

　　Java 提供了丰富的基础类库，通过这些类库可以提高开发效率，降低开发难度。因此，对于一个初学者来说，掌握 Java 基础类库中的一些常用类十分重要。在基础类库中，提供了处理字符串、数学运算，以及日期和时间等功能的类，这些类是开发时常用的。本章将对基础类库中的这些常用类进行讲解。

21.1　基本数据类型

Java 中提供了 8 种基本数据类型：byte、short、int、long、float、double、char 和 boolean。

- byte、short、int 和 long 是整数类型，但表示的数值范围不同，分别是 8 位、16 位、32 位和 64 位。
- float 和 double 是浮点数类型，前者是单精度类型，后者是双精度类型，分别是 32 位和 64 位。
- char 表示单个字符，在 Java 中占 16 位。
- boolean 表示布尔类型。

Java 基本数据类型在使用的时候不需要使用 new 关键字进行实例化。

在使用这些基本数据类型的时候需要注意以下几点。

　　（1）在使用浮点数常量的时候，默认是双精度的，例如 3.3 是双精度浮点常量。再例如：

```
float f = 10.1;
```

这个代码是错误的，因为 10.1 默认是双精度的，所以应该这样赋值：

```
float f = 10.1f;
```

（2）在进行整数的算数运算时，如果操作数中有一个是 long 类型，那么所有的操作数都会转换成 long 类型进行计算，计算结果也是 long 类型，如果没有 long 类型，那么所有的操作数都会自动转换成 int 类型，计算结果也是 int 类型。

例如：

```
byte b1=3;
byte b2=4;
byte b3=b1+b2;
```

这段代码在编译的时候会出错，因为 b1+b2 的计算结果为整型，所以要进行强制类型转换，修改成下面的代码即可：

```
byte b3 = (byte)(b1+b2);
```

（3）char 类型是 16 位，使用 Unicode 编码可以存储中文。

下面的代码完成的功能是把字符对应的编码从低位到高位输出。

```
public class CharTest {
    public static void main(String[] args) {
        char c='中';
        int i=c;
        int k=0;
        while(i>1)
        {
            k++;
            if(k%8==0)
                System.out.print("  ");
            System.out.print(i%2);
            i=i/2;
        }
    }

}
```

运行的结果如下：

```
1011010  0011100
```

如果把代码中的"中"改为"a"，运行结果如下：

```
100001
```

如果是中文，就使用两个字节表示；如果不是中文，就使用一个字节表示，高位用 0 填充。

（4）boolean 类型的值要么是 true，要么是 false。

21.2 基本数据类型的封装类

在很多应用中，需要把基本数据类型的值以对象的形式存储，那么如何将基本数据类型转换成对象呢？Java 提供了对基本数据类型的封装类：

- byte 的封装类是 Byte。
- short 的封装类是 Short。
- int 的封装类是 Integer。
- long 的封装类型是 Long。
- float 的封装类型是 Float。
- double 的封装类型是 Double。
- char 的封装类型是 Character。
- boolean 的封装类型是 Boolean。

如果需要使用对象，可以把基本数据类型的变量封装成对象，同样可以把对象转换成基本数据类型。下面的代码描述了这个过程：

```
//基本数据类型的定义
byte b=1;
short s=2;
int i=3;
long l=4;
float f=3.1f;
double d=4.5;
char c='c';
boolean bool=false;
//把基本数据类型封装成对象
Byte b1 = new Byte(b);
Short s1 = new Short(s);
Integer i1 = new Integer(i);
Long l1 = new Long(l);
Float f1 = new Float(f);
Double d1 = new Double(d);
Character c1 = new Character(c);
Boolean bool1 = new Boolean(bool);
// 把基本数据类型的封装类对象转换成基本数据类型的变量
b = b1.byteValue();
s = s1.shortValue();
i = i1.intValue();
l = l1.longValue();
f = f1.floatValue();
d = d1.doubleValue();
c = c1.charValue();
bool = bool1.booleanValue();
```

　　实际上，可以把封装类的对象直接赋值给基本数据类型，也可以把基本数据类型直接赋值给封装类的对象。例如：

```
//基本数据类型的定义
byte b=1;
short s=2;
int i=3;
long l=4;
float f=3.1f;
double d=4.5;
char c='c';
boolean bool=false;
//把基本数据类型封装成对象
Byte b1 = b;
Short s1 = s;
Integer i1 = i;
Long l1 = l;
Float f1 = f;
Double d1 = d;
Character c1 = c;
Boolean bool1 = bool;
// 把基本数据类型的封装类对象转换成基本数据类型的变量
b = b1;
s = s1;
i = i1;
l = l1;
f = f1;
d = d1;
c = c1;
bool = bool1;
```

　　注意：上面这种直接赋值的方式在 JDK 5 之后才支持。如果使用 JDK 5 之前的版本，就需要进行转换。

21.3　String 与 StringBuffer

21.3.1　String 类

　　String 是比较特殊的数据类型，不属于基本数据类型，但是可以和使用基本数据类型一样直接赋值，不使用 new 关键字进行实例化；也可以像其他类型一样使用关键字 new 进行实例化。下面的代码都是合法的：

```
String s1 = "this is a string!";
String s2 = new String("this is another string!");
```

　　另外，String 在使用的时候不需要用 import 语句导入，还可以使用"+"这样的运算符。

如果想把字符串连接起来，可以使用"+"完成。例如：s1+s2。

下面介绍 String 的一些常用方法，为了说明方便，这里使用的示例字符串为：

```
str="this is a test!";
```

（1）求长度

方法定义：public int length()。

方法描述：获取字符串中字符的个数。

例如：str.length()

结果：17

（2）获取字符串中的字符

方法定义：public char charAt(int index)。

方法描述：获取字符串中的第 index 个字符，从 0 开始。

例如：str.charAt(3)

结果：s

注意：获取的是第 4 个字符。

（3）取子串

有以下两种形式：

①形式一：

方法定义：public String substring(int beginIndex,int endIndex)。

方法描述：获取从 beginIndex 开始到 endIndex 结束的子串，包括 beginIndex，不包括 endIndex。

例如：str.substring(1,4)

结果：his

②形式二：

方法定义：public String substring(int beginIndex)。

方法描述：获取从 beginIndex 开始到结束的子串。

例如：str.substring(5)

结果：is a test!

（4）定位字符或者字符串

定位字符或者字符串有 4 种形式。

①形式一：

方法定义：public int indexOf(int ch)。

方法描述：定位参数所指定的字符。

例如：str.indexOf('i')

结果：2

②形式二：

方法定义：public int indexOf(int ch,int index)。

方法描述：从 index 开始定位参数所指定的字符。

例如：str.indexOf('i',4)

结果：5

③形式三：

方法定义：public int indexOf(String str)。

方法描述：定位参数所指定的字符串。

例如：str.indexOf("is")

结果：2

④形式四：

方法定义：public int indexOf(String str,int index)。

方法描述：从 index 开始定位 str 所指定的字符串。

例如：str.indexOf("is",6)

结果：–1（表示没有找到）

（5）替换字符和字符串

替换字符和字符串有 3 种形式。

①形式一：

方法定义：public String replace(char c1,char c2)。

方法描述：把字符串中的字符 c1 替换成字符 c2。

例如：str.replace('i','I')

结果：thIs Is a test!

②形式二：

方法定义：public String replaceAll(String s1,String s2)。

方法描述：把字符串中出现的所有 s1 替换成 s2。

例如：replaceAll("is","IS")

结果：thIS IS a test!

③形式三：

方法定义：public String replaceFirst(String s1,String s2)。

方法描述：把字符串中的第一个 s1 替换成 s2。

例如：replaceFirst("is","IS")

结果：thIS is a test!

（6）比较字符串内容

两种形式。

①形式一：

方法定义：public boolean equals(Object o)。

方法描述：比较是否与参数相同，区分大小写。

例如：str.equals("this")

结果：false

②形式二：

方法定义：public boolean equalsIgnoreCase(Object o)。

方法描述：比较是否与参数相同，不区分大写小。

例如：str.equalsIgnoreCase("this")

结果：false

（7）大小写转换

转换成大写或者转换成小写。

①转换成大写：

方法定义：public String toUpperCase()。

方法描述：把字符串中的所有字符都转换成大写。

例如：str.toUpperCase()

结果：THIS IS A TEST!

②转换成小写：

方法定义：public String toLowerCase()。

方法描述：把字符串中的所有字符都转换成小写。

例如：str.toLowerCase()

结果：this is a test!

（8）前缀和后缀

判断字符串是否以指定的参数开始或者结尾。

①判断前缀：

方法定义：public boolean startsWith(String prefix)。

方法描述：字符串是否以参数指定的子串为前缀。

例如：str.startsWith("this")

结果：true

②判断后缀：

方法定义：public boolean endsWith(String suffix)。

方法描述：字符串是否以参数指定的子串为后缀。

例如：str.endsWith("this")

结果：false

判断一个字符串中出现另外一个字符串中出现的次数。

【文件 21.1】StringTest.java

```
package ch21;
import java.io.DataInputStream;
```

```
public class StringTest {
    public static void main(String args[]){
        System.out.println("计算第一个字符串在第二个字符串中出现的次数。");
        DataInputStream din = new DataInputStream(System.in);
        try{
            System.out.println("请输入第一个字符串");
            String str1 = din.readLine();
            System.out.println("请输入第二个字符串");
            String str2 = din.readLine();
            String str3 = str2.replace(str1,"");
            int count = (str2.length() - str3.length())/str1.length();
            System.out.println(str1+"在"+str2+"中出现的次数为: "+count);
        }catch(Exception e){
            System.out.println(e.toString());
        }

    }
}
```

运行结果为:

```
计算第一个字符串在第二个字符串中出现的次数。
请输入第一个字符串
ab
请输入第二个字符串
abcedabsdabajab
ab 在 abcedabsdabajab 中出现的次数为: 4
```

需要注意的是, String 本身是一个常量, 一旦一个字符串创建了, 它的内容是不能改变的。例如: s1+=s2;。

这里并不是把字符串 s2 的内容添加到字符串 s1 的后面, 而是新创建了一个字符串, 内容是 s1 和 s2 的连接, 然后把 s1 指向新创建的这个字符串。如果一个字符串的内容经常需要变动, 不应该使用 String, 因为在变化的过程中实际上是不断创建对象的过程, 这时应该使用 StringBuffer。

（9）去空和分割字符串

- public String trim(): 去掉前后的空白。
- public String[] split(String se): 根据分割符把字符串转换成数组。

21.3.2　StringBuffer

StringBuffer 也是字符串, 与 String 不同的是 StringBuffer 对象创建完之后可以修改内容。有如下构造函数:

- public StringBuffer(int);
- public StringBuffer(String);

- public StringBuffer();

第一个构造函数是创建指定大小的字符串；第二个构造函数是以给定的字符串创建 StringBuffer 对象；第三个构造函数是默认的构造函数，生成一个空的字符串。下面的代码分别生成了 3 个 StringBuffer 对象：

```
StringBuffer sb1 = new StringBuffer(50);
StringBuffer sb2 = new StringBuffer("字符串初始值");
StringBuffer sb3 = new StringBuffer();
```

StringBuffer 对象创建完之后，大小会随着内容的变化而变化。StringBuffer 的常用方法及其用法如下：

（1）在字符串后面追加内容

方法定义：

- public StringBuffer append(char c);
- public StringBuffer append(boolean b);
- public StringBuffer append(char[] str);
- public StringBuffer append(CharSequence str);
- public StringBuffer append(float f);
- public StringBuffer append(double d);
- public StringBuffer append(int i);
- public StringBuffer append(long l);
- public StringBuffer append(Object o);
- public StringBuffer append(String str);
- public StringBuffer append(StringBuffer sb);
- public StringBuffer append(char[] str,int offset,int len);
- public StringBuffer append(CharSequence str.int start,int end);

方法描述：在字符串后面追加信息。从上面的方法可以看出，在 StringBuffer 后面可以添加任何对象。

例如：

```
sb1.append('A');
sb1.append(10);
sb1.append("追加的字符串");
sb1.append(new char[]{'1','2','3'});
```

结果：

```
A10 追加的字符串 123
```

（2）在字符串的某个特定位置添加内容

与 append 方法类似，可以添加各种对象和基本数据库。与 append 方法不同的是 insert 方法需要指出添加的位置，所以多了 1 个参数。

方法定义：

- public StringBuffer insert(int offset,char c);
- public StringBuffer insert(int offset,boolean b);
- public StringBuffer insert(int offset,char[] str);
- public StringBuffer insert(int offset,CharSequence str);
- public StringBuffer insert(int offset,float f);
- public StringBuffer insert(int offset,double d);
- public StringBuffer insert(int offset,int i);
- public StringBuffer insert(int offset,long l);
- public StringBuffer insert(int offset,Object o);
- public StringBuffer insert(int offset,String str);
- public StringBuffer insert(int offset,char[] str,int offset,int len);
- public StringBuffer insert(int offset,CharSequence str.int start,int end);

方法描述：在字符串的某个位置添加信息。

例如（在上面代码的基础上）：

```
sb1.insert(4,'x');
sb1.insert(5,22);
```

结果：

```
A10 追 x22 加的字符串 123
```

（3）StringBuffer 的长度和容量

length 方法用于获取字符串的长度，capacity 方法用于获取容量，两个通常不相等。

方法定义：

- public int length();
- public int capacity();

例如：

```
System.out.println(sb1.length());
System.out.println(sb1.capacity());
```

结果：

```
15
50
```

（4）转换成字符串

方法定义：

```
public Strnig toString();
```

方法描述：把 StringBuffer 的内容转换成 String 对象。

例如：

```
String str1 = sb1.toString();
```

转换结果：

A10 追 x22 加的字符串 123

（5）获取字符串中的字符

方法定义：

● public char charAt(int)

方法描述：charAt(int)方法用来获取指定位置的字符。

例如：

```
System.out.println(sb1.charAt(5));
```

结果：

2

sb1 的内容：

A10 追 x22 加的字符串 123

（6）获取字符串中的子串

方法定义：

● public String substring(int start);　　//从 start 开始到结束的子串
● public String substring(int start,int end);　　//从 start 开始到 end 结束的子串
● public CharSequence subSquence(int start,int end);　　//从 start 开始到 end 结束的子串

方法描述：用于获取字符串的子串。第一个方法有一个参数，用于指定开始位置，获取的子串是从该位置开始到字符串的结束。第二个方法有两个参数，第一个指定开始位置，第二个指定结束位置，与 delete 方法中的参数用法基本相同，包含第一个，不包含第二个。第三个方法的含义与第二个方法相同。

例如：

```
String sub1 = sb1.substring(3,5);
String sub2 = sb1.substring(4);
```

转换结果：

追 x
x22 加的字符串 123

sb1 的内容：

A10 追 x22 加的字符串 123

（7）删除某个字符

方法定义：

● public StringBuffer deleteCharAt(int index);

方法描述：删除指定位置的字符，索引是从零开始的。

例如：

```
sb1.deleteCharAt(3);
```

结果：

A10x22 加的字符串 123

删除之前的内容：

A10 追 x22 加的字符串 123

（8）删除某个子串

方法定义：

● public StringBuffer delete(int start,int end);

方法描述：delete 方法用于删除字符串中的部分字符，第一个参数是删除的第一个字符，第二个参数是删除结束的地方。需要注意三点：字符串的第一个字符的索引为"0"，第一个参数指定的字符会删除，第二个参数指定的字符不会删除。

例如：

```
sb1.delete(5,8);
```

结果：

A10x2 字符串 123

删除前字符串的内容：

A10x22 加的字符串 123

21.3.3　String 与基本数据类型之间的转换

不管采用什么方式，用户输入的数据都是以字符串的形式存在的，但是在处理的过程中可能需要把输入信息作为数字或者字符来使用。另外，不管信息以什么方式存储，最终都必须以字符串的形式展示给用户，所以需要各种数据类型与字符串类型之间的转换。

从字符串转换成其他类型的示例如下。

【文件 21.2】StringIntConvert.java

```
//字符串与基本数据类型之间的转换，以 int 为代表
//下面的代码把字符串转换成数字
String input = "111";
```

```
int i = Integer.parseInt(input);  //比较常用
int i2 = new Integer(input).intValue();
int i3 = Integer.valueOf(input);
int i4 = new Integer(input);
//下面的代码把数字转换成字符串
String out = new Integer(i).toString();
String out2 = String.valueOf(i);
```

注意：在把字符串转换成数字的时候可能会产生异常，所以需要对异常进行处理。

其他对象向字符串转换，可以使用每个对象的 toString()方法。所有对象都有 toString()方法，如果该方法不满足要求，可以重新实现。

21.4 数字的格式化

在很多情况下需要对输出的信息进行格式化，尤其是当输入的内容为数字时，需要按照特定的格式进行输出。另外，对运行的结果可能需要进行特殊的处理，例如结果只保留小数点后两位。对数字进行格式化，可以使用下面的两个类：

- java.text.DecimalFormat
- java.text.NumberFormat

NumberFormat 是抽象类，所以主要使用 DecimalFormat 完成格式化。通常使用 DecimalFormat 的构造函数来生成格式，例如：

```
NumberFormat nf = new DecimalFormat("0.00");
```

"0.00"表示数字的格式为小数点后保留两位，如果整数部分为 0，那么 0 不能省略，即使小数点后是 0 也不能省略。下面是 3 个转换的例子：

```
10.374   —〉10.37
10.301   —〉10.30
0.301    —〉0.30
```

在格式中还有一个符号"#"，表示一位数字，如果是 0 就不显示。下面的例子使用了"#"，并且整数部分每 3 位中间使用","隔开。

```
NumberFormat nf2 = new DecimalFormat("###,###,###.##");
```

下面的例子使用两种不同的格式对 float 类型变量进行格式化。

【文件 21.3】NumberFormatTest.java

```
import java.text.NumberFormat;
import java.text.DecimalFormat;
public class NumberFormatTest {
    public static void main(String[] args) {
        // 要格式化的数字
```

```
        double a = 1234567.7014;
        // 构造一种格式
        NumberFormat nf2 = new DecimalFormat("###,###,###.##");
        // 构造一种格式
        NumberFormat nf = new DecimalFormat("0.00");
        // 使用第一种格式进行格式化
        String f1 = nf.format(a);
        // 使用第二种格式进行格式化
        String f2 = nf2.format(a);
        // 输出原来的内容
        System.out.println("原来的格式：" + a);
        // 输出第一种格式化的结果
        System.out.println("使用 0.00 进行格式化：" + f1);
        // 输出第二种格式化的结果
        System.out.println("使用###,###,###.##进行格式化：" + f2);
    }
}
```

运行结果如下：

```
原来的格式：1234567.7014
使用 0.00 进行格式化：1234567.70
使用###,###,###.##进行格式化：1,234,567.7
```

21.5　日期处理相关的类

21.5.1　java.util.Date 类

java.util.Date 类用于表示日期和时间。如果要获取当前时间，可以使用下面的代码。

【文件 21.4】SimpleDateTest.java

```
import java.util.Date;
public class SimpleDateTest {
    public static void main(String[] args) {
        // 定义时间对象
        Date d = new Date();
        // 按照默认格式输出时间
        System.out.println(d.toString());
    }
}
```

下面是输出的结果：

```
Mon Dec 11 05:32:13 GMT 2006
```

如果想根据年月日来确定一个 Date 对象，可以先创建一个对象，然后使用 set 方法来完成，例如 setYear(int)、setMonth(int)等。当然，也不建议使用这些方法。如果想对时间进行比较灵活的处理,可以使用 DateFormat 和 SimpleDateFormat。

如果想按照"2006-12-11 5:35:47"的格式进行输出,可以使用下面的代码。

【文件 21.5】FormatDateTest.java

```java
import java.util.Date;
import java.text.DateFormat;
import java.text.SimpleDateFormat;

public class FormatDateTest {
    public static void main(String[] args) {
        // 创建时间对象
        Date d = new Date();
        // 创建时间格式化对象
        DateFormat df = new SimpleDateFormat("yyyy-MM月dd日hh点mm分ss秒");
        // 对时间进行格式化
        String str = df.format(d);
        // 输出格式化后的时间
        System.out.println(str);
    }
}
```

其中,yyyy 表示年份,可以写 2 位;MM 表示月份,可以写 1 位;dd 表示日,可以写 1 位;hh 表示小时;mm 表示分钟(注意大小写);ss 表示秒。

注意:DateFormat 和 SimpleDateFormat 在 java.text 包中,使用的时候需要引入。

如果要想把一个日期字符串转换成一个时间,例如把"2006-2-6"转换成日期,可以使用下面的代码。

【文件 21.6】ParseDateTest.java

```java
import java.util.Date;
import java.text.DateFormat;
import java.text.SimpleDateFormat;
public class ParseDateTest {
    public static void main(String[] args) {
        //定义日期字符串
        String dates = "2006-2-6";
        //定义日期字符串的格式
        DateFormat df2 = new SimpleDateFormat("yyyy-MM-dd");
        //声明日期对象
        Date d2;
        try {
            //把日期字符串转换成日期
            d2 = df2.parse(dates);
            System.out.println(df2.format(d2));
        }
        catch (Exception ex) {
        }
    }
}
```

注意：在转换的时候需要进行异常处理，因为在转换的时候可能会产生异常。

21.5.2　java.util.Calendar 类

Calendar 中提供了很多对时间中年、月、日、时、分、秒以及星期进行操作的方法。如果要对时间进行比较详细的操作时，可以使用 Calendar。

该类也是抽象类，使用的时候需要使用 getInstance 获取实例再操作，并且该方法可以获取与特定时区相对应的实例，如果不指定参数，获取的就是默认时间。下面的代码用于获取当前时间：

```
Calendar c1 = Calendar.getInstance();
```

要想获取时间中具体的年、月、日、时、分、秒或者其他信息，可以通过 get 方法完成。get 方法的参数用来指定获取什么信息。例如，要获取年、月、日可以通过下面的代码完成：

```
year = c1.get(Calendar.YEAR);
month = c1.get(Calendar.MONTH)+1;
date = c1.get(Calendar.DATE);
```

要对时间中的某一项修改，可以使用 set 方法，定义如下：

```
public void set(int field,int value)
```

第一个参数指定修改的项，第二个参数表示修改后的值，例如把年修改成 2003 年：

```
c1.set(Calendar.YEAR,2003);
```

如果要同时修改年、月、日，可以使用下面的方法：

```
public void set(int year,int month,int date)
```

参数分别表示时、分、秒。下面举一个同时修改年、月、日的例子：

```
c1.set(2003,5,5);
```

下面举一个同时修改年、月、日、时、分、秒的例子：

```
//修改年、月、日、时、分
c1.set(2003,5,5,10,30);
//修改年、月、日、时、分、秒
c1.set(2003,5,5,10,30,20);
```

Date 对象和 Calendar 对象之间可以相互转换，下面是相应的例子：

```
//把 Calendar 对象转换成 Date 对象
d2 = c1.getTime();
//把日期类型转换成 Calendar 类型
c1.setTime(d2);
```

21.6   Math 类

Math 类封装了一些基本运算方法，包括进行三角运算的正弦、余弦、正切、余切相关的方法。例如，求正弦的 sin、求余弦的 cos 等。如果要使用这些方法，可以参考 JDK 的帮助文档。

下面的方法可能是经常要使用的：

（1）求最大值：可以用于求 int、long、float、double 类型的最大值。下面仅给出求两个 int 类型值的最大值的方法定义：

```
public static int max(int a,int b)
```

（2）求最小值，和求最大值的方法基本相同：

```
public static int min(int a,int b)
```

（3）求绝对值，和求最大值的方法基本相同：

```
public static int abs(int a)
```

（4）四舍五入：

```
public static int round(float a)
public static long round(double d)
```

（5）计算幂：

```
public static double pow(double a,double b)
```

（6）求下限值：

```
public static double floor(double d)
```

（7）求上限值：

```
public static double ceil(double d)
```

（8）求平方根：

```
public static double sqrt(double d)
```

下面的例子包含了上面的 8 个方法。

【文件 21.7】MathTest.java

```
import java.util.Date;
public class MathTest {
    public static void main(String[] args) {
        double d1 = 5.7;
        double d2 = 12.3;
```

```
        double d3 = -5;
        System.out.println(d1+"和"+d2+"的最大值为："+Math.max(d1,d2));
        System.out.println(d1+"和"+d2+"的最小值为："+Math.min(d1,d2));
        System.out.println(d3+"的绝对值为："+Math.abs(d3));
        System.out.println(d2+"四舍五入之后为："+Math.round(d2));
        System.out.println(d2+"的 2 次幂为："+Math.pow(d2,2));
        System.out.println(d2+"的下限为："+Math.floor(d2));
        System.out.println(d2+"的上限为："+Math.ceil(d2));
        System.out.println(d2+"的平方根为："+Math.sqrt(d2));
    }
}
```

运行结果为：

```
5.7 和 12.3 的最大值为：12.3
5.7 和 12.3 的最小值为：5.7
-5.0 的绝对值为：5.0
12.3 四舍五入之后为：12
12.3 的 2 次幂为：151.29000000000002
12.3 的下限为：12.0
12.3 的上限为：13.0
12.3 的平方根为：3.5071355833500366
```

（9）获取随机数。如果是 0 到 1 之间的随机数，可以直接使用下面的方法：

```
public static double random();
```

可以得到某个范围的随机数，例如 60 到 100。下面的代码将完成这个任务。

【文件 21.8】RandomTest.java

```
import java.util.Date;
public class RandomTest {
    public static void main(String[] args) {
        int min=60;
        int max=100;
        int random;
        random = min + (int) ( (max - min) * (Math.random()));
        System.out.println(random);
    }
}
```

运行的结果每次是不一样的。

21.7　BigDecimal

在 Java 中提供了大数的操作类，即 java.math.BinInteger 类和 java.math.BigDecimal 类。这两个类用于高精度计算，其中 BigInteger 类是针对大整数的处理类，而 BigDecimal 类则是针对大小数的处理类。下面我们介绍 BigDecimal 类。

BigDecimal 的实现利用了 BigInteger，不同的是 BigDecimal 加入了小数的概念。一般的 float 和 Double 型数据只可以用来做科学计算或者是工程计算。在商业计算中要求的数字精度比较高，所以要用到 java.math.BigDecimal 类，它支持任何精度的定点数，可以用来精确计算货币值。

BigDecimal 的一些方法说明如下。

- BigDecimal add(BigDecimal augend)：返回一个 BigDecimal，其值为 (this + augend)，其标度为 max(this.scale(), augend.scale())。
- int compareTo(BigDecimal val)：将此 BigDecimal 与指定的 BigDecimal 比较。
- BigDecimal divide(BigDecimal divisor, int roundingMode)：返回一个 BigDecimal，其值为 (this / divisor)，其标度为 this.scale()。
- float floatValue()：将此 BigDecimal 转换为 float。
- Int hashCode()：返回此 BigDecimal 的哈希码。
- int intValue()：将此 BigDecimal 转换为 int。
- BigDecimal multiply(BigDecimal multiplicand)：返回一个 BigDecimal，其值为 (this × multiplicand)，其标度为 (this.scale() + multiplicand.scale())。

21.8 本章总结

本章主要学习了 Java 常用的工具类，包括 String 类和 StringBuffer 类的使用、System 类和 Runtime 类中的常用方法、Math 类和 Random 类的常用方法、包装类和日期类的使用，以及日期、时间格式器的使用等。学习和掌握这些常用类的用法，会大大提高开发效率。熟练掌握 API 的使用是 Java 程序员必须具备的素质之一。

21.9 课后练习

1. 简述 String 和 StringBuffer 的区别。
2. 简述 Date 和 Calendar 的使用。
3. 编程实现：给定一个字符串，将其中的大写变为小写、小写变为大写。
4. 编程实现随机获取 20~30 之间的 5 个数。

第22章

Java 8 核心新特性

Java 8 是 Java 发布以来改动很大的一个版本，也是目前企业开发中普遍采用的稳定版本。其中主要添加了函数式编程、Stream、一些日期处理类。函数式编程中新加了一些概念，Lambda 表达式、函数式接口、函数引用、默认方法、Optional 类等；Stream 中提供了一些流式处理集合的方法，并提供了一些归约、划分等类的方法；日期中添加了 ZoneDateTime、DataFormat 等线程安全的方法类。本章将通过特性介绍结合实例的方式，逐一讲解 Java 8 的新特性，并使用简单的代码示例来指导你如何使用默认接口方法，包括 lambda 表达式、函数式接口、方法与构造方法引用、流式处理等。

22.1　接口的默认方法

Java 8 允许我们给接口添加一个非抽象的方法实现，只需要使用 default 关键字即可。这个特征又叫作扩展方法，示例代码如下：

【文件 22.1】Formula.java

```
interface Formula {
    double calculate(int a);
    default double sqrt(int a) {
        return Math.sqrt(a);
    }
}
```

Formula 接口在拥有 calculate 方法之外，同时还定义了 sqrt 方法。实现了 Formula 接口的子类只需要实现一个 calculate 方法即可，默认方法 sqrt 在子类上可以直接使用。代码如下：

【文件 22.2】TestFormula.java

```
Formula formula = new Formula() {
    @Override
    public double calculate(int a) {
        return sqrt(a * 100);
    }
};
formula.calculate(100); // 100.0
formula.sqrt(16); // 4.0
```

其中，formula 被实现为一个匿名类的实例。该段代码非常容易理解，6 行代码实现了计算 sqrt(a * 100)。

在 Java 中只有单继承，如果要让一个类赋予新的特性，通常是使用接口来实现。在 C++ 中支持多继承，允许一个子类同时具有多个父类的接口与功能。在其他语言中，让一个类同时具有其他可复用代码的方法叫作 mixin。新的 Java 8 的这个特性从编译器实现的角度上来说更加接近 Scala 的 trait。在 C#中，也有名为扩展方法的概念，允许给已存在的类型扩展方法，但和 Java 8 的扩展方法在语义上有点差别。

22.2 Lambda 表达式

在 Java 8 之前的版本中，排列字符串的方法如下：

```
List<String> names = Arrays.asList("peter", "anna", "mike", "xenia");
Collections.sort(names, new Comparator<String>() {
    @Override
    public int compare(String a, String b) {
        return b.compareTo(a);
    }
});
```

需要给静态方法 Collections.sort 传入一个 List 对象以及一个比较器，以便按指定顺序排列字符串。通常做法先是创建一个匿名的比较器对象，然后将其传递给 sort 方法。Java 8 提供了更简洁的语法——Lambda 表达式，就没有必要使用这种传统的匿名对象的方式来排序了。

【文件 22.3】TestLambda1.java

```
Collections.sort(names, (String a, String b) -> {
    return b.compareTo(a);
});
```

我们可以看到代码变得更短，且更具有可读性。实际上使用 Lambda 表达式代码可以更简化：

```
Collections.sort(names, (String a, String b) -> b.compareTo(a));
```

对于函数体只有一行代码的，可以去掉大括号{}以及 return 关键字，其实还可以写得更短点：

```
Collections.sort(names, (a, b) -> b.compareTo(a));
```

这是一个完全 Lambda 表达式写法，非常精简。其中，->表示这是一个连接符，左边代表参数，右边代表函数体。(a, b)就是代表参数的，只不过 Java 8 中 Lambda 可以给这个参数附加上条件，这些条件筛选都是封装到 JDK 8 内部类中自己实现的，所以只要附加条件就可以了，(a, b)即代表传了参数。Java 编译器可以自动推导出参数类型，所以可以不用再写一次类型。

22.3　函数式接口

Lambda 表达式是如何在 Java 的类型系统中表示的呢？每一个 Lambda 表达式都对应一个类型，通常是接口类型。函数式接口是指仅仅只包含一个抽象方法的接口，每一个该类型的 Lambda 表达式都会被匹配到抽象方法中。因为默认方法不算抽象方法，所以也可以给函数式接口添加默认方法。

我们可以将 Lambda 表达式当作任意只包含一个抽象方法的接口类型，确保接口达到这个要求，只需要给接口添加 @FunctionalInterface 注解即可。编译器发现标注了注解的接口有多个抽象方法时是会报错的。

示例如下：

【文件 22.4】TestFun1.java

```java
@FunctionalInterface
interface Converter<F, T> {
    T convert(F from);
}
public class TestFun1 {
    public static void main(String[] args) {
        // TODO Auto-generated method stub
        Converter<String, Integer> converter = (from) -> Integer.valueOf(from);
        Integer converted = converter.convert("123");
        System.out.println(converted); // 123
    }
}
```

需要注意的是，如果@FunctionalInterface 没有指定，那么上面的代码也是对的。

将 Lambda 表达式映射到一个单方法的接口上，这种做法在 Java 8 之前就有别的语言实现了。例如，在 Rhino JavaScript 解释器中，如果一个函数参数接收一个单方法的接口，而传递的是一个 function，那么 Rhino 解释器会自动做一个单接口的实例到 function 的适配器，典型的应用场景有 org.w3c.dom.events.EventTarget 的 addEventListener 的第二个参数 EventListener。

22.4　方法与构造函数引用

前一节中的代码还可以通过静态方法引用来表示：

```
Converter<String, Integer> converter = Integer::valueOf;
Integer converted = converter.convert("123");
System.out.println(converted); // 123
```

Java 8 允许使用::关键字来传递方法或者构造函数引用。上面的代码展示了如何引用一个静态方法，其实我们也可以引用一个对象的方法：

```
converter = something::startsWith;
String converted = converter.convert("Java");
System.out.println(converted); // "J"
```

接下来看看构造函数是如何使用::关键字来引用的。首先我们定义一个包含多个构造函数的简单类：

【文件 22.5】Person.java

```
class Person {
    String firstName;
    String lastName;
    Person() {}
    Person(String firstName, String lastName) {
        this.firstName = firstName;
        this.lastName = lastName;
    }
}
```

接着我们指定一个用来创建 Person 对象的对象工厂接口：

```
interface PersonFactory<P extends Person> {
    P create(String firstName, String lastName);
}
```

这里我们使用构造函数引用来将它们关联起来，而不是实现一个完整的工厂，代码如下：

```
PersonFactory<Person> personFactory = Person::new;
Person person = personFactory.create("Peter", "Parker");
```

我们只需要使用 Person::new 来获取 Person 类构造函数的引用，Java 编译器就会自动根据 PersonFactory.create 方法的签名来选择合适的构造函数。

22.5　访问接口中的默认方法

在 22.1 节中提到的 formula 例子中，接口 Formula 定义的默认方法 sqrt 可以直接被 formula 的实例（包括匿名对象）访问到，但是在 Lambda 表达式中这是不行的。

Lambda 表达式中是无法访问到默认方法的，以下代码将无法编译：

```
Formula formula = (a) -> sqrt( a * 100);
Built-in Functional Interfaces
```

JDK 1.8 API 包含了很多内建的函数式接口，在旧版本的 Java 中常用到的 Comparator 或者 Runnable 接口都增加了 @FunctionalInterface 注解，以便能用在 Lambda 上。

Java 8 API 还提供了很多全新的函数式接口，让工作更加方便。其中，有一些接口是来自 Google Guava 库里的，即使你对这些接口很熟悉了，还是有必要看看这些接口是如何扩展到 Lambda 上使用的。

（1）Predicate 接口

Predicate 接口只有一个参数，返回 boolean 类型。该接口包含多种默认方法来将 Predicate 组合成其他复杂的逻辑（比如与、或、非），代码如下：

【文件 22.6】Test1.java

```
Predicate<String> predicate = (s) -> s.length() > 0;
predicate.test("foo"); // true
predicate.negate().test("foo"); // false
Predicate<Boolean> nonNull = Objects::nonNull;
Predicate<Boolean> isNull = Objects::isNull;
Predicate<String> isEmpty = String::isEmpty;
Predicate<String> isNotEmpty = isEmpty.negate();
```

（2）Function 接口

Function 接口有一个参数，返回一个结果，并附带了一些可以和其他函数组合的默认方法（compose、andThen），代码如下：

【文件 22.7】Test2.java

```
Function<String, Integer> toInteger = Integer::valueOf;
Function<String, String> backToString = toInteger.andThen(String::valueOf);
backToString.apply("123"); // "123"
```

（3）Supplier 接口

Supplier 接口返回一个任意范型的值，和 Function 接口不同的是没有任何参数，代码如下：

```
Supplier<Person> personSupplier = Person::new;
personSupplier.get(); // new Person
```

（4）Consumer 接口

Consumer 接口表示执行在单个参数上的操作，代码如下：

```
Consumer<Person> greeter = (p) -> System.out.println("Hello, " + p.firstName);
greeter.accept(new Person("Luke", "Skywalker"));
```

（5）Comparator 接口

Comparator 是 Java 8 之前版本中的经典接口， Java 8 在此基础上添加了多种默认方法，代码如下：

```
Comparator<Person> comparator = (p1, p2) -> p1.firstName.compareTo(p2.firstName);
```

22.6 流式处理

22.6.1 流式处理简介

通常我们需要多行代码才能完成的操作，借助于流式处理可以在一行中实现。比如我们希望在一个包含整数的集合中筛选出所有的偶数，并将其封装成为一个新的 List 返回。在 Java 8 之前，我们需要通过如下代码实现：

```
List<Integer> evens = new ArrayList<>();
for (final Integer num : nums) {
    if (num % 2 == 0) {
        evens.add(num);
    }
}
```

通过 Java 8 的流式处理，我们可以将代码简化为：

```
List<Integer> evens = nums.stream().filter(num -> num % 2 ==
    0).collect(Collectors.toList());
```

其中，stream()操作将集合转换成一个流，filter()执行我们自定义的筛选处理（这里是通过 Lambda 表达式筛选出所有偶数）， 最后通过 collect()对结果进行封装处理，并通过 Collectors.toList()指定其封装成一个 List 集合返回。

由上面的例子可以看出，Java 8 的流式处理极大地简化了对于集合的操作。实际上不光是集合，包括数组、文件等，只要是可以转换成流，我们都可以借助流式处理。Java 8 通过内部迭代来实现对流的处理，一个流式处理可以分为三个部分：转换成流、中间操作、终端操作。

以集合为例，对于一个流式处理操作，我们首先需要调用 stream()函数将其转换成流，然后调用相应的中间操作达到我们需要对集合进行的操作，比如筛选、转换等，最后通过终端操作对前面的结果进行封装，返回我们需要的形式。

22.6.2　中间操作

先定义一个简单的学生实体类，用于后面的例子演示。

【文件 22.8】Student.java

```java
public class Student {

    /** 学号 */
    private long id;
    private String name;
    private int age;
    /** 年级 */
    private int grade;
    /** 专业 */
    private String major;
    /** 学校 */
    private String school;
    // 省略 getter 和 setter
}
// 初始化
public static void main(String[] args) {
    List<Student> list = new ArrayList<Student>();
    list.add(new Student(20160001, "孔明", 20, 1, "土木工程", "武汉大学"));
    list.add(new Student(20160002, "伯约", 21, 2, "信息安全", "武汉大学"));
    list.add(new Student(20160003, "玄德", 22, 3, "经济管理", "武汉大学"));
    list.add(new Student(20160004, "云长", 21, 2, "信息安全", "武汉大学"));
    list.add(new Student(20161001, "翼德", 21, 2, "机械与自动化", "华中科技大学"));
    list.add(new Student(20161002, "元直", 23, 4, "土木工程", "华中科技大学"));
    list.add(new Student(20161003, "奉孝", 23, 4, "计算机科学", "华中科技大学"));
    list.add(new Student(20162001, "仲谋", 22, 3, "土木工程", "浙江大学"));
    list.add(new Student(20162002, "鲁肃", 23, 4, "计算机科学", "浙江大学"));
    list.add(new Student(20163001, "丁奉", 24, 5, "土木工程", "南京大学"));
}
```

1. 过滤

过滤就是按照给定的要求对集合进行筛选，找出满足条件的元素。Java 8 提供的筛选操作包括 filter、distinct、limit 和 skip。

（1）filter

在前面的例子中我们已经演示了如何使用 filter，其定义为 Stream<T> filter(Predicate<? super T> predicate)。filter 接受一个谓词 Predicate，我们可以通过这个谓词定义筛选条件。在介绍 Lambda 表达式时，我们介绍过 Predicate 是一个函数式接口，其包含一个 test(T t)方法，该方法返回 boolean。现在我们希望从集合 students 中筛选出所有武汉大学的学生，就可以通过 filter 来实现，同时将筛选操作作为参数传递给 filter：

```java
List<Student> whuStudents = list.stream().filter(student -> "武汉大学
```

```
".equals(student.getSchool()))
.collect(Collectors.toList());
```

（2）distinct

distinct 操作类似于我们在写 SQL 语句时添加的 DISTINCT 关键字，用于去重处理。distinct
基于 Object.equals(Object)实现。回到最开始的例子，假设我们希望筛选出所有不重复的偶数，
就可以添加 distinct 操作：

```
List<Integer> evens = nums.stream()
                     .filter(num -> num % 2 == 0).distinct()
                     .collect(Collectors.toList());
```

（3）limit

limit 操作也类似于 SQL 语句中的 LIMIT 关键字，不过相对功能较弱。limit 返回包含前 n
个元素的流，当集合大小小于 n 时，则返回实际长度。例如，下面的例子将返回前两个土木工
程专业的学生：

```
List<Student> civilStudents = students.stream().filter(student->"土木工程
   ".equals(student.getMajor())).limit(2).collect(Collectors.toList());
```

说到 limit，不得不提及一下 sorted 流操作。该操作用于对流中的元素进行排序，并且要
求待比较的元素必须实现 Comparable 接口。如果没有实现 Comparable 接口，我们可以将比较
器作为参数传递给 sorted(Comparator<? super T> comparator)。例如，我们希望筛选出专业为土
木工程的学生，并按年龄从小到大排序筛选出年龄最小的两个学生，就可以实现为：

```
List<Student> sortedCivilStudents = students.stream().filter(student-> "土木工程
   ".equals(student.getMajor())).sorted((s1, s2) -> s1.getAge() - s2.getAge())
                                    .limit(2).collect(Collectors.toList());
```

（4）skip

skip 操作与 limit 操作相反，是指跳过前 n 个元素。例如，我们希望找出排序在 2 之后的
土木工程专业的学生，那么可以实现为：

```
List<Student> civilStudents = students.stream().filter(student -> "土木工程
   ".equals(student.getMajor())) .skip(2) .collect(Collectors.toList());
```

通过 skip 会跳过前面两个元素，返回由后面所有元素构造的流。如果参数 n 大于满足条
件的集合长度，就会返回一个空集合。

2．映射

在 SQL 中，借助 SELECT 关键字在后面添加需要的字段名称就可以仅输出需要的字段数
据。流式处理的映射操作也是实现这一目的的。在 Java 8 的流式处理中，主要包含两类映射
操作：map 和 flatMap。

（1）map

假设我们希望筛选出所有专业为"计算机科学"的学生姓名，那么我们可以在 filter 的基
础上，通过 map 将学生实体映射成学生姓名字符串，具体实现如下：

```
List<String> names = students.stream().filter(student -> "计算机科学
    ".equals(student.getMajor())).map(Student::getName).collect(Collectors.toL
    ist());
```

除了上面这类基础的 map，Java 8 还提供了 mapToDouble(ToDoubleFunction<? super T> mapper)、mapToInt(ToIntFunction<? super T> mapper)、mapToLong(ToLongFunction<? super T> mapper)，这些映射分别返回对应类型的流。Java 8 为这些流设定了一些特殊的操作，比如我们希望计算所有专业为"计算机科学"学生的年龄之和，那么我们可以实现如下：

```
int totalAge = students.stream().filter(student -> "计算机科学
    ".equals(student.getMajor())).mapToInt(Student::getAge).sum();
```

通过将 Student 按照年龄直接映射为 IntStream，我们可以直接调用提供的 sum()方法来达到目的。此外，使用这些数值流的好处还在于可以避免 JVM 装箱操作所带来的性能消耗。

（2）flatMap

flatMap 与 map 的区别在于 flatMap 是将一个流中的每个值都转成一个流，然后将这些流扁平化成为一个流。假设有一个字符串数组 String[] strs={"java8", "is", "easy", "to", "use"};，我们希望输出构成这一数组的所有非重复字符，那么我们可能首先会想到如下实现：

```
List<String[]> distinctStrs = Arrays.stream(strs).map(str -> str.split(""))
 // 映射成为 Stream<String[]>
.distinct().collect(Collectors.toList());
```

在执行 map 操作以后，我们得到的是一个包含多个字符串（构成一个字符串的字符数组）的流。此时执行 distinct 操作是基于这些字符串数组之间的对比的，所以达不到我们希望的目的。此时的输出为：

```
[j, a, v, a, 8]
[i, s]
[e, a, s, y]
[t, o]
[u, s, e]
```

distinct 只有对一个包含多个字符的流进行操作，才能达到我们的目的，即对 Stream<String>进行操作。此时 flatMap 就可以达到我们的目的：

```
List<String> distinctStrs = Arrays.stream(strs)
                        .map(str -> str.split(""))  // 映射成为 Stream<String[]>
    .flatMap(Arrays::stream) .distinct() .collect(Collectors.toList());
```

flatMap 将由 map 映射得到的 Stream<String[]>转换成由各个字符串数组映射成的流 Stream<String>，再将这些小的流扁平化成为一个由所有字符串构成的大流 Steam<String>，从而达到我们的目的。

与 map 类似，flatMap 也提供了针对特定类型的映射操作：flatMapToDouble(Function<? super T,? extends DoubleStream> mapper)，flatMapToInt(Function<? super T,? extends IntStream> mapper)，flatMapToLong(Function<? super T,? extends LongStream> mapper)。

22.6.3 终端操作

终端操作是流式处理的最后一步。我们可以在终端操作中对流进行查找、归约等操作。

1. 查找

（1）allMatch

allMatch 用于检测是否全部都满足指定的参数行为，如果全部满足就返回 true。例如，我们希望检测是否所有的学生都已满 18 周岁，那么可以实现为：

```
boolean isAdult = students.stream().allMatch(student -> student.getAge() >= 18);
```

（2）anyMatch

anyMatch 用于检测是否存在一个或多个满足指定的参数行为，如果满足就返回 true。例如，我们希望检测是否有来自武汉大学的学生，那么可以实现为：

```
boolean hasWhu = students.stream().anyMatch(student -> "武汉大学".equals(student.
    getSchool()));
```

（3）noneMatch

noneMatch 用于检测是否不存在满足指定行为的元素，如果不存在就返回 true。例如，我们希望检测是否不存在专业为"计算机科学"的学生，可以实现如下：

```
boolean noneCs = students.stream().noneMatch(student -> "计算机科学".equals(student.
    getMajor()));
```

（4）findFirst

findFirst 用于返回满足条件的第一个元素。例如，我们希望选出专业为"土木工程"且排在第一个的学生，那么可以实现如下：

```
Optional<Student> optStu = students.stream().filter(student -> "土木工程
    ".equals(student.getMajor())).findFirst();
```

findFirst 不携带参数，具体的查找条件可以通过 filter 设置。此外，我们可以发现 findFirst 返回的是一个 Optional 类型，关于该类型的具体讲解可以参考 Java 8 API 中介绍的 Optional 类。

（5）findAny

findAny 与 findFirst 的区别是，findAny 不一定返回第一个，而是返回任意一个。例如，我们希望返回任意一个专业为"土木工程"的学生，可以实现如下：

```
Optional<Student> optStu = students.stream().filter(student -> "土木工程
    ".equals(student.getMajor())).findAny();
```

实际上，对于顺序流式处理而言，findFirst 和 findAny 返回的结果是一样的。之所以会这样设计，是因为当我们启用并行流式处理的时候查找第一个元素往往会有很多限制。如果不是特别需求，在并行流式处理中使用 findAny 的性能要比 findFirst 好。

2．归约

在前面的例子中，我们大部分都是通过 collect(Collectors.toList())对数据封装后返回。如果我们的目标不是返回一个新的集合，而是希望对经过参数化操作后的集合进行进一步的运算，那么我们可用对集合实施归约操作。Java 8 的流式处理提供了 reduce 方法来达到这一目的。

前面我们通过 mapToInt 将 Stream<Student>映射成为 IntStream，并通过 IntStream 的 sum 方法求得所有学生的年龄之和。

```
// 前面例子中的方法
int totalAge = students.stream()
            .filter(student -> "计算机科学".equals(student.getMajor()))
            .mapToInt(Student::getAge).sum();
```

实际上，我们通过归约操作也可以求得所有学生的年龄之和，实现如下：

【文件 22.9】Guiyue.java

```
// 归约操作
int totalAge = students.stream()
            .filter(student -> "计算机科学".equals(student.getMajor()))
            .map(Student::getAge)
            .reduce(0, (a, b) -> a + b);

// 进一步简化
int totalAge2 = students.stream()
            .filter(student -> "计算机科学".equals(student.getMajor()))
            .map(Student::getAge)
            .reduce(0, Integer::sum);
 // 采用无初始值的重载版本，需要注意返回 Optional
Optional<Integer> totalAge = students.stream()
            .filter(student -> "计算机科学".equals(student.getMajor()))
            .map(Student::getAge)
            .reduce(Integer::sum);  // 去掉初始值
```

3．收集

利用 collect(Collectors.toList())进行的是简单的收集操作，是对处理结果的封装。对应的还有 toSet、toMap，以满足我们对于结果组织的需求。这些方法均来自于 java.util.stream.Collectors，可以称之为收集器。

（1）归约

收集器也提供了相应的归约操作，但是与 reduce 在内部实现上是有区别的。收集器更适用于可变容器上的归约操作。这些收集器广义上均是基于 Collectors.reducing()实现的。

【文件 22.10】CollectTest.java

```
// 例 1：求学生的总人数
long count = students.stream().collect(Collectors.counting());
// 进一步简化
```

```
long count = students.stream().count();
```
例 2：求年龄的最大值和最小值
```
// 求最大年龄
Optional<Student> olderStudent = students.stream().collect(Collectors.maxBy((s1,
    s2) -> s1.getAge() - s2.getAge()));
// 进一步简化
Optional<Student> olderStudent2 =
    students.stream().collect(Collectors.maxBy(Comparator.comparing(Student::g
    etAge)));
// 求最小年龄
Optional<Student> olderStudent3 =
    students.stream().collect(Collectors.minBy(Comparator.comparing(Student::g
    etAge)));
// 例 3：求年龄总和
int totalAge4 =
    students.stream().collect(Collectors.summingInt(Student::getAge));
对应的还有 summingLong 和 summingDouble
// 例 4：求年龄的平均值
double avgAge = students.stream().collect
    (Collectors.averagingInt(Student::getAge));
//对应的还有 averagingLong、averagingDouble
//例 5：一次性得到元素个数、总和、均值、最大值、最小值
IntSummaryStatistics statistics =
    students.stream().collect(Collectors.summarizingInt(Student::getAge));
//输出
IntSummaryStatistics{count=10, sum=220, min=20, average=22.000000, max=24}
//对应的还有 summarizingLong 和 summarizingDouble
//例 6：字符串拼接
String names = students.stream().map(Student::getName).
    collect(Collectors.joining());
// 输出：孔明伯约玄德云长翼德元直奉孝仲谋鲁肃丁奉
String names =
    students.stream().map(Student::getName).collect(Collectors.joining(", "));
// 输出：孔明，伯约，玄德，云长，翼德，元直，奉孝，仲谋，鲁肃，丁奉
```

（2）分组

在数据库操作中，我们可以通过 GROUP BY 关键字对查询到的数据进行分组。Java 8 的流式处理提供了 Collectors.groupingBy 来完成这样的功能。例如，我们可以按学校对上面的学生进行分组：

【文件 22.11】Group1.java

```
Map<String, List<Student>> groups =
    students.stream().collect(Collectors.groupingBy(Student::getSchool));
```

groupingBy 接收一个分类器 Function<? super T, ? extends K> classifier。我们可以自定义分类器来实现需要的分类效果。

上面演示的是一级分组，我们还可以定义多个分类器实现多级分组。例如，我们希望在按学校分组的基础之上再按照专业进行分组：

```
Map<String, Map<String, List<Student>>> groups2 = students.stream().collect(
Collectors.groupingBy(Student::getSchool,  // 一级分组，按学校
Collectors.groupingBy(Student::getMajor)));  // 二级分组，按专业
```

实际上，groupingBy 的第二个参数不是只能传递 groupingBy，还可以传递任意 Collector 类型。例如，我们可以传递一个 Collector.counting，用来统计每个组的个数：

```
Map<String, Long> groups =
    students.stream().collect(Collectors.groupingBy(Student::getSchool,
    Collectors.counting()));
```

如果不添加第二个参数，则编译器会默认添加一个 Collectors.toList()。

（3）分区

分区可以看作分组的一种特殊情况。在分区中，key 只有两种情况，即 true 或 false，目的是将待分区集合按照条件一分为二。Java 8 的流式处理利用 Collectors.partitioningBy()方法实现分区，该方法接收一个谓词。例如，我们希望将学生分为武汉大学学生和非武汉大学学生，那么可以实现如下：

【文件 22.12】Part1.java

```
Map<Boolean, List<Student>> partition =
    students.stream().collect(Collectors.partitioningBy(student -> "武汉大学
    ".equals(student.getSchool()))));
```

分区相对于分组的优势是，我们可以同时得到两类结果，并且在一些应用场景下可以一步得到我们需要的所有结果，比如将数组分为奇数和偶数。

上面介绍的所有收集器均实现自接口 java.util.stream.Collector，该接口的定义如下：

```
public interface Collector<T, A, R> {
    /**
     * A function that creates and returns a new mutable result container.
     * @return a function which returns a new, mutable result container
     */
    Supplier<A> supplier();
    /**
     * A function that folds a value into a mutable result container.
     * @return a function which folds a value into a mutable result container
     */
    BiConsumer<A, T> accumulator();
    /**
     * A function that accepts two partial results and merges them.  The
     * combiner function may fold state from one argument into the other and
     * return that, or may return a new result container.
     *
     * @return a function which combines two partial results into a combined
     * result
     */
    BinaryOperator<A> combiner();
    /**
```

```
 * Perform the final transformation from the intermediate accumulation type
 * {@code A} to the final result type {@code R}.
 *
 * <p>If the characteristic {@code IDENTITY_TRANSFORM} is
 * set, this function may be presumed to be an identity transform with an
 * unchecked cast from {@code A} to {@code R}.
 *
 * @return a function which transforms the intermediate result to the final
 * result
 */
Function<A, R> finisher();
/**
 * Returns a {@code Set} of {@code Collector.Characteristics} indicating
 * the characteristics of this Collector. This set should be immutable.
 *
 * @return an immutable set of collector characteristics
 */
Set<Characteristics> characteristics();

}
```

我们也可以实现该接口来定义自己的收集器，此处不再展开。

22.6.4 并行流式数据处理

很多流式处理都适合采用分而治之的思想，在处理集合较大时能够极大地提高代码的性能。Java 8 的设计者看到了这一点，提供了并行流式处理。在前面的例子中，我们都是调用 stream()方法来启动流式处理的。其实，Java 8 还提供了 parallelStream()来启动并行流式处理。parallelStream()本质上是基于 Java 7 的 Fork-Join 框架实现的，其默认的线程数为宿主机的内核数。

启动并行流式处理比较简单，只需要将 stream()替换成 parallelStream()即可，其他代码无须任何修改。既然是并行，就会涉及多线程安全问题，所以在启用之前要先确认并行是否值得（并行的效率不一定高于顺序执行），另外就是要保证线程安全。若这两项无法保证，则并行毫无意义，毕竟结果比速度更加重要。

22.7 本章总结

Java 8 正式版是一个有重大意义的版本，对 Java 做了重大改进。本章通过文字描述及代码实例对新版本中的主要新特性做了介绍：函数式接口、Lambda 表达式、集合的流式操作、接口默认方法等。除了文中介绍的这些重要功能之外，Java 8 在 Java 工具包 JDBC、Java DB、JavaFX 等方面也有许多改进和增强。这些新特性简化了开发，提升了代码可读性，增强了代码的安全性，提高了代码的执行效率，为开发者带来了全新的 Java 开发体验，从而推动了 Java 的前进。

22.8　课后练习

1．编写一个求和函数，计算流中所有数的和。

2．编写一个函数，参数为艺术家集合，返回一个字符串集合，假设有 2 个艺术家，分别是来自中国的张三与来自美国的 Jack，最后返回格式为[张三，中国，Jack，美国]，其中包含了艺术家的姓名与国籍。这里的艺术家是一个 JavaBean，类名是 Artist，包括姓名、国籍等属性。

3．求一个数组中元素的最大值，用函数式接口结合 Lambda 表达式完成。